金属板材成形起皱失稳判据建立研究及应用

杜 冰 著

燕山大学出版社
·秦皇岛·

图书在版编目(CIP)数据

金属板材成形起皱失稳判据建立研究及应用/杜冰著. —秦皇岛:燕山大学出版社,2023. 12
ISBN 978-7-5761-0620-6

Ⅰ. ①金… Ⅱ. ①杜… Ⅲ. ①金属板-板材冲压-研究 Ⅳ. ①TG386. 41

中国国家版本馆 CIP 数据核字(2023)第 239039 号

金属板材成形起皱失稳判据建立研究及应用
JINSHU BANCAI CHENGXING QIZHOU SHIWEN PANJU JIANLI YANJIU JI YINGYONG

杜　冰　著

出 版 人:陈　玉
责任编辑:孙志强
责任印制:吴　波　　**封面设计**:刘馨泽
出版发行:燕山大学出版社 YANSHAN UNIVERSITY PRESS　　**电　　话**:0335-8387555
地　　址:河北省秦皇岛市河北大街西段 438 号　　**邮政编码**:066004
印　　刷:涿州市般润文化传播有限公司　　**经　　销**:全国新华书店

开　　本:787 mm×1092 mm　1/16　　**印　　张**:13. 25
版　　次:2023 年 12 月第 1 版　　**印　　次**:2023 年 12 月第 1 次印刷
书　　号:ISBN 978-7-5761-0620-6　　**字　　数**:340 千字
定　　价:60. 00 元

前言

随着汽车、航空航天、国防军工等高端制造技术的快速发展,对产品的轻量化、成形精度以及可靠性提出了更高要求,金属薄壁件凭借良好的塑性性能,得到了广泛应用。然而金属薄板在加工成形过程中极容易出现起皱失稳现象,起皱失稳现象不仅严重影响成形产品的质量、精度,甚至会导致产品的失效及模具的损坏,影响后续加工操作的正常进行。因此,有效地预测和控制成形过程中的起皱失稳问题是当今研究的热点问题之一,对促进金属板材塑性成形领域的发展具有深远意义。

针对板材起皱失稳预测问题,目前还无普适性的起皱理论判定准则。试验研究方法虽然能够获取真实的数据,但受零件的材料性能、工件成形过程的载荷工况等影响,若不依靠理论和数值模拟等数据分析手段,则无法准确得到起皱失稳的深层规律;由于起皱过程的复杂性和理论研究自身的不完整性,大部分的理论研究只能研究相对较简单的问题,尤其是对一些边界条件过于复杂的情况,理论研究的结果并不理想;数值模拟预测方法能将试验与理论二者的优势有效结合,但是模拟周期较长,过程烦琐。基于上述情况,寻找一种新的板材起皱失稳预测方法具有重要意义。

本书是作者研究团队在板材起皱失稳领域近八年来所有研究成果的凝聚结晶,系统地阐述了起皱失稳判据及预测方法的建立及应用过程。本书共分五个篇章,详细介绍了板材起皱失稳的研究现状,针对金属板材成形过程中起皱失稳情况难以预测的问题,通过研究金属板材成形过程中临界起皱应力和临界起皱应变规律,提出了建立起皱失稳判据的方法。本书设计进行了不均匀拉应力载荷下的方板对角拉伸试验、不同边界条件下的楔形件拉伸试验、圆锥件拉深试验、盒形件拉深试验和薄板剪切试验,利用有限元模拟软件,通过特征值屈曲和动力显式算法相结合的方法，对不同模型的理论依据、建立方法、计算精度、适用范围等方面展开研究，通过引入能量法理论和分叉理论，确立了综合性能最佳的板材成形起皱失稳数值模拟方法，依据该方法提取临界起皱应力值和临界起皱应变值并建立统一临界起皱判定线，从而预测板材的起皱失稳情况。在此基础上，建立了神经网络起皱预测模型，搭建了板材起皱失稳高效预测系统，为板材起皱失稳预测在工程实践中的推广应用打下坚实的基础。

本书由杜冰教授负责整体逻辑框架的制定、全书内容撰写以及统稿工作。此外，本书的撰写得到了课题组诸多成员的大力支持，他们分别是黄朝洋、郭硕、严祥鑫、关风龙、谢军、李晗、宋鹏飞、王绪辰、赵翀昊、刘凤华、崔海龙、陈星池、杨亨艳、万宇凡等。

本书的主要研究成果得到了国家自然科学基金青年科学基金项目“板壳成形起皱失稳极限图建立及预测系统开发”（项目编号：51605420）、国家自然科学基金面上项目“双金属复合板起皱机理研究及其统一判定图构造”（项目编号：52175367）、河北省自然科学基金资助项目“板料塑性皱屈行为机理研究与专家分析平台开发”（项目编号：E202003181）、第三批燕山大学优秀学术著作及教材出版基金资助项目等的资助。

本书对板材起皱失稳问题的预测分析具有重要意义，为广大板材加工企业的工程技术人员，以及从事相关研究工作的科研人员提供了理论基础和技术指导，对金属板材成形工艺的发展和起皱失稳问题的系统解决具有重要的参考价值。

由于时间仓促，编者水平有限，书中难免存在一些缺点和不足之处，恳请大家批评指正。

目录

第一篇　起皱研究背景综述及模拟方法分析篇

第 1 章　起皱研究背景综述 ………… 3

1.1　起皱失稳现象简介 ………… 3

1.1.1　起皱失稳现象 ………… 3

1.1.2　起皱机理 ………… 5

1.1.3　起皱的分类 ………… 6

1.2　板料起皱的研究现状 ………… 7

1.2.1　基于试验的起皱研究 ………… 7

1.2.2　基于理论的起皱研究 ………… 9

1.2.3　基于数值模拟的起皱研究 ………… 10

1.3　本章小结 ………… 11

第 2 章　起皱失稳数值模拟方法 ………… 12

2.1　结构屈曲分析基础算法 ………… 12

2.1.1　特征值屈曲分析(线性屈曲分析) ………… 12

2.1.2　非线性屈曲分析(*Static,Riks) ………… 13

2.2　可行算法原理分析及应用模拟结果 ………… 16

2.2.1　植入初始缺陷的非线性屈曲分析方法(Buckle-Riks) ………… 16

2.2.2　植入初始缺陷的动态显式屈曲分析方法(Buckle-Explicit) ………… 18

2.2.3　实体单元动态显示分析方法(3D-Explicit) ………… 19

2.3　模拟与试验结果对比 ………… 20

2.4　本章小结 ………… 20

第 3 章　起皱失稳预测算法 ………… 22

3.1　能量法理论解析-有限元数值模拟预测算法 ………… 22

3.1.1　能量法理论解析-有限元数值模拟预测算法的执行流程 ………… 22

3.1.2　起皱失稳能量法分析 ………… 23

3.1.3　失稳波数 m 的取值及失稳步的确定 ………… 27

3.2　分叉理论解析-有限元数值模拟预测算法 ………… 27

3.2.1　分叉理论解析-有限元数值模拟预测算法的执行流程 ………… 27

3.2.2　临界起皱失稳时刻的确定 ………… 28

3.3　结果对比 ………… 29

3.3.1 基于方板对角拉伸试验的能量法理论解析-有限元数值模拟算法结果 …… 29
3.3.2 基于方板对角拉伸试验的分叉理论解析-有限元数值模拟算法结果 …… 30
3.4 本章小结 …… 32

参考文献 …… 32

第二篇 临界起皱判定线建立篇

第4章 基于方板对角拉伸试验的临界起皱判定线建立 …… 39

4.1 方板拉伸起皱试验 …… 39
4.1.1 材料性能研究 …… 39
4.1.2 方形试件制备 …… 40
4.1.3 方板对角拉伸试验结果 …… 41
4.2 有限元数值模拟分析 …… 42
4.2.1 有限元数值模拟模型建立 …… 42
4.2.2 模拟试验对比验证 …… 43
4.3 临界起皱判定线 …… 44
4.3.1 临界起皱时刻的确立方法 …… 44
4.3.2 方板件临界起皱应变线及应力线建立及影响因素分析 …… 45
4.4 本章小结 …… 50

第5章 基于楔形件拉伸试验的临界起皱判定线建立 …… 51

5.1 楔形件拉伸起皱试验 …… 51
5.1.1 楔形试件制备 …… 51
5.1.2 楔形件拉伸试验结果 …… 52
5.2 有限元数值模拟分析 …… 55
5.2.1 有限元数值模拟模型建立 …… 55
5.2.2 模拟试验对比验证 …… 55
5.2.3 复杂边界条件下楔形件起皱规律探究 …… 58
5.3 临界起皱判定线 …… 60
5.3.1 分叉点提取原则 …… 60
5.3.2 楔形件不同起皱区域单元簇受力分析 …… 62
5.3.3 临界起皱判定线建立及影响因素分析 …… 64
5.4 本章小结 …… 68

第6章 基于圆锥件拉深成形侧壁起皱试验的临界起皱判定线建立 …… 70

6.1 圆锥件拉深侧壁起皱试验 …… 70
6.1.1 圆锥形试件制备 …… 70
6.1.2 圆锥件拉深试验结果 …… 70

6.2 有限元数值模拟分析 …… 71
6.2.1 有限元数值模拟模型建立 …… 71
6.2.2 模拟试验对比验证 …… 72
6.3 临界起皱判定线 …… 73
6.3.1 圆锥件临界起皱应变线的建立 …… 73
6.3.2 同一脊皱屈曲单元的临界起皱应力应变分析 …… 75
6.3.3 不同直径试件侧壁起皱单元的应力应变分析 …… 77
6.4 本章小结 …… 78

参考文献 …… 78

第三篇 统一临界起皱判定线建立篇

第7章 薄板模拟统一判定线建立 …… 81

7.1 不同载荷工况下临界起皱应力应变对比 …… 81
7.1.1 不同工况下临界起皱应变对比及临界起皱应变线与板料抗皱性关系探究 …… 81
7.1.2 不同工况下临界起皱应力对比 …… 83
7.2 数值临界起皱判定线 …… 83
7.2.1 基于最小二乘原理的统一判定线 …… 83
7.2.2 不同载荷工况下统一起皱极限图起皱预测作用的验证 …… 86
7.3 本章小结 …… 88

第8章 薄板拉伸剪切起皱 …… 90

8.1 引言 …… 90
8.2 剪切试验 …… 90
8.2.1 试验材料性能研究 …… 90
8.2.2 试件制备 …… 91
8.2.3 试验结果 …… 93
8.3 有限元数值模拟分析 …… 94
8.3.1 有限元数值模拟模型建立 …… 94
8.3.2 模拟试验对比验证 …… 95
8.3.3 剪切件的起皱规律探究 …… 97
8.4 剪切起皱理论分析——能量法 …… 100
8.4.1 剪切理论分析 …… 100
8.4.2 不同尺寸试件与临界剪应力对比 …… 103
8.4.3 不同厚度试件与临界剪应力对比 …… 103
8.5 临界起皱判定线 …… 103
8.5.1 剪切件临界起皱时刻确定及不同尺寸试件失稳规律分析 …… 104
8.5.2 对比应力路径下临界起皱应力应变关系 …… 107

8.5.3 不同应力路径下剪切件 WLD 建立 …… 111
8.5.4 板厚对临界判定线的影响 …… 112
8.5.5 剪切件起皱区域单元簇受力分析 …… 112
8.6 本章小结 …… 115

第 9 章 薄板起皱理论分析——静力平衡法 …… 117

9.1 薄板本构关系求解 …… 117
9.1.1 弹性阶段本构关系求解 …… 117
9.1.2 塑性阶段本构关系求解 …… 118
9.2 临界屈曲载荷推导 …… 119
9.2.1 受力平衡方程 …… 119
9.2.2 临界屈曲状态平衡方程 …… 119
9.2.3 剪切状态下临界屈曲主应力的计算 …… 120
9.3 剪切件抗皱性影响因素研究 …… 121
9.3.1 板料厚度对临界屈曲应力的影响 …… 121
9.3.2 板料尺寸对临界屈曲应力的影响 …… 122
9.4 一般应力状态下的临界起皱判定线 …… 122
9.5 本章小结 …… 123

参考文献 …… 123

第四篇 工艺应用篇

第 10 章 盒形件单道次拉深法兰起皱 …… 127

10.1 盒形件简介 …… 127
10.2 盒形件拉深试验研究 …… 129
10.2.1 材料性能研究 …… 129
10.2.2 材料厚向异性 …… 130
10.3 盒形件拉深成形试验 …… 132
10.3.1 试验装置基本组成 …… 132
10.3.2 盒形件尺寸模型 …… 132
10.3.3 盒形件初始毛坯制备 …… 133
10.3.4 盒形件拉深成形试验过程 …… 133
10.3.5 试验结果 …… 134
10.3.6 成形件应变测量 …… 135
10.4 盒形件拉深有限元模拟模型建立 …… 136
10.4.1 几何模型的建立 …… 136
10.4.2 材料属性的定义 …… 136
10.4.3 分析步的设置 …… 137

10.4.4 载荷与边界条件 …… 137
10.4.5 网格划分 …… 137
10.5 盒形件拉深有限元模拟分析 …… 138
10.5.1 实体单元 Buckle-Dynamic 和 Dynamic 两种方法适用性判定 …… 138
10.5.2 实体单元与壳体单元应力应变路径发展规律 …… 139
10.5.3 临界起皱时刻分叉点定位准则 …… 141
10.5.4 模拟结果与试验结果对比 …… 144
10.6 盒形件单道次拉深法兰起皱补偿压边力计算方法探究 …… 147
10.6.1 补偿压边力计算方法的建立 …… 148
10.6.2 单个皱脊起皱能与补偿压边力的变化规律 …… 149
10.6.3 相邻皱脊之间补偿压边力的变化规律 …… 153
10.6.4 各个区域之间补偿压边力的发展规律 …… 154
10.6.5 皱脊中间位置处单元的特点 …… 155
10.7 成形参数对补偿压边力的影响 …… 160
10.7.1 板料厚度对补偿压边力的影响 …… 160
10.7.2 板料尺寸对补偿压边力的影响 …… 163
10.8 本章小结 …… 166

参考文献 …… 167

第五篇 二次开发篇

第 11 章 统一起皱判定线自动化高效建立 …… 171

11.1 引言 …… 171
11.2 二次开发图形用户界面建立 …… 171
11.2.1 ABAQUS 二次开发实现原理 …… 171
11.2.2 图形用户界面建立过程 …… 172
11.3 前处理程序编写过程 …… 175
11.3.1 前处理程序框架搭建 …… 175
11.3.2 程序与图形用户界面关联 …… 176
11.4 后处理程序编写过程 …… 179
11.5 本章小结 …… 181

第 12 章 GA-BP 神经网络的起皱判定线预测模型 …… 182

12.1 引言 …… 182
12.2 神经网络基本理论 …… 182
12.2.1 BP 神经网络 …… 182
12.2.2 BP 神经网络设计过程 …… 183
12.2.3 BP 神经网络信息传递过程 …… 185

12.2.4 BP 神经网络数据样本与数据训练 …… 187
12.2.5 BP 神经网络预测结果 …… 187
12.3 GA 遗传算法理论及优化原理 …… 189
12.3.1 遗传算法原理 …… 189
12.3.2 遗传算法实现 …… 190
12.4 GA-BP 神经网络预测模型建立 …… 191
12.5 神经网络预测效率比较 …… 194
12.6 起皱失稳模型预测结果验证 …… 195
12.6.1 统一临界起皱判定线的验证 …… 195
12.6.2 拟合结果对比 …… 196
12.6.3 反向着色验证 …… 196
12.7 本章小结 …… 199
参考文献 …… 200

第一篇

起皱研究背景综述及模拟方法分析篇

第1章

起皱研究背景综述

1.1 起皱失稳现象简介

1.1.1 起皱失稳现象

冲压加工作为材料加工成形的基本方法之一,其广泛用于航空、航天、汽车产品的加工中,而随着科学技术的不断发展,航空航天、汽车制造、军事工业等行业的不断进步,使得在相关领域加工制造过程中,对成形的精度、产品的轻量化及高韧性提出了更高的要求,也促进了轻质的薄壁零件的广泛应用与大力发展。由于薄壁件有较好的塑性成形条件,使其在工业生产中更能满足多方面的需求,薄壁件一般分为薄板与薄壁管材,薄壁管材有较小的厚径比,而薄板有较大的宽厚比[1]。由于薄壁零件具有上述特征,使其在成形过程中易发生起皱、破裂、回弹等加工缺陷[2]。其中,由于薄壁金属零件在塑性成形过程中不可避免会受到面内压应力,且其抗弯刚度较小,使得起皱这一缺陷变得愈发普遍[3]。引起薄壁零件发生起皱的因素有很多,包括应力状态、应变状态、零件的材料性能、工件的几何和边界条件、工件成形过程的载荷工况等[4]。特别是,在不同试件成形过程中成形工艺不同,导致工件承受的载荷状态不同,引发复杂多样的加载路径,由此而使得起皱失稳更容易发生且不易避免。起皱失稳现象不仅严重影响成形产品的质量、精度,甚至会导致产品的失效及模具的损坏,影响后续加工操作的正常进行。对不同因素集中分析十分困难,目前对板材件的起皱分析大多是针对某一特定的工况下的起皱情况,仍无法对起皱失稳产生本质与规律的认知[5]。

板材屈曲失稳严重影响零件加工成形质量,是国内外学者在塑性成形领域的重要研究方向。板材、管材为塑性加工成形的常用材料,在生产加工中大量使用,其成形方式复杂多样,是塑性成形加工中的重要组成部分,对薄壁件的研究及生产实践也有着重要的价值。板材件塑性加工中的起皱失稳问题十分重要且伴随着多种失稳形式,严重影响了板材件成形的质量,存在于多种成形工况中,如图 1-1 所示为不均匀压下薄板面内弯曲成形失稳现象,图 1-1a)和图 1-1b)分别为薄板外缘起皱、内缘起皱,图 1-1c)和图 1-1d)均为空间扭曲起皱[4]。图 1-2 为薄壁管弯曲起皱失稳[6]。图 1-3 为薄壁件旋压成形起皱失稳现象[7-10]。图 1-4 为大型薄壁件流体高压成形件的失稳现象[11]。图 1-5 为薄板液压成形过程中的失稳现象[12]。图 1-6 为薄壁管缩径工艺成形的起皱失稳现象。图 1-7 为薄板冲压成形的起皱失稳现象[13-14]。

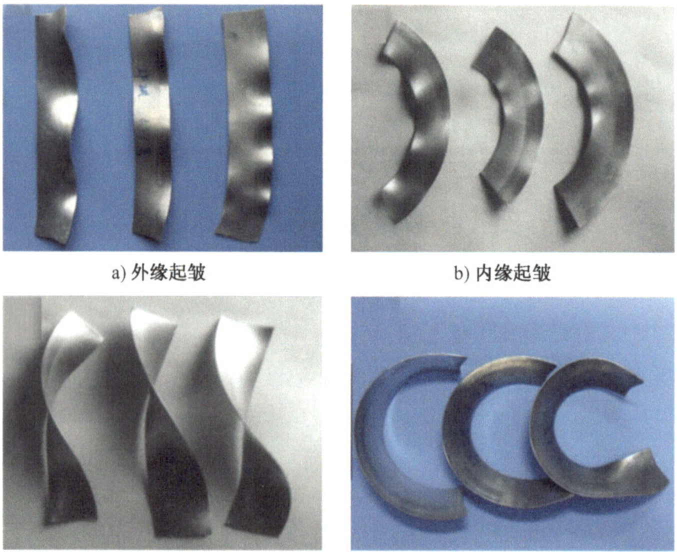

a) 外缘起皱　　b) 内缘起皱

c) 空间扭曲 I　　d) 空间扭曲 II

图 1-1　不均匀压下薄板面内弯曲成形失稳现象

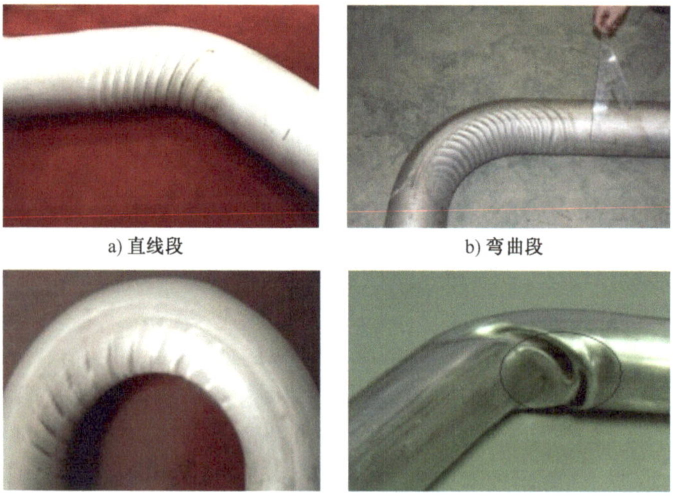

a) 直线段　　b) 弯曲段

c) 全段　　d) 弯曲前段

图 1-2　薄壁管弯曲起皱失稳现象

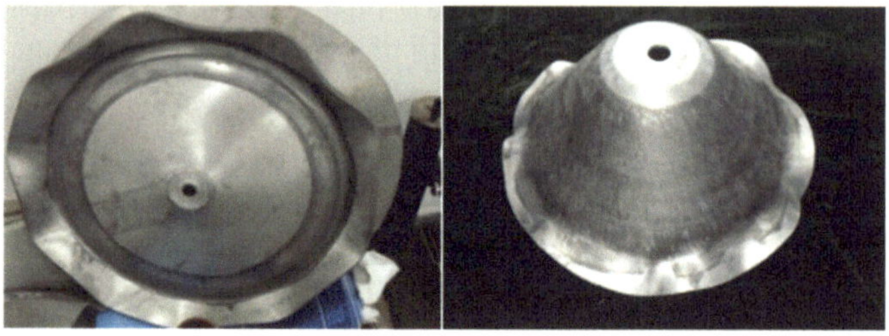

图 1-3　薄壁件旋压成形起皱失稳现象

图 1-4　大型薄壁件流体高压成形件的失稳现象

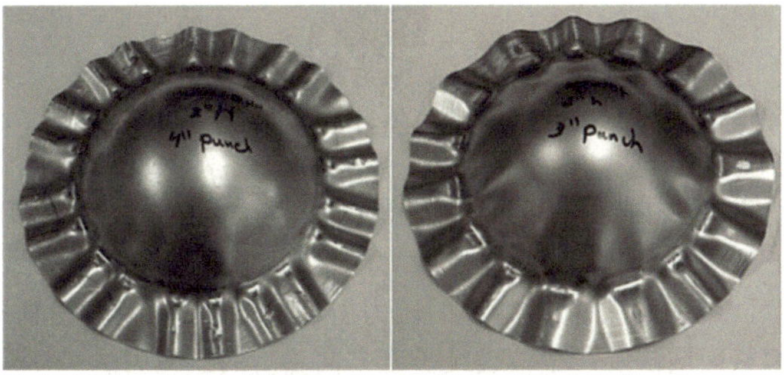

图 1-5　薄板液压成形的起皱失稳现象

图 1-6　薄壁管缩颈工艺成形的起皱失稳现象

图 1-7　薄板冲压成形的起皱失稳现象

综上所述,起皱失稳现象存在于各种成形过程中,不但严重影响成形件的质量、精度,甚至导致成形件的报废及模具的损坏,影响模具的寿命,以至后续加工无法正常进行,既浪费宝贵的时间,又造成极大的财产损失。因此,有效防止和抑制冲压件成形中起皱失稳问题成为当前塑性成形领域的重点之一。了解板材起皱的机理及其所具有的规律,分析起皱临界时刻及其影响因素。形成对起皱有效的预测和控制,在生产实践中有指导作用[15]。

1.1.2　起皱机理

起皱现象是板材冲压过程中较为常见的质量缺陷之一,它是材料在变形时受压失稳的一个主要表现形式。由冲模施加的外力作用使得板料在塑性变形时,处于复杂的应力状态之中,且由于工件几何形状的不同,板料不同部位的受力状态也不一,而板材厚度方向的尺寸要远小于其他两个方向的尺寸,因此,受力时最不稳定的方向就是厚度方向。当板料面内的压应力到达临界压应力值,而板面又没有受到足够的约束时,板料厚度方向会因受压而不能再继续维持稳定的塑性变形,此时由于面外变形也即板厚方向变形所需的能量较小,所以便会发生由面内变形转到面外弯曲变形的分叉失稳,即产生压缩失稳起皱现象。从力学角度来看,这一失稳过程与杆件受压失稳很相似。

临界压应力是预测和分析起皱现象的重要依据之一,文献[16]中给出了板材塑性压缩失稳的临界压应力公式

$$\sigma_k = \frac{\pi^2 E'}{12}\left(\frac{t}{L}\right)^2 \tag{1-1}$$

式中,E'——材料塑性压缩变形时的硬化模数(MPa);

t/L——相对厚度。

从本质上来讲,无论对于哪一种形式的起皱,都可以认为在皱纹萌生和进一步生长的过程中,在垂直于皱纹长度的方向上都必然有压应力的存在,该压应力即是导致皱纹产生的关键。这个压应力的出现可以是由施加在板材上的压力引起的,然而当板料受到不均匀的拉力或剪切力时,也能够在起皱区域诱发产生与皱纹长度方向垂直的压应力。

1.1.3 起皱的分类

板材冲压成形过程中产生的皱纹的表现形式是多种多样的。虽然它们在外貌形态上看不出根本性的区别,但不同皱纹的形成条件和影响因素是有很大不同的,预测、防止和消除不同皱纹的具体措施也都具有各自的特点。所以,解决起皱问题的关键,首先要能够准确判断实际成形件的起皱类型,才能找到起皱的主要原因,并根据其特点、影响因素等制定有效的措施来解决起皱问题。

如前文所述,尽管可以认为任何情况下的起皱现象,在与皱纹长度垂直的方向上都必然有压应力出现。但引起起皱的外部原因(即起皱区所受的外力)会有很大区别。事实上,起皱现象的本质和复杂性还远远不止这些,这也是起皱问题较难解决的原因之一。虽然在皱纹垂直方向上存在有压应力,但这一压应力往往不都是由模具直接作用在起皱区上的,作用在起皱区外部的多种外力状态(或应力状态)都可能在起皱区内诱发产生压应力。因此,与考察垂直于皱纹长度方向上的压应力相比,直接分析起皱区外部的外力状态(或应力状态)及其变化情况更有助于解决起皱问题。

根据引起皱纹产生的外力属性的不同,可以将起皱分为"压应力起皱""剪应力起皱""不均匀拉应力起皱"和"不均匀压应力起皱"等四种类型,图 1-8 为这种分类方法的分类情况。这种分类方法将皱纹的表象与引起起皱的力学原因直接联系起来,有利于研究及解决冲压成形中的起皱问题。

压应力起皱的典型代表有:圆筒件拉伸成形时的法兰起皱和球面、锥面等非直壁类轴对称零件成形时的悬空侧壁起皱。该类起皱特点为:起皱区受到压应力作用,皱纹长度方向与所受压应力的方向相垂直。

剪应力起皱的典型代表有:深度或者断面急剧变化零件冲压时的悬空侧壁起皱。这种起皱是由于板料在成形时受到了不可同轴平衡的外拉力,促使起皱区处在剪应力的作用之中,而在与剪应力成 45°的两个方向上分别诱发产生了拉应力和压应力,当该压应力达到临界应力

时便会产生皱纹。剪应力起皱特点为皱纹长度方向与外力方向约成 45°，也与剪应力方向约成 45°。

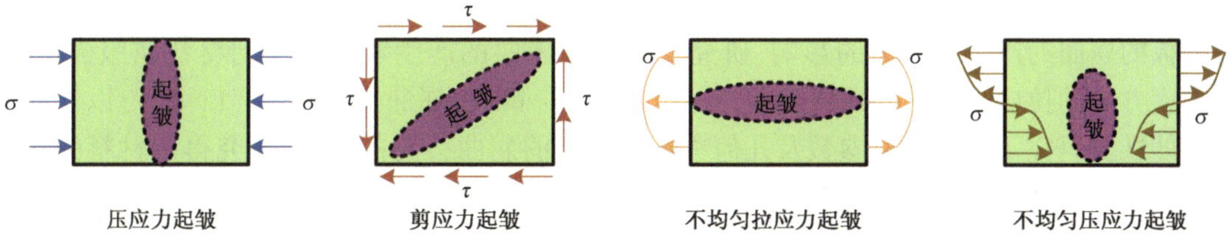

图 1-8　不同工况下的板料起皱失稳

不均匀拉应力起皱的典型代表有：带锥度方形容器拉深时棱线附近的起皱、方板对角拉伸试验[YBT(Yoshida buckling test)]等。这种起皱是由于板料受到虽可同轴平衡的外力但呈不均匀分布的拉应力作用，在起皱区诱发产生了与拉力方向垂直的压应力，从而引起起皱区失稳起皱。其特点为皱纹长度方向与外力方向一致。

不均匀压应力起皱的典型代表有：汽车车门内板起皱。这种起皱的原因主要是板料上下受力不一，上端受到向外的拉应力，下端受到向内的压应力；或者是所受到的压应力不均匀，部分区域应力集中，而导致应力差过大产生起皱。其特点为拉压应力交界处皱纹最短，距离交界处越远皱纹越长。

在冲压生产上，制件的几何形状往往很复杂，冲压成形时，板料内部也会受到复杂的应力状态的作用。在其中所产生的起皱现象也不完全单纯是由一种应力引起的，往往同时有多种应力的存在，不过，在这其中一定有一种应力是起主要作用的，其他的只是起次要作用。因此，在判断一种起皱类型时，往往需要找到引起起皱的主要原因，从而能够有针对性地采取相应的措施来抑制或是防止皱纹的产生。

1.2　板料起皱的研究现状

近年来，随着能源问题的日益突出，以汽车为集中代表的耗能产品更趋向于轻量化、强韧化方向发展。随着高强度薄钢板得到越来越广泛的应用，起皱现象也变得越来越普遍。虽说在冲压过程中不发生破裂现象是保证冲压件质量的前提，但如今起皱现象已成为必须受到重视的质量问题，这在汽车覆盖件等大型薄壁类零件的塑性加工领域显得极为关键。轻微起皱会影响薄壁曲面件成形精度和使用寿命，严重起皱则会损坏模具并中断生产。因此，起皱及其相关问题已成为国内外学者的研究重点之一。

近一个世纪以来，人们从起皱产生的原因、预测以及起皱后的性质等各个方面对起皱现象进行了研究和探讨。这些研究涵盖了从试验研究、理论分析到数值模拟等诸多方面。

1.2.1　基于试验的起皱研究

起皱研究最初始于试验方法，通过合理的试验方案能够获取起皱失稳直观和真实的形貌，揭示和验证潜在规律，是一种让工作压应力逐步逼近临界压应力的不准确的工艺方法，常与其他研究方法相结合，得到起皱发生的临界条件。起皱试验研究是获取起皱成因、发生与发展过程最直观的一种手段，同时也是检验理论和数值模拟研究准确性的唯一方法。针对以上两种原因，可大致将起皱试验研究分为两大类，一类是机理探讨性质的基础试验研究，如方板对角拉伸试验，还有一类是针对具体成形工艺的起皱失稳研究，如冲压工艺、胀形工艺等。

例如,Yoshida 于 1980 年提出的方板对角拉伸试验 YBT 能够用来评估板料在不均匀拉伸下抵抗因压缩失稳而起皱的能力,作为一种对板料变形趋势进行预报的方法现已成为起皱试验研究的代表[17]。Matsui 等[18]以 YBT 为对比研究对象,研究了材料性能和加载条件对汽车外钢板的屈曲的产生和发展的影响,研究发现试件屈曲的产生和发展受到材料屈服强度 σs 和宽度方向的拉应力 PY 的强烈影响,并且当 PY/σs 高时,屈曲受到抑制。Li 等[19]以方板对角拉伸试验研究了试件性能参数及几何参数对铝板的屈曲行为的影响,研究得出材料的屈服强度和各向异性对试件屈曲高度几乎无影响,但试件的几何尺寸对板料的屈曲模式影响显著。范淼海等[20]以 YBT 作为验证试验,探究了板材性能、板厚和加载条件等因素对板料抗皱性的影响,研究得出弹性模量较高或屈服强度较低的板料抗皱性较强,且增加板厚或施加横向载荷均可提高板料的抗皱性。

YBT 作为研究金属薄板起皱失稳的典型试验,为揭示不均匀拉伸载荷下板料的起皱失稳机理提供了依据,但是由于其边界条件和加载方式较为简单,只能反映无边界约束条件下板料的起皱行为,不能反映实际成形过程中受多模具包覆状态下板料的起皱失稳状态。基于上述情况,Cao 等[21]设计了一种楔形板条拉伸起皱试验用于研究不同边界约束条件下板料的起皱和后屈曲行为,并将试验结果与基于能量准则和有效压缩区域概念准则的预测结果进行了对照,验证了其准确性。以 Cao 的试验方法作为参考,Cheng 等[22]在该模具的基础上,设计了更加精确可调且刚性更强的楔形件拉伸起皱试验装置,基于此,研究了厚度对实心钢板起皱时刻与屈曲高度的影响及相同厚度下实心钢板与叠层钢板的起皱差异。此外,作者设计了一种具有复杂边界条件的楔形试件的拉伸起皱试验,并以其为研究对象,结合数值模拟和试验两种方法对复杂边界条件下板壳临界起皱极限图的影响因素进行了系统的研究。因此,楔形件拉伸起皱试验可用于模拟实际成形中的复杂边界条件下的板料的起皱失稳情况,并以此研究载荷状态、应力应变等因素对板料起皱失稳的影响。

目前,用于研究薄板塑性失稳机理的试验载体有很多,按性质可以分为两类:

一类是为了模拟板材的失稳基本机理而设计的特殊形状试件测试试验,如 YBT、圆盘皱曲试验(disc-wrinkling test)[23]、矩形板屈曲试验(rectangular-plate buckling test)[24]、矩形板试验(rectangular sheet test)[25]等。这类试验的优势在于便于采集试验数据,便于建立相应的理论和数值模拟模型,能方便地讨论材料参数对临界起皱的影响,局限性在于每种试验对应的都是较为具体的加载路径及边界条件,尚未被验证过它们各自能够体现出的起皱失稳规律是否适用于其他应力状况近似但边界条件不同的成形工况。另一类是具有简单几何形状的典型试件的成形试验,例如斯威夫特杯试验(swift cup test)[26]、环形板拉伸试验(annular plate drawing test)[27]、杯折叠试验(cup puckering test)[28]、锥杯成形试验(conical cup forming test)[29]、方杯成形试验(square cupforming test)[30]等。这类试验的优势在于能够研究更多因素对塑性起皱失稳的影响,如边界条件、接触条件、模具几何形状等,局限性在于不便于采集试验数据、临界失稳状态,相比第一类试验模具花费高。

试验研究能够校验解析及数值研究时采用了各种假设后所得结果的正确性,而且直接获得实际结构在真实载荷作用下屈曲过程中的试验数据,从而建立数据库,作为预报一些没有直接试验或理论研究结果的复杂结构屈曲的依据。对于未进行深入研究的成形过程,它是一种必不可少的方法。试验研究方法能够获取真实的数据,但若不依靠理论和数值模拟等数据分析手段,便无法准确抽象出起皱失稳的深层规律。此外,试验研究方法具有成本投入大、效率低、普适性较差等特点，难以广泛推广。因此起皱失稳的试验研究存在较大的局限性，必须与其他研究工艺如模拟分析或理论分析方法相结合，从而合理规划试验流程，获得理想的研究结果。

1.2.2　基于理论的起皱研究

理论研究是分析金属成形过程失稳起皱的一种重要方法，其分析方法网是：建立分析模型，而后用微分平衡方程直接求解或能量方法近似分析。然而，大部分的理论研究只能研究相对较简单的问题，这是由起皱过程的复杂性和理论研究自身的不完整性所决定的。尤其是对一些边界条件过于复杂的情况，理论研究的结果并不能令人满意。目前主要有两种理论分析方法进行起皱的研究，即分叉理论和能量法。

20 世纪 50 年代，Hill[31] 提出了分叉理论，理论定义起皱是在加载过程中板料从基本平衡路径（零载荷开始的路径）偏离到另一种平衡路径的过程，并且在宏观上，材料从面内变形发展到面外变形。其基本思想是当 Hill 分叉函数或其派生形式的变分方程存在非零解时，材料发生起皱。他利用数学的形式进行了阐述，从而为起皱的研究提供了一种新的方法。

基于分叉理论也产生了许多研究成果，Hutchison[32-33] 考虑到板料曲率和应力状态在成形过程中的变化，简化了 Hill 的分叉理论使其更适合于薄板和壳体，并计算了由平面内变形到平面外变形的临界起皱应力，使得分叉理论得到发展和推广。之后还继续开展对双曲率板材成形的塑性失稳研究，并和浅壳理论 DMV（Donnell Mushtari Viasov）相结合，得到了较为简单的临界起皱应力和应变的表达式。Tuǧcu[34] 在前人的理论基础上，利用分叉理论推导出曲率无限大的平板起皱的临界条件；Triantafyllidis[35] 将其应用于法兰起皱的研究；Kim 和 Son[36] 根据分叉理论研究了起皱现象，并探究了各种材料参数和几何参数对临界起皱判定线的影响。

Senior[26] 于 1956 年提出了能量法，并利用能量法求解了拉深成形中的法兰起皱问题，推导出了较为精确的皱曲临界压边力公式。这是迄今为止仍被普遍运用的起皱求解方法之一。其基本思想是比较塑性变形功和临界起皱能，认为当塑性变形功大于临界起皱能时，板料发生起皱。其为随后对诸如拉深过程和管材弯曲过程等起皱问题临界条件的研究提供了另外一种重要的方法，能量法预测起皱的基本步骤如下：

（1）用能量法计算临界起皱能 w；

（2）用解析方法或数值方法计算塑性变形能 T；

（3）比较 w 与 T 的大小，当 T 大于 w 时，起皱将发生。

能量法是迄今为止仍被普遍运用的起皱求解方法之一，而且在变形形状简单规则的管、板材成形起皱预测中得到了广泛的应用。例如，Yoshida M.[37] 推导了矩形管弯曲过程中起皱临界压应力；余同希[38] 采用简化塑性铰线法研究了弯曲试样局部屈曲的能量解析解；Cao 和 Wang[39,40] 采用能量法预测盒形件和锥形件在拉深过程中的法兰起皱和侧壁起皱，并推导出两种起皱形式的临界应力值；孙朝阳[41] 利用能量法重新揭示了失稳起皱机理，并建立统一的内外缘起皱预测准则；文献［42］通过能量法理论分析了不锈钢双极板冲压成形过程中褶皱挠度和压边力大小的关系，并给出了板材临界失稳的条件。

利用能量法进行起皱的预测，不仅可靠实用而且简单、计算效率高，它是分析稳定问题的一种行之有效的方法。采用能量方法求解时，只要给出合适的挠度曲面，就能够得到合适的结果。其优势在于假设的曲面即使不符合实际，求解的结果误差也不会太大。当然，单独使用能量法分析解决问题是不完善的，应当把试验法、数值模拟法与之相配合才能得到令人满意的结果。

1.2.3 基于数值模拟的起皱研究

数值模拟预测方法能将前二者优势有效结合,是预测各类成形工艺起皱失稳不可或缺的重要手段。纵观学术界迄今为止对板料成形起皱失稳预测的研究,主要可以归纳为两类分析方法:

第一类方法是直接运用具备特定结构件屈曲分析功能的数值模拟算法或多种数值模拟算法的组合。例如目前用于处理薄壳稳定性问题的数值模拟算法主要有静力隐式有限元分析方法和动力显式有限元分析方法。其中静力有限元分析方法又分为特征值(线性)屈曲分析和非线性屈曲分析[43]。Wang 等[44]通过静力隐式有限元研究了吉田试验下矩形薄板的失稳及后屈曲问题。Kim 在该算法的基础上分别进行了球形杯件拉深成形、圆柱杯件拉深成形[45],改进的吉田试验[46]和薄板冲压成形后回弹[47]过程中的失稳起皱预测。动力显式算法通过显式积分从上一个增量步前推出动力学状态而无须进行迭代,显式地求解下一步,不需要进行切线刚度矩阵的计算。因此,不做处理的单纯动力显式算法计算获得的起皱波纹是通过迭代误差产生的,并非真正意义上的失稳皱纹。因为动力显式算法中没有求解系统刚度矩阵的步骤,因此不能检测出失稳分叉点。基于该问题,有学者提出:应用特征值屈曲分析获取结构的屈曲模态,再应用诸屈曲模态(或其线性组合)来扰动理想网格,进而利用动力显式算法得到变形物体的失稳形貌特征。如 Rust 等[48]在 ANSYS 平台上通过“植入”结构屈曲模态作为初始缺陷,完成了长臂伸缩望远镜的结构失稳起皱模拟,并认为一个保守的几何微缺陷应该基于特征值屈曲分析的较低阶的第一阶屈曲模态而建立。Wong 等[49-50]基于 ABAQUS 平台的 Buckle 模块,通过特征值屈曲分析获得了薄膜结构从低阶到高阶的屈曲模态,并将这些屈曲模态个别或部分线性组合定义为几何微缺陷,该模型从其分叉点监测开始到波纹的衍生过程均与试验结果吻合良好,成功实现了薄膜对角拉伸失稳现象的预测与模拟。

第二类方法是将起皱失稳理论与常规数值模拟算法结合使用来预测起皱失稳问题[51]。通过这种方法可以方便地研究材料参数和工艺参数对起皱临界的影响,且计算效率高,得到的结果稳定可靠[52]。例如 Anarestani 等[53]运用分叉理论,模拟了圆柱形件在拉深过程中法兰的起皱现象,并分析了材料类别、各向异性系数及润滑条件对起皱的影响。Shafaat 等[54]通过数值模拟确定了锥形件拉深过程中悬臂区起皱的压应力作用区域尺寸,进而以能量法为基础进行了理论预测,提出了锥形件悬臂区皱纹的一个新的挠度计算方程,利用该方程计算的临界起皱状态对应的冲头位移更接近试验结果。Cao[39]和 Wang 等[55]系统地将能量法与有限元模拟结合起来,精准预测了拉深成形过程中圆锥件侧壁起皱以及盒形件法兰起皱的情况,同时给出了两种起皱模式下的临界压应力的具体表达式。

第二类起皱预测方法的优势是能够避免第一类方法中模拟结果对网格类型、密度等模拟参数的设置敏感性的影响。从而消除了动力显式算法中网格密度设置不明确从而导致的预测结果不唯一的问题。在起皱失稳理论的规范化约束作用下,合理网格密度和类型设置范围内的各项临界起皱数值模拟结果会收敛于定值[40]。但这类方法也同样存在显著的局限性:首先是计算流程需要进行软件二次开发,操作烦琐,且起皱失稳形貌显式不直观;其次应用范围较为局限,只能用于失稳区域形状、受力均规则,能够抽象成为起皱失稳理论分析对象的简单工艺类型。综合比较而言第一类预测方法的应用前景更好。因此,本书着重围绕第一类方法所涉及的关键问题展开探讨。

薄板在成形过程中或成形后经常会出现一些起皱、面畸变、凹陷及鼓包等缺陷,这会导致零件产生较大的形状误差,从而造成废品。日本学者吉田清太对上述问题进行了大量的研究,并于 1980 年在 ASTM 会议上提出了方板对角拉伸试验方法,用来模拟薄板在不均匀拉力下的失稳起皱现象。目的是探讨不均匀拉力下失稳起皱的发生、发展与消去现象以及这些现象与载荷特性及材料特性的关系。吉田清太提出的方板对角拉伸试验已得到业界学者的认可,特别是板材起皱弹性失稳和塑性失稳的划分与材料屈服点有关的观点得到行业专家的认可,并受到国际冲压行业许多学者的高度重视[56]。因此,本篇将以 YBT 试验作为对比验证试验,分别建立与其相对应的单纯壳单元动力显式数值分析模型及非线性屈曲分析模型;植入初始缺陷的壳单元动力显式数值分析模型及非线性屈曲分析模型;单纯实体单元动力显式数值分析模型。对不同模型的理论依据、建立方法、计算精度、适用范围等方面展开研究,从而确立综合性能最佳的薄板成形起皱失稳数值模拟方法。再基于得到的最优起皱失稳数值模拟方法,对比能量法理论解析-有限元数值模拟预测算法和分叉理论解析-有限元数值模拟预测算法,并分别阐述其执行流程和临界起皱时刻的确定方法,对比得到最优的薄板起皱失稳预测算法。

1.3　本章小结

本章介绍了起皱失稳现象,在不同试件冲压成形过程中由于成形工艺不同,导致工件承受的载荷状态不同,引发复杂多样的加载路径,由此而使得起皱失稳极易发生且不易避免。此外,分析了起皱的机理,当板料面内的压应力到达临界压应力值,而板面又没有受到足够的约束时,板料厚度方向会因受压而不能再继续维持稳定的塑性变形,此时由于面外变形也即板厚方向变形所需的能量较小,所以便会发生由面内变形转到面外弯曲变形的分叉失稳,即产生压缩失稳起皱现象。另外还根据引起皱纹产生的外力属性的不同,将起皱分为四种类型:压应力起皱、剪应力起皱、不均匀拉应力起皱和不均匀压应力起皱,并分别以其对应类型的起皱的典型代表为例进行阐述。

在对于板料起皱的研究调查方面,发现起皱试验研究是获取起皱成因、发生与发展过程最直观的一种手段,同时也是检验理论和数值模拟研究准确性的唯一方法。起皱试验研究可分为两大类,一类是机理探讨性质的基础试验研究,如方板对角拉伸试验,另一类是针对具体成形工艺的起皱失稳研究,如冲压工艺、胀形工艺等。理论研究亦是分析金属成形过程失稳起皱的一种重要方法,其分析方法是:建立分析模型,而后用微分平衡方程直接求解或能量方法近似分析。然而,大部分的理论研究只能研究相对较简单的问题,这是由起皱过程的复杂性和理论研究自身的不完整性所决定的。尤其是对一些边界条件过于复杂的情况,理论研究的结果并不能令人满意。目前主要有两种理论分析方法进行起皱的研究,即分叉理论和能量法。数值模拟预测方法能将前二者优势有效结合,是预测各类成形工艺起皱失稳不可或缺的重要手段。数值模拟预测方法主要可以归纳为两类分析方法:第一类方法是直接运用具备特定结构件屈曲分析功能的数值模拟算法或多种数值模拟算法的组合;第二类方法是将起皱失稳理论与常规数值模拟算法结合使用来预测起皱失稳问题。本书也将对不同模型的理论依据、建立方法、计算精度、适用范围等方面展开研究,从而确立综合性能最佳的薄板成形起皱失稳数值模拟方法。

第 2 章

起皱失稳数值模拟方法

2.1 结构屈曲分析基础算法

本章主要以方板单向对角拉伸试验(具体见第 4 章)为基础分析比较了通用有限元软件提供的屈曲分析方法:静力隐式有限元分析方法和动力显式有限元分析方法。在板料成形领域,关注的是成形后可能发生的起皱失稳,也就是材料已经进入塑性变形状态时产生的起皱缺陷。因此,在起皱失稳的模拟预测手段上,应选用能够求解非线性问题的屈曲分析方法。而多数板料成形问题在结构中存在接触,常规屈曲分析方法大都针对的是工程结构件而非薄板成形类零件,因此容易出现求解结果错误或求解不收敛等问题。因此,本章将特征值分析的试件失稳模态作为初始缺陷植入非线性屈曲弧长法或动态显示算法中来实现薄板成形塑性屈曲和后屈曲状态的分析。同时考察实体单元动态显示算法在板料成形起皱失稳预测领域的适用性,寻求最佳零件塑性加工起皱失稳数值模拟算法。

2.1.1 特征值屈曲分析(线性屈曲分析)

特征值屈曲分析通常是针对刚性结构,对基础状态建立平衡方程时通常不必考虑几何变形的影响。求解原理如下:

在线弹性阶段,结构在载荷 P_0 的作用下满足

$$P_0=Ku_0 \tag{2-1}$$

式中,K——结构的刚度矩阵;

u_0——结构在载荷 P_0 作用下产生的位移。

当系统增加外载 ΔP 时,则结构满足

$$\Delta P=[K+K(\sigma)]\Delta u \tag{2-2}$$

式中,$K(\sigma)$——应力状态 σ 下的应力刚度矩阵;

Δu——位移增量。

等式(2-2)表示结构内的应力状态对结构净刚度的增强或削弱作用。

若加载行为是线性的,则载荷、位移、应力均和初始状态的载荷、位移、应力成比例,λ 是比例因子,即

$$P=\lambda P_0 \tag{2-3}$$

在结构线弹性状态下,有

$$K(\sigma)=\lambda K(\sigma_0) \tag{2-4}$$

式中,σ_0——载荷 P_0 作用下结构内部的应力(MPa);

将式(2-4)代入式(2-2),整理得

$$\Delta P=[K+\lambda K(\sigma_0)]\Delta u \tag{2-5}$$

因此线性屈曲转化为特征值问题,最小特征值 λ 代表了临界载荷比例因子。

当结构发生屈曲时,在 $\Delta P=0$ 的情况下仍然会产生位移增量 $\Delta u\neq 0$,即

$$[K+\lambda K(\sigma_0)]\Delta u=0 \tag{2-6}$$

求解出方程(2-6)中的 λ,利用 λ 乘以所加载荷 P_0,即可得到屈曲临界载荷。

由于方板拉伸起皱失稳问题关注的是塑性阶段的屈曲和后屈曲变化发展过程,该过程涉及材料非线性问题,如果同时考虑到接触、边界条件等非线性因素,显然单纯利用特征值屈曲分析是无法求解此类问题的,但是该分析方法下的各阶屈曲模态分析结果却能作为板料初始形状缺陷加入到其他数值算法中来分析方板拉伸起皱失稳问题,因此特征值屈曲也是分析板料成形失稳不可或缺的环节之一。

2.1.2　非线性屈曲分析(*Static,Riks)

特征值屈曲分析时所有的非弹性效应均被忽略且所有接触均由基础状况确定,如需考虑屈曲前材料、几何非线性以及不稳定后屈曲响应,必须进行非线性屈曲分析(Riks,也称改进的弧长法)。

非线性屈曲分析主要的分析过程为跟踪结构的动态平衡路径,即跟踪结构从初始状态至丧失承载力后的荷载变化与结构变形[57]。弧长法广泛应用于非线性结构分析中,不仅克服了传统牛顿法跨越结构非线性屈曲平衡路径上的临界点的困难,而且能够在迭代求解过程中自动调节增量步长跟踪各种复杂的非线性屈曲平衡路径全过程。因而弧长法是目前非线性结构分析中数值计算最稳定、计算效率最高且最为可靠的迭代控制方法[58-60]。然而,弧长法在控制迭代分析过程中,难以精确求得结构在任意预定载荷水平下的变形及应力状态,针对弧长法的不足,罗永峰[61]提出改进后的弧长法,除了保持弧长法的优点,还能够自动跟踪非线性平衡路径全过程,精确获得任意预先指定载荷水平的结构变形状态与应力状态。

改进弧长法又名 Riks 算法,求解原理是:采用非线性迭代进行全过程分析,将载荷大小作为附加未知量,给定载荷比例因子 λ_i,通过迭代求解不同载荷状态下结构的变形响应,绘制结构的载荷-位移(F-u)全过程曲线[62],如图 2-1 所示。失稳求解空间中,弧长法是借助弧面将载荷因子和位移增量 Δu 关联起来[63]。图 2-1 为结构从加载到发生屈曲 A 时刻后几种典型的后屈曲路径。一种是结构屈曲后变形仍在继续,但失去了承载能力,然而随着变形的继续增大,结构又重获承载能力如 AB 段所示(如网壳类结构);同时,结构也有可能完全失去承载能力,如 AC 段所示(如细长桁架类结构)。从全过程曲线分析中即能捕捉到结构的极限失稳载荷(即 A 点处)。

Riks 算法中,由于载荷和位移均为待求量,因此必须引入其他量来跟踪求解进度,Abaqus/Standard 引入载荷-位移空间中沿静力平衡路径的"弧长" l,用弧长量代替时间量,从而避免了非线性计算中的载荷增量法会出现的迭代过程中载荷只能增加不能减少,从而无法获得结构在屈曲后的载荷-位移曲线(即图 2-1 中 A 点以后的曲线)的问题,以及位移增量法中由于无法预知结构的变形模式从而在实际过程中难以操作的问题。由于弧长约束,弧长法可以在迭代过程中自动生成载荷增量以寻求收敛,甚至可以生成负的载荷增量来完成自动卸载[64]。迭代过程如图 2-2 所示,具体计算过程如下:

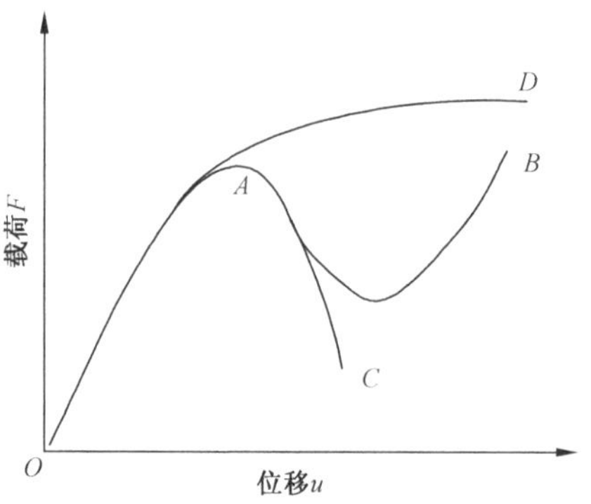

图 2-1　非线性屈曲分析载荷-位移(*F-u*)曲线

(1) 在求解载荷增量的每一子步中进行弧长 l 迭代,使以下增量方程达到平衡

$$[K_T]\{\Delta u\}=\lambda\{F_n\}-\{F_{nr}\} \tag{2-7}$$

式中,$[K_T]$——切线刚度矩阵;

$\{\Delta u\}$——位移增量;

$\{F_n\}$——外部载荷向量;

$\{F_{nr}\}$——内部节点力向量;

λ——载荷比例因子。

其中,$\{\Delta u\}$、λ 及弧长 l 满足以下约束关系

$$l=\sqrt{\Delta u_n^2+\Delta\lambda_i^2} \tag{2-8}$$

(2) 由于一个非线性问题的求解过程是由多个弧长步构成的,因此对弧长步进行迭代,迭代收敛条件可根据迭代位移增量与迭代位移的比值确定,如式(2-9)所示。

$$\frac{\Delta u_n^k}{u_n^k}\leqslant\varepsilon,\text{且}\frac{\Delta\lambda_i^k}{\lambda_i^k}\leqslant\varepsilon \tag{2-9}$$

式中,ε——应变;其他符号的意义参照图 2-2。

(3)按搜索方向进行下一步载荷增量的叠加,直到得出临界失稳载荷及其后屈曲路径。

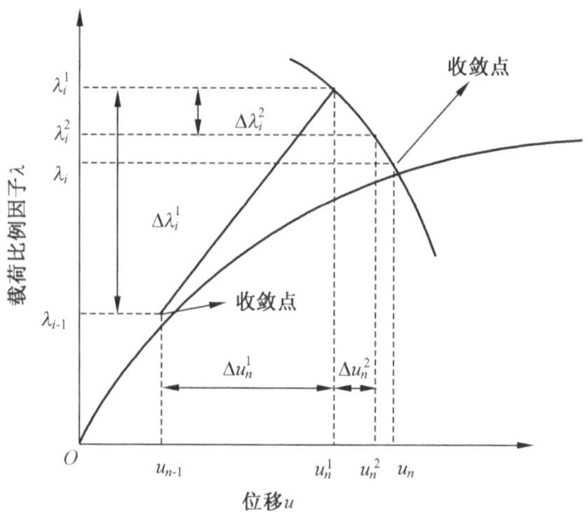

图 2-2　弧长法的收敛过程

图 2-2 中，从收敛点(u_{n-1},λ_{i-1})过渡到(u_n,λ_i)需要若干次迭代——从(u_n^1,λ_l^1)，(u_n^2,λ_l^2)，…，(u_n^k,λ_l^k)至(u_n^k,λ_i^k)具体迭代次数由收敛条件决定。

由上述分析可知，Riks 算法不同于以载荷增量或位移增量控制的迭代算法，它的迭代增量 $\Delta\lambda$ 是变化的，可以自动控制载荷，是目前结构非线性分析中数值计算最稳定、计算效率最高且最可靠的迭代控制方法之一，能有效地分析网壳的非线性前后屈曲及屈曲路径，享誉"结构界"。然而对于"薄板成形界"的部分起皱失稳问题，工件起皱失稳时刻并不会出现结构件失稳时那样明显的失载点 A（如平板拉伸问题，法兰起皱问题等，力行程曲线呈现如图 2-1 中 AD 段所示的形式），但却呈现出明显的屈曲及后屈曲形貌，针对这类问题，单纯利用 Riks 方法便显现不出其运算优势了，具体体现是：尽管能准确地采集到力行程曲线，但是对工件屈曲形貌和后屈曲形貌的变化发展的预测不甚准确，尤其针对模拟薄板成形问题最常用的壳单元。为了证实该论点，本书单独采用 ABAQUS 软件的 Riks 算法模拟了同图 4-1 试验条件一致的平板拉伸试验，网格模型和边界条件设置如图 2-5 所示。截取与图 4-6 所测失稳零件相同拉伸时刻（拉伸位移达 9 mm 时）的 U_2 和 U_3 位移模拟云图（规定：x 方向位移为 U_1，y 方向拉位移为 U_2，z 方向厚向位移为 U_3），并对比试件拉伸过程中的力-位移试验曲线和模拟曲线，如图 2-3 所示。

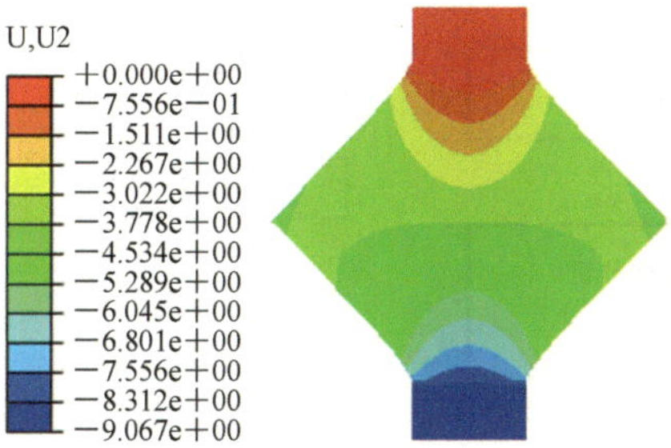

a) 拉伸位移云图

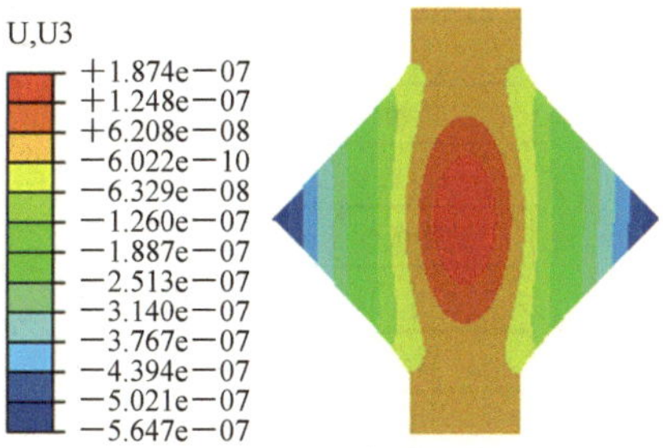

b) 厚向位移云图

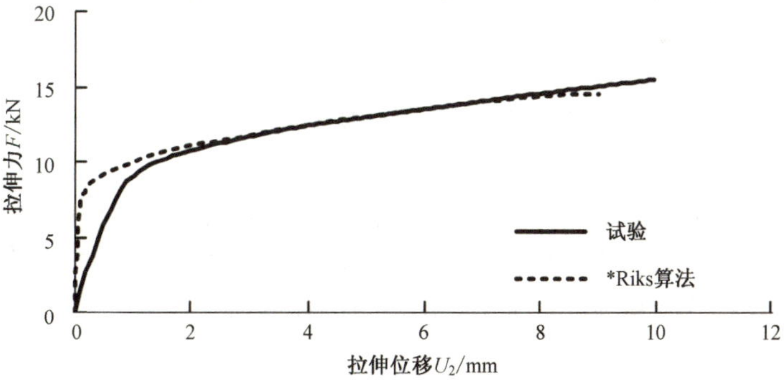

c) 拉伸力-位移试验曲线和模拟曲线对比

图 2-3　弧长法的收敛过程

由图 2-3 可知，当有限元模拟中试验试件 y 向拉伸位移达到 9 mm 时，对应的后屈曲时刻板厚方向 U_3 的云图趋势虽然呈现出了两边低中间高的真实状态，但是数值却非常小（10^{-7} 数量级），显然与试件此时的实际失稳形貌不吻合。由图 2-3c）可知力-位移模拟曲线基本与试验曲线吻合。综上所述，针对不会出现明显失载点的失稳问题，Riks 方法的预测能力有限。

2.2 可行算法原理分析及应用模拟结果

2.2.1 植入初始缺陷的非线性屈曲分析方法(Buckle-Riks)

针对 Riks 算法存在的问题,有学者研究证实:若定义合理的初始缺陷扰动"理想"计算模型,则计算会向着合理缺陷所提示的屈曲形貌方向作出正确的响应,从而得到理想的屈曲和后屈曲形貌预测结果[65-67]。基于此基础,本章节尝试利用特征值屈曲分析的屈曲模态作为扰动源,扰动 Riks 分析中的"理想"计算模型,再进行非线性屈曲分析,考察这种方式下屈曲分析结果的可靠性。具体分析流程见图 2-4。

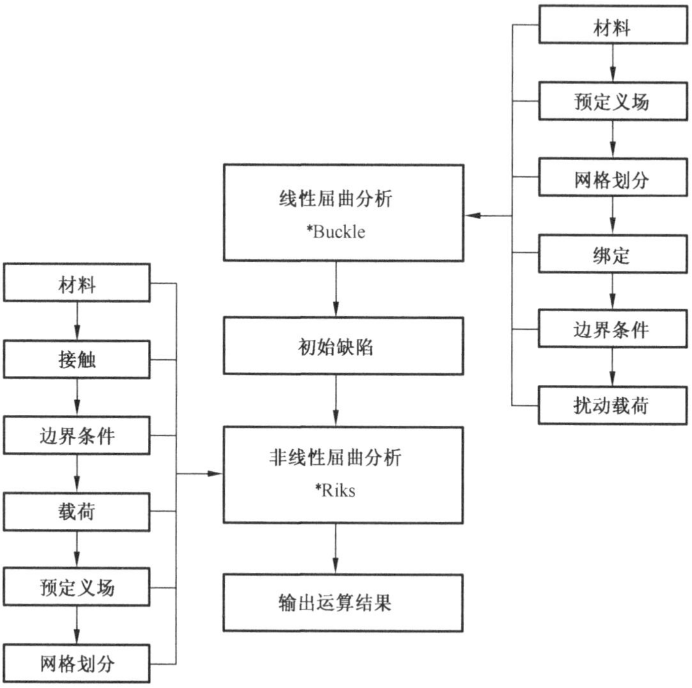

图 2-4 板料成形非线性屈曲分析流程

在图 2-4 中的 * Buckle 分析步中,材料按照试验材料测定的应力应变曲线给定,网格划分选取四节点的 S4R 壳体单元,适用于薄壳和中等厚度壳体结构,并能很好地模拟大变形、大应变等非线性行为,网格模型见图 2-5a)。对试件的上夹持端全约束,下夹持端限制除第 2 向位移以外的所有自由度,并随意施加一个第 2 向向下的面载荷作为单位载荷以计算特征值,如图 2-5b)所示。

图 2-6 为线性屈曲分析输出的壳体第一阶至第四阶屈曲模态的第 3 向位移云图(U_3)。各阶屈曲模态下的特征值 λ 均为负值,说明线弹性阶段在试件加载端唯有施加沿第 2 向正向的面载才能使试件发生屈曲。工件的各阶失稳形貌差异较大,其中第一阶屈曲模态下,试件在中部隆起的同时,两对角端沿第 3 向同方向翘曲,同真实工件失稳形貌最为接近,临界屈曲载荷也最小。同时,第一阶特征值与后几阶特征值数值相差较大,可以确定第一阶特征模态在屈曲中起主导作用。根据最小势能原理,将第一阶屈曲模态作为缺陷引入 Riks 分析步中的理想几何网格中。

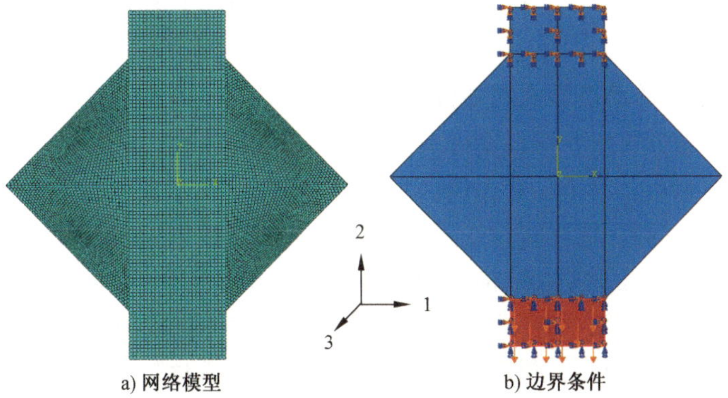

图 2-5　* Buckle 分析步模型设置

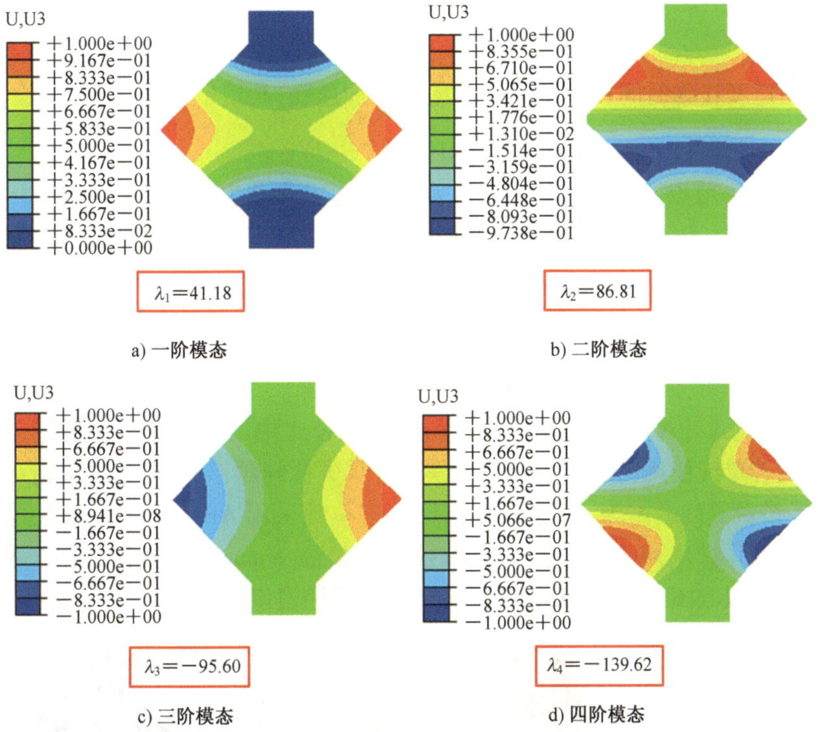

图 2-6　屈曲模态厚向位移云图

为了方便 Riks 分析步对初始缺陷的读取,需要将一阶屈曲模态下的节点数据输出为. fil 文件,并在后续的* Riks 分析步中,保持网格模型和边界条件与* Buckle 分析步一致,通过* IMPERFECTION 命令,将初始缺陷嵌入网格模型。命令语句如下:

```
*IMPERFECTION,FILE=BUCKLE,STEP=1
1,ω
```

施加初始缺陷的目的是建立一个网格后期的变形模式从而诱发网格正确地实现后屈曲变形。在缺陷量级(定义为缺陷缩放因子 ω)的选择上,较大的缩放因子肯定会使屈曲过程过渡得更加平滑,但另一方面,也可能会使结果脱离实际。经验而言,用于不同屈曲模态的缺陷缩放因子 ω 最大只需相应结构尺寸(如板厚)的百分之几便足够诱发屈曲的产生和发展。本书中该因子数值的确定结合了经验值范围及真实试验数据作为参照,最终确定的缺陷缩放因子 $\omega=0.001$。

2.2.2 植入初始缺陷的动态显式屈曲分析方法(Buckle-Explicit)

应用显式动力学方法建立接触条件的公式要比应用隐式方法容易得多,因此动态显式分析能够分析包括许多独立物体相互作用的复杂接触问题,从而克服隐式方法对接触较多的成形工况模拟不收敛的问题。因此,动态显式分析也更加适用于解决不稳定的后屈曲问题——在此类问题中,随着载荷的增加,结构的刚度会发生剧烈的变化,在后屈曲响应中常常包括接触相互作用的影响,这些影响同样会导致隐式分析运算的不收敛。

在显式算法中,节点的速度和位移均在时间的概念上进行积分累加,并采用中心差分法,在计算速度的变化时假定加速度为常数。应用这个速度的变化值加上前一个增量步中点的速度来确定当前增量步中点的速度[55]

$$\dot{u}|_{(t+\frac{\Delta}{2})} = \dot{u}|_{(t-\frac{\Delta}{2})} + \left(\Delta t|_{(t+\frac{\Delta}{2})} + \Delta t|_{(t)}\right)\ddot{u}|_{(t)}/2 \tag{2-10}$$

其中,$\dot{u}$ 为速度;t 为时间;Δt 为时间增量;$\ddot{u}$ 为加速度,利用牛顿定律求得

$$\ddot{u}|_{(t)} = (M)^{-1}\cdot(P-I)|_{(t)} \tag{2-11}$$

其中,$(M)^{-1}$ 为节点质量矩阵的逆矩阵;P 为外力矩阵;I 为单元内力矩阵。

将速度对时间的积分加上在增量步开始时的位移以确定增量步结束时的位移

$$u|_{(t+\Delta t)} = u|_{(t)} + \Delta t|_{(t+\Delta t)}\dot{u}|_{(t+\frac{\Delta t}{2})} \tag{2-12}$$

根据节点位移即可确定单元的应变,再应用材料本构关系以确定单元应力,从而进一步计算内力,开始下一个增量步的循环计算。

从上述动态显式计算方法的原理上看,所有递推公式中均未出现检测失稳分叉点所必需的刚度矩阵 K,若单纯使用动态显式有限元模型计算失稳问题,某些情况下会造成分叉点被漏掉或失稳结果错误等问题。为了证实该论点,本书单独采用 ABAQUS/Explicit 再次模拟了和图 2-5 条件设置相同的平板拉伸试验。截取拉伸位移达 9 mm 时的拉伸方向 2 和板厚方向 3 的 U_2、U_3,位移模拟云图,并对比力——位移试验曲线和模拟曲线,如图 2-7 所示。

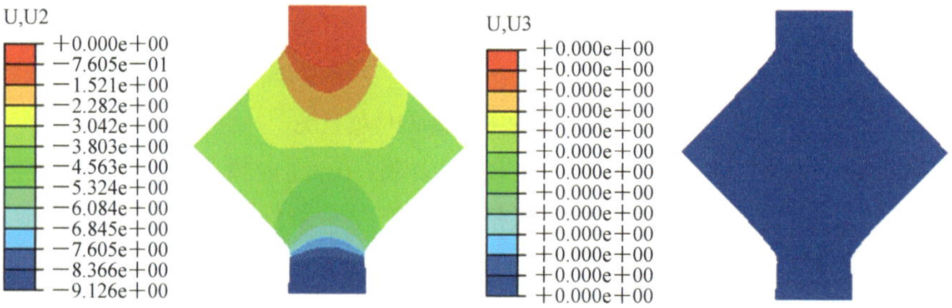

a) 拉伸位移云图　　b) 厚向位移云图

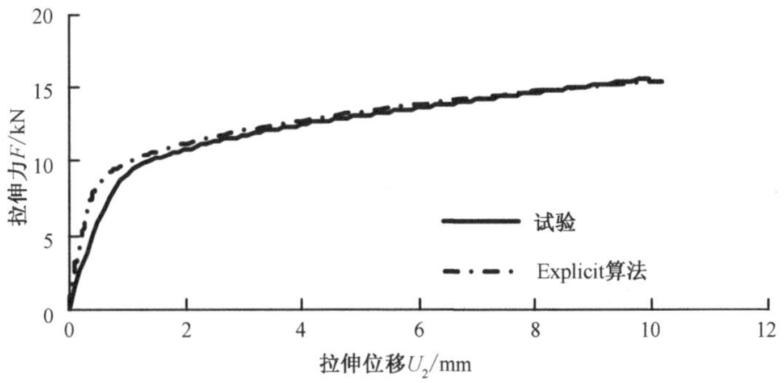

c) 拉伸力-位移试验曲线和模拟曲线对比

图 2-7　无缺陷引入的 Explicit 算法分析结果

如图 2-7 所示，虽然 Explicit 算法在计算非线性成形问题上比 Riks 方法表现更卓著(力-位移模拟曲线更接近试验曲线)，但在采用壳单元时，不具备失稳计算的功能(厚向云图 U_3 完全为 0)。

为了将 Explicit 算法在计算非线性、复杂接触下的成形问题的特有优势运用到失稳问题的计算上来，只有通过预埋具有分叉路径的板、管材分析网格，以实现对薄板起皱失稳的诱发。

有多种能够提供分叉路径的初始预埋缺陷可供 Explicit 算法进行选择，如几何初始缺陷、物理初始缺陷、屈曲模态初始缺陷等，应根据何种缺陷对起皱失稳的敏感性和诱发性更强而进行选择。以平板对角拉伸为例，试件为轧制板材，且尺寸、形状规则，不存在明显的几何和物理缺陷。而通过在线性特征值原理分析下得到的试件屈曲模态，显然是最为合理的缺陷植入类型。

为了方便与 Risk 算法植入屈曲模态缺陷的运算结果进行对比分析，采用与第 2.2.1 节同等的屈曲模态植入方法和植入参数。

2.2.3　实体单元动态显示分析方法(3D-Explicit)

在不同的单元族中，实体单元能够模拟的构件种类最多，几乎能用于构造任何形状，承受任意载荷。薄壳单元假定离面应力 σ_{33} 为零，而实体单元没有这种理论假设。在单元自由度方面，自由度 1、2 和 3 在三维实体单元中是有效的，而在平面应力单元中只有自由度 1、2 是有效的。在单元类型方面，实体单元可供选择的能适用于模拟不同物理行为的单元理论列式种类也是最多的。可以依照使用需求在线性单元、完全积分单元或缩减积分单元中进行选取，可有效避免壳体单元由于沙漏模式而导致的单元受到弯矩后刚度过硬，无法弯曲的零能模式的产生。同时，实体单元提供了对于横向剪切应力的评估。基于实体单元的上述特征，可尝试利用实体单元动态显式算法模拟板料起皱失稳问题。

为了验证实体单元在板料起皱失稳问题上的可行性，本章采用 C3D8R(八节点六面体缩减积分沙漏控制单元)对前文 YBT 试验进行模拟。对于三维问题应尽可能选用六面体单元，他们以最低成本给出了最好的结果。当形状复杂时，采用六面体划分全部网格是困难的，因此，需要掺杂楔形和四面体单元，即便如此，它们必须远离需要精确结果的区域。本章的实体单元算例为了与前述其他几种算例的计算结果进行比较，在板面内采用与其他算例同等的面内网格尺寸，厚度方向上依照单元尺寸均匀、边线正交以及避免网格层数过少导致的单元刚度过硬等网格划分原则，设置 4 层网格单元。其他边界条件设置与未加入初始缺陷的壳单元动态显式分析(图 2-5)保持一致。

2.3　模拟与试验结果对比

将图 4-6 中通过三坐标测量仪沿图示路径测得的截面变形轨迹,以及通过图 4-1 拉伸试验机输出的力-行程曲线与相同条件下 2.2 节所述的三种模拟方法输出的对应模拟结果进行对比,如图 2-8 所示。

由图 2-8 可知,三种模拟方法的起皱中间截面轮廓形状和试验数据均存在一定差异,这是由于数值模拟没有考虑弹性卸载运算而试验零件是卸载后测量的截面数据所导致的。因此三种方法的模拟输出轮廓起皱夹角均要略小于试验测定值。三种方法中无论从轮廓对比结果还是力-行程曲线对比结果来看,和试验结果最为接近的模拟方法为 Buckle-Explicit 方法,其次是 Buckle-Riks 方法,再次是 3D-Explicit 方法。

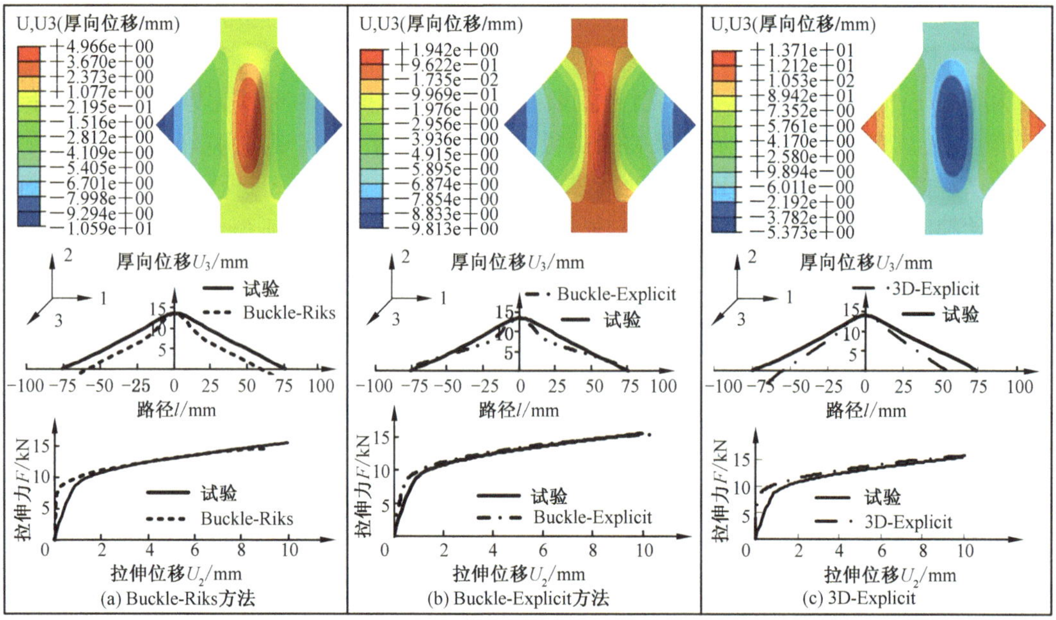

图 2-8　三种起皱失稳数值模拟方法与试验结果的对比

从图中可以看到,前两种方法能模拟出试件起皱失稳卸载之前的正余弦波局部鼓突形貌,而第三种方法对该形貌的输出不甚明显。究其原因,主要是相比于壳单元,不同尺寸划分下的实体网格单元的抗弯刚度存在差异性,同时网格的形状、种类、密度等因素都会影响到试件的整体抗弯刚度,因此形貌输出的稳定性相比采用壳单元的 Buckle-Explicit 和 Buckle-Riks 方法必然存在一定差异。

虽然三种方法都能用于模拟板料起皱失稳问题,但通过前文分析可知,Buckle-Riks 方法所运用的隐式算法对接触较多的成形工况存在模拟不收敛问题;实体单元 Explicit 方法计算成本较高。综合比较,壳体单元 Buckle-Explicit 方法无论从计算精确性、计算收敛性、计算成本及计算稳定性方面,均占有优势。

2.4　本章小结

本章基于方板对角拉伸试验并利用 ABAQUS 有限元模拟软件,对方板对角拉伸进行了模拟分析，通过比较“Buckle-Riks 方法”“Buckle-Explicit 方法”和“3D-Explicit 方法”三种屈曲模拟方法，对模拟结果进行后处理分析，并从力行程曲线与起皱高度两个方面与试验结果进行比较，确立综合性能最佳的薄壁件成形起皱失稳数值模拟方法，建立可靠的起皱失稳模型。其结果如下：

（1）特征值屈曲分析无法用于求解板料塑性起皱失稳问题，但该分析方法下的各阶屈曲模态分析结果却能作为板料初始形状缺陷加入其他数值算法中来分析板料塑性起皱失稳问题。

（2）针对不会出现明显失载点的失稳问题，非线性屈曲分析尽管能准确地采集到力行程曲线，但是对工件屈曲形貌和后屈曲形貌的变化发展的预测不甚准确，尤其针对模拟薄板成形问题最常用的壳单元。

（3）三种屈曲模拟方法都能用于模拟板料起皱失稳问题，但 Buckle-Riks 方法所运用的隐式算法对接触较多的成形工况存在模拟不收敛问题；实体单元 Explicit 方法计算成本较高。综合比较，壳体单元 Buckle-Explicit 方法无论从计算精确性、计算收敛性、计算成本及计算稳定性方面，均占有优势。

第 3 章

起皱失稳预测算法

3.1 能量法理论解析-有限元数值模拟预测算法

3.1.1 能量法理论解析-有限元数值模拟预测算法的执行流程

能量法理论解析-有限元数值模拟预测算法是将起皱失稳能量理论与有限元数值模拟算法相结合来预测板材拉伸起皱失稳的发生，是在有限元数值模拟预测算法基础上的一种优化。由于有限元数值模拟预测算法易受网格类型、密度的影响，预测结果存在波动，将有限元数值模拟壳单元 Buckle-Explicit 算法与能量法理论进行结合，并将其预测结果与有限元数值模拟算法结果进行对比。能量法理论解析-有限元数值模拟预测算法执行流程图如图 3-1 所示。

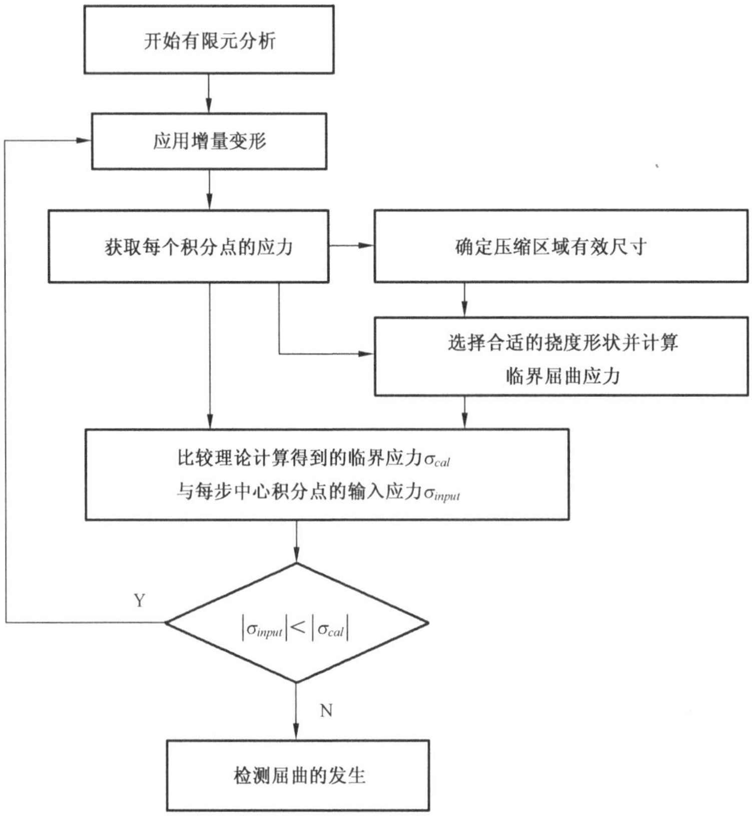

图 3-1 能量法理论解析-有限元数值模拟预测算法执行流程图

首先对板材进行 Buckle-Explicit 有限元模拟，记录起皱板材区域内每个材料积分点的主

应力,确定每个分析步的有效压缩尺寸并选取合适的挠度形状,由于方板对角拉伸过程中试件中心横截面承受的不均匀拉应力诱发方板中部产生被动横向压缩应力,且在方板中心达到最大值,导致方板中心成为起皱失稳的初始临界点[68]。因此在一定皱高条件下,用起皱能量理论计算有效压缩区域中心节点屈曲主应力 σ_{cal},确定该积分点此时的实际输入的主应力 σ_{input},并与理论计算的屈曲应力 σ_{cal} 比较大小,当 $|\sigma_{input}|$ 小于 $|\sigma_{cal}|$ 时,遵循上述程序循环计算。当 $|\sigma_{input}|$ 大于 $|\sigma_{cal}|$ 时,则检测起皱已发生。

3.1.2 起皱失稳能量法分析

在使用能量法分析起皱屈曲问题时,通常基于某一模型,通过经典薄板理论求得临界屈曲载荷。图3-2为薄板分析模型,当薄板两对边受到的面内载荷 N_x、N_y 逐渐增大到某一临界值时,薄板将发生屈曲行为。经典薄板理论[69]基于如下三个基本假设:

(1) 变形前垂直于中面的直线变形后仍然保持直线且长度不变,即 $\varepsilon_z=\gamma_{zx}=\gamma_{zy}=0$。

(2) 因板很薄,应力分量 σ_z、τ_{zx} 和 τ_{zy} 远小于 σ_x、σ_y 和 τ_{xy},其引起的变形可以不计。

(3) 薄板弯曲时,中面各点只有垂直中面的位移 w,没有平行中面的位移,即 $u_{z=0}=0, v_{z=0}=0, w=w(x,y)$。其中 $w(x,y)$ 为板的中面位移函数,称为挠度函数。

Timoshenko[70]采用能量法来研究具有各种边界条件的薄板和壳的弹性屈曲。假定板的挠曲形式,并且通过等效屈曲板的内能 ΔU 和面内膜力所做的功 ΔT 来评估临界屈曲条件。如果每种可能的假定的挠曲的内能等于膜力所做的功,则板材处于失稳临界时刻,即 $\Delta U=\Delta T$ 时失稳发生,起皱失稳能量法理论推导过程如下:

经典薄板理论应变能:

$$\Delta U=\int_S\left(\int M_{ij}\mathrm{d}\boldsymbol{\kappa}_{ij}+\int N_{ij}\mathrm{d}E_{ij}\right)\mathrm{d}S \tag{3-1}$$

式中,M_{ij}——弯矩;

N_{ij}——膜应力;

E_{ij}——拉伸应变;

$\boldsymbol{\kappa}_{ij}$——弯曲应变;

i,j——角标符号,$i,j=1,2$;

S——起皱发生时薄板面内受压的有效面积。

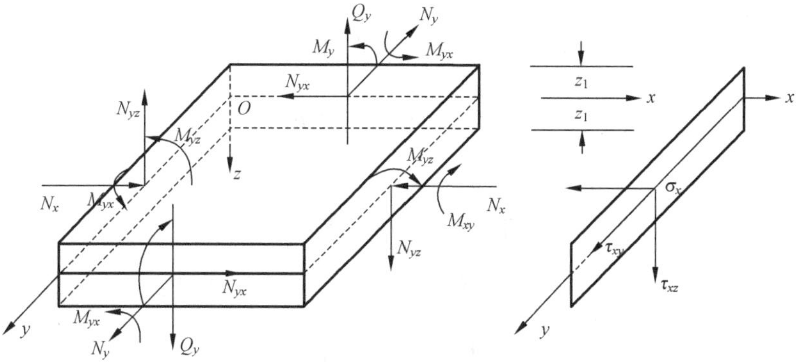

图3-2 薄板微元体

为了获得每种可能的假定挠曲的弯曲能量,在屈曲瞬间,取距板料厚度方向距离中截面为

z_1 的一点，该处平面的拉格朗日应变张量 ε_{ij} 可表示为

$$\varepsilon_{ij}=E_{ij}+z_1\kappa_{ij} \tag{3-2}$$

式中，z_1——平面至中层的距离。

拉伸应变和弯曲应变可以表示为

$$E_{ij}=\frac{1}{2}(u_{i,j}+u_{j,i})+b_{ij}w \tag{3-3}$$

$$\kappa_{ij}=-w_{ij} \tag{3-4}$$

式中，$u_{i,j}$——面内方向(x_1,x_2)的位移，$\begin{cases}u_{i,j}=\dfrac{\partial u_i}{\partial x_j}=\dfrac{\partial u_1}{\partial x_1}+\dfrac{\partial u_1}{\partial x_2}+\dfrac{\partial u_2}{\partial x_1}+\dfrac{\partial u_2}{\partial x_2}\\ u_{j,i}=\dfrac{\partial u_j}{\partial x_i}=\dfrac{\partial u_1}{\partial x_1}+\dfrac{\partial u_1}{\partial x_2}+\dfrac{\partial u_2}{\partial x_1}+\dfrac{\partial u_2}{\partial x_2}\end{cases}$；

b_{ij}——屈曲状态下中性层的曲率张量，$b_{ij}=\begin{cases}-b_{ij} & i\neq j\\ 0 & i=j\end{cases}(i,j=1,2)$；

w——垂直于中性层的屈曲挠度，$w_{ij}=\dfrac{\partial w}{\partial x_{ij}}$。

由于中性面在平行于 x 和 y 轴的曲率分别为$\dfrac{1}{\rho_x}$及$\dfrac{1}{\rho_y}$，所以距中性面 z_1 的薄层在 x 及 y 方向的应变分别为

$$\varepsilon_x=\frac{z_1}{\rho_x},\varepsilon_y=\frac{z_1}{\rho_y} \tag{3-5}$$

运用胡克定律

$$\varepsilon_x=\frac{1}{E}(\sigma_x-v\sigma_y),\varepsilon_y=\frac{1}{E}(\sigma_y-v\sigma_x) \tag{3-6}$$

联立公式(3-5)和公式(3-6)，求得平面内相应应力为

$$\begin{cases}\sigma_x=\dfrac{Ez}{1-v^2}\left(\dfrac{1}{\rho_x}+v\dfrac{1}{\rho_y}\right)\\ \sigma_y=\dfrac{Ez}{1-v^2}\left(\dfrac{1}{\rho_y}+v\dfrac{1}{\rho_x}\right)\end{cases} \tag{3-7}$$

侧面分布的正应力可归结为与弯矩相等的力偶，即

$$\begin{cases}\displaystyle\int_{-\frac{t}{2}}^{\frac{t}{2}}\sigma_x z_1\mathrm{d}y\mathrm{d}z=M_{ij}\mathrm{d}y\\ \displaystyle\int_{-\frac{t}{2}}^{\frac{t}{2}}\sigma_y z_1\mathrm{d}x\mathrm{d}z=M_{kl}\mathrm{d}x\end{cases} \tag{3-8}$$

σ_x 及 σ_y 的表达式代入式(3-8)，得弯矩

$$M_{ij}=\int_{-\frac{t}{2}}^{\frac{t}{2}}\sigma_{ij}z_1\mathrm{d}z \tag{3-9}$$

由三维本构关系

$$\varepsilon_{ij}=L_{ijkl}\sigma_{kl} \tag{3-10}$$

其中瞬时模量 L_{ijkl} 为四阶张量，下标 i,j,k,l 取值范围为 1~3。

$$L_{ijkl}=\frac{E_s}{1+v_s}\left[\frac{1}{2}(\delta_{ik}\delta_{jl}+\delta_{il}\delta_{jk})+\frac{v_s}{1-2v_s}\delta_{ij}\delta_{kl}-\frac{1}{q}s_{ij}s_{kl}\right] \tag{3-11}$$

平面应力条件下的增量模量

$$\bar{L}_{ijkl}=L_{ijkl}-\frac{L_{ij33}L_{33kl}}{L_{3333}} \tag{3-12}$$

式中，δ_{ij}——克罗内克增量，$\delta_{ij}=\begin{cases}1 & i=j\\ 0 & i\neq j\end{cases}$；

s_{ij}——应力偏张量，$s_{ij}=\sigma_{ij}'=\sigma_{ij}-\delta_{ij}\sigma_m$，其中平面等效应力 $\sigma_m=\frac{\sigma_1+\sigma_2}{2}$；

v_s——等效的泊松比；

E_s——正割模量。

等效泊松比与正割模量的关系为

$$\frac{v_s}{E_s}=\frac{v}{E}+\frac{1}{2}\left(\frac{1}{E_s}-\frac{1}{E}\right) \tag{3-13}$$

$$E_s=\frac{\bar{\sigma}}{\bar{\varepsilon}} \tag{3-14}$$

根据希尔(1948)的各向异性可塑性，平面应力问题的有效应力 $\bar{\sigma}$ 可表示为

$$\bar{\sigma}=\sqrt{\frac{\sigma_{11}^2+\sigma_{22}^2+(\sigma_{11}-\sigma_{22})^2}{2}} \tag{3-15}$$

其参数 q

$$q=\left[(1+v)\frac{2E_t}{3(E_s-E_t)}+1\right]\frac{2}{3}\bar{\sigma}^2 \tag{3-16}$$

式中，E_t——切向模量。

所以板料在距表面为 z_1 的截面弯矩和膜应力分别为

$$M_{ij}=\int_{-\frac{t}{2}}^{\frac{t}{2}}\sigma_{ij}z_1\mathrm{d}z=\frac{t^3}{12}\bar{L}_{ijkl}\varepsilon_{kl} \tag{3-17}$$

$$N_{ij}=\int_{-\frac{t}{2}}^{\frac{t}{2}}\sigma_{ij}\mathrm{d}z=t\bar{L}_{ijkl}\dot{E}_{kl} \tag{3-18}$$

将式(3-17)和式(3-18)代入式(3-1)中，在薄板的整个有效尺寸上积分得薄板屈曲产生的弯曲应变能为

$$\Delta U=\frac{t^3}{24}\int_S\bar{L}_{ijkl}w_{kl}w_{ij}\mathrm{d}S+\frac{t}{2}\int_S\bar{L}_{ijkl}b_{ij}b_{kl}w^2\mathrm{d}S \tag{3-19}$$

$$\Delta U=\frac{t^3}{24}\int_S\left(\overline{L_{1111}}\left(\frac{\partial^2 w}{\partial x^2}\right)^2+\overline{L_{2222}}\left(\frac{\partial^2 w}{\partial y^2}\right)^2+2\overline{L_{1122}}\left(\frac{\partial^2 w}{\partial x^2}\frac{\partial^2 w}{\partial y^2}\right)+4\overline{L_{1212}}\left(\frac{\partial^2 w}{\partial x\partial y}\right)^2\right)\mathrm{d}S \tag{3-20}$$

屈曲时外力作用于中间平面内膜力所做的功为

$$\Delta T=\frac{1}{2}\int_S N_x(y)\left(\frac{\partial w}{\partial x}\right)^2\mathrm{d}S+\frac{1}{2}\int_S N_y(x)\left(\frac{\partial w}{\partial y}\right)^2\mathrm{d}S \tag{3-21}$$

一般来说，上述理论计算是基于平板模型受力均匀的假设，即平板模型沿着边 x 或 y 所受的压缩力或拉伸力是均匀分布的假设，同时，在整个平板内区域建立能量相等关系时，也是基于起皱前的应力场在整个区域内均匀分布的假设。而对于 YBT 试验而言，由于 y 方向的张力和试样几何形状因素导致 x 方向的压应力和 y 方向的拉应力非均匀分布。如图 3-3a）所示的变形板 x 向应力分布云图，呈现出面内非均匀分布特征，其应力场具有局部性。考虑到起皱是面内压缩失稳导致的，采用试件受力时压缩区域的实际尺寸来进行能量法计算。周敏以板料不均匀拉伸诱导压应力起皱的临界载荷系数为基础，证明了方板对角拉伸与矩形板不均匀拉伸失稳临界点的一致性。因此，理论结算模型可以简化为试件在有效长度 a_c，有效宽度 b_c 和厚度为 t 的矩形平面应力条件下的屈曲，如图 3-3b）所示，压缩区域的有效尺寸将在能量积分公式中代替整个区域的尺寸来进行计算。

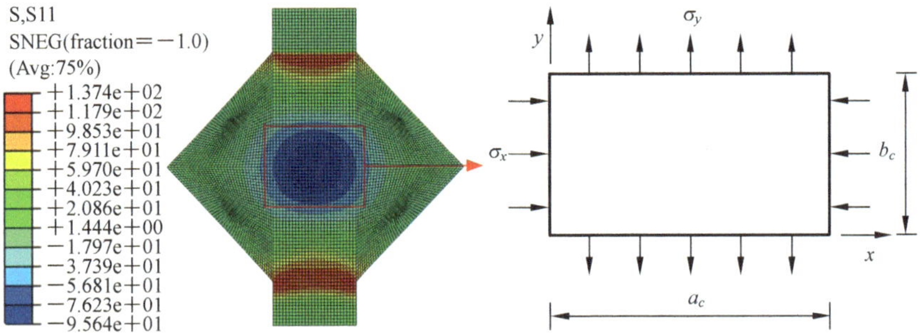

a) x向应力受力图　　b) 受压区域模型受力分析及有效尺寸定义

图 3-3　吉田屈曲试验中有效尺寸的定义模型

对于如图 3-3b）简化后的受力模型而言，应力结果可表示为 $N_{11}=-t\sigma_x$，$N_{22}=-t\sigma_y$，在中间平面上作用的膜力所做的功由下式给出

$$\Delta T=\frac{t}{2}\int_0^{a_c}\int_0^{b_c}\left(\sigma_x\left(\frac{\partial w}{\partial x}\right)^2+\sigma_y\left(\frac{\partial w}{\partial y}\right)^2\right)\mathrm{d}x\mathrm{d}y \tag{3-22}$$

考虑到可能的失效模式，屈曲板的受力面可以用双正弦波表示

$$w=\frac{w_0}{2}\sin\left(\frac{m\pi x}{a_c}\right)\left(1-\cos\left(\frac{2n\pi y}{b_c}\right)\right),n,m=1,2,3,\cdots \tag{3-23}$$

式中，a_c——起皱发生时薄板中间 x 方向的长度；

b_c——起皱发生时薄板中间 y 方向的长度；

w_0——偏移幅度的常数；

m——压缩 x 方向上的波数，通常取 1 或 2；

n——压缩 y 方向上的波数，通常取 1。

根据分叉点失稳的能量法则：临界状态下 $\Delta U=\Delta T$，则由式（3-21）和式（3-23）可得到薄板的弹塑性屈曲临界方程

$$\begin{aligned}&\frac{t^3}{24}\int_0^{a_c}\int_0^{b_c}\left(\overline{L_{1111}}\left(\frac{\partial^2 w}{\partial x^2}\right)^2+\overline{L_{2222}}\left(\frac{\partial^2 w}{\partial y^2}\right)^2+2\overline{L_{1122}}\left(\frac{\partial^2 w}{\partial x^2}\frac{\partial^2 w}{\partial y^2}\right)+4\overline{L_{1212}}\left(\frac{\partial^2 w}{\partial x\partial y}\right)^2\right)\mathrm{d}x\mathrm{d}y\\&=\frac{t}{2}\int_0^{a_c}\int_0^{b_c}\left(\sigma_x\left(\frac{\partial w}{\partial x}\right)^2+\sigma_y\left(\frac{\partial w}{\partial y}\right)^2\right)\mathrm{d}x\mathrm{d}y\end{aligned} \tag{3-24}$$

即给定 σ_y 处的压缩应力的临界值为

$$\sigma_{cal}=-\sigma_x=\frac{\pi^2t^2}{12}\left(\bar{L}_{1111}\left(\frac{m}{a_c}\right)^2+\frac{1}{3}\bar{L}_{2222}\left(\frac{a_c}{m}\right)^2\left(\frac{2n}{b_c}\right)^4+\frac{2}{3}(\bar{L}_{1122}+\bar{L}_{1212})\left(\frac{2n}{b_c}\right)^2\right)+\frac{1}{3}\left(\frac{a_c}{m}\frac{2n}{b_c}\right)^2\sigma_y \quad (3\text{-}25)$$

当实际模拟应力大于能量法计算得到的临界屈曲应力时试件发生起皱失稳现象,因此以首次 $\sigma_{input}>\sigma_{cal}$ 作为检测起皱发生的标准。

3.1.3　失稳波数 *m* 的取值及失稳步的确定

临界屈曲应力 σ_{cr} 是方程(3-25)中当 m 变化而 n 等于 1 时得到的所有临界压缩应力 σ_{cal} 中的最小值。对应于 σ_{cr} 的波数 m_{cr} 是临界波数。首先对比分析失稳波数 m 分别取 1,2 时所对应的临界应力图并确定 m_{cr} 的取值,然后确定起皱失稳步。图 3-4 为 x 方向不同波数对应的计算应力与模拟应力的输出对比图。

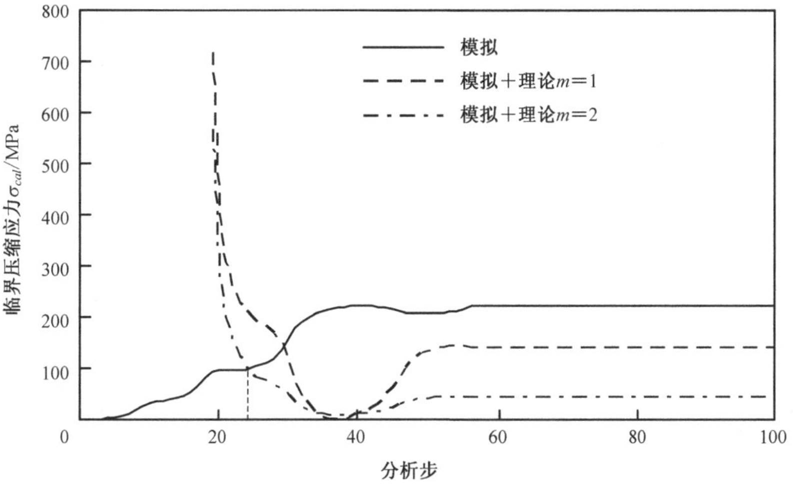

图 3-4　x 方向不同波数对应的计算应力与模拟应力的输出对比

由上图 3-4 所知,当 $m=2$ 时,应力 σ_{cal} 整体趋势处于较小值,因此,x 方向的失稳临界波数 m_{cr} 取 2。$m=2$ 所对应的理论计算应力曲线与模拟输出的应力曲线的交点所对应的分析步即为临界起皱失稳步。

3.2　分叉理论解析-有限元数值模拟预测算法

3.2.1　分叉理论解析-有限元数值模拟预测算法的执行流程

分叉理论解析-有限元数值模拟预测算法是将分叉理论与有限元数值模拟算法相结合来预测零件拉伸起皱失稳的发生,亦是在有限元数值模拟预测算法基础上的一种优化。本节将有限元数值模拟壳单元 Buckle-Explicit 算法与分叉理论进行结合,并将其预测结果与试验结果进行对比。从而间接论证分叉理论解析-有限元数值模拟预测算法与方板对角拉伸试验结果的一致性,以及分叉理论解析-有限元数值模拟预测算法的精确性。分叉理论解析-有限元数值模拟预测算法的流程图如图 3-5 所示。

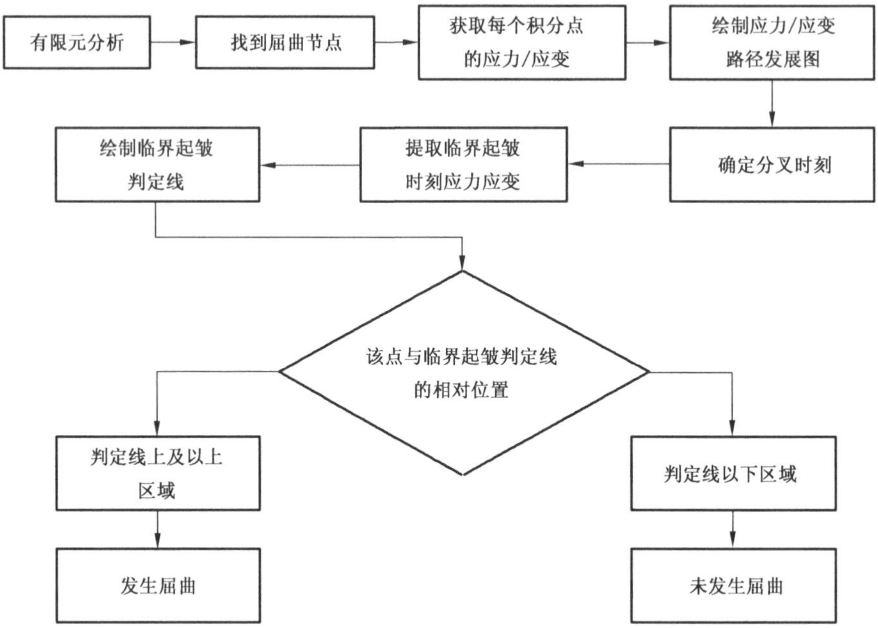

图 3-5 分叉理论解析-有限元数值模拟预测算法执行流程图

根据图示,应力-应变分析可以确定板材的临界起皱时刻。随后,通过该时刻的应力和应变值,可以绘制出临界起皱判定线。通过判断任意时刻任意点的应力和应变值与临界起皱判定线的位置关系,可以确定板材是否发生起皱。具体而言,如果该点位于临界起皱判定线上或其上方,则该点会发生屈曲,反之,如果该点位于临界起皱判定线下方,则该点不会发生屈曲。

3.2.2 临界起皱失稳时刻的确定

根据应力应变分叉理论,板料在冲压成形过程中发生起皱失稳时,以中性层为分界,其一侧的板料由于褶皱的隆起被挤压受到压应力,另一侧被拉伸受到拉应力,即板料在拉伸过程中进入临界起皱状态后,皱脊两侧对应的应力和应变加载路径会发生分叉。

首先对板材进行 Buckle-Explicit 有限元模拟,提取后处理结果以分析应力应变的发展规律;找到屈曲节点[皱纹的皱峰、皱谷位置处面内最小主应变(即面内压应变)的极值点],因为屈曲节点一定是皱屈失稳最先发生的节点;提取该节点在试件厚度方向以相等的厚度间隔连续分布的积分点的随时间变化的第一主应力、第二主应力、第一主应变和第二主应变,绘制应力路径发展图和应变路径发展图;观察应力/应变路径图发展趋势,判断其曲线分叉现象,选取分叉明显的路径图,确定发生分叉的时刻。利用勾股定理计算两应变/应力路径曲线在相同时刻下的距离并绘制成图,提取两曲线分叉程度开始明显增大的时刻。提取既定路径上的各个时刻的厚向位移,绘制零件在厚度方向上的位移与时间关系曲线,提取皱脊数量稳定且皱脊高度快速增长时刻。对比三种方法提取的临界起皱时刻,并判断误差,若误差小于 5%则可判定应力/应变路径分叉时刻为板料临界起皱时刻。

3.3　结果对比

3.3.1　基于方板对角拉伸试验的能量法理论解析-有限元数值模拟算法结果

以方板对角拉伸试验(见第 4 章)为算例,通过变换不同的数值模型网格密度,将起皱能量预测算法与有限元数值模拟起皱预测方法得到的计算结果进行对比,来验证起皱能量预测算法的可靠性及稳定性。

由于能量理论解析-有限元数值模拟预测算法结合了能量法理论计算,而理论分析的假设性和近似性,以及在执行理论烦琐求解过程时的人为误差,导致该算法的计算结果可靠性受到质疑。为了验证该方法的准确性及稳定性,以方板对角拉伸为算例,通过变换不同的数值模型网格密度,利用能量理论解析-有限元数值模拟预测算法与有限元数值模拟起皱预测算法两种方法对其模拟计算,输出临界失稳步及起皱失稳临界屈曲应力,如图 3-6、图 3-7 所示。

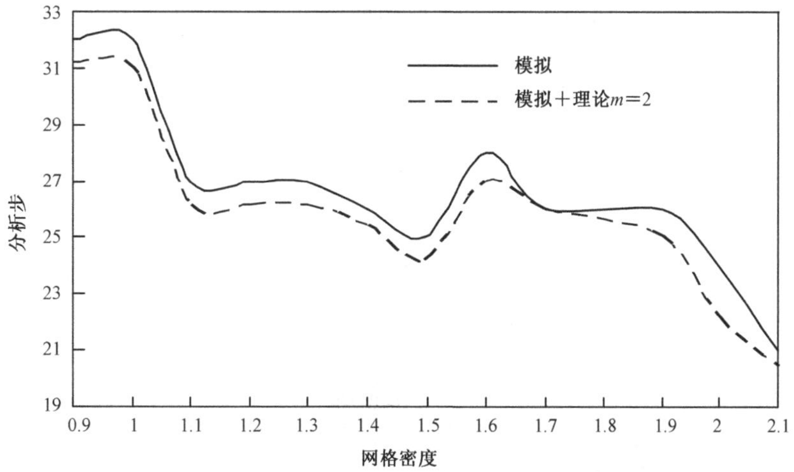

图 3-6　不同网格密度下的起皱临界失稳时刻

通过图 3-6 能够证明能量理论解析-有限元数值模拟预测算法具有足够的可靠性。由前文分析可知,两种预测算法对临界增量步的判断基于完全不同的方法。在有限元数值模拟预测方法中,由于不好界定临界失稳时刻,也没有非常具体的判据,因此只能根据试件变形形貌人为规定某个具体的起皱高度下就算作临界失稳状态。又由于起皱高度在 0. 1 mm 已经进入塑性变形,且接近失稳时刻,因此本章研究中统一规定当皱高达到板厚 10%也就是 0. 1 mm 时,作为试件的临界起皱时刻,此时所对应的分析步即为临界失稳时刻;而对于能量理论解析-有限元数值模拟预测算法而言,有明确的起皱判据,利用编译程序所输出如图 3-4 的曲线,即能明确求解出具体的临界失稳时刻。由于有限元数值模拟方法的正确性已经通过试验验证,而从图 3-6 中可以观察到不同求解条件下,能量理论解析-有限元数值模拟预测算法的预测结果基本和有限元模拟算法预测结果趋势一致,证明了能量理论解析-有限元数值模拟预测算法中烦琐的理论分析环节没有出现计算错误,且该算法预测结果准确、可靠。

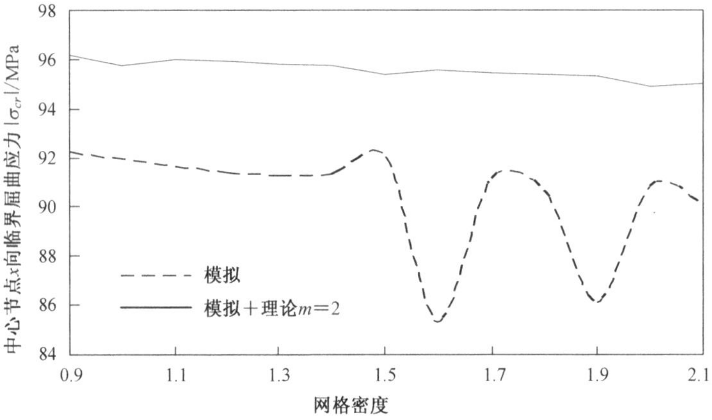

图 3-7　不同网格密度下单纯模拟及理论结合模拟输出临界屈曲应力对比曲线

通过图 3-7 能够证明能量理论解析-有限元数值模拟预测算法的求解稳定性要明显优于有限元数值模拟预测算法。如图 3-7 所示提取两种算法下试件中心节点处的临界失稳主应力 σ_{11}(对应有限元软件模拟结果 S11),可以观察到有限元模拟算法的应力受网格密度影响波动较大,网格密度会影响模拟结果,导致模拟结果不唯一。相比之下能量理论解析-有限元数值模拟预测算法在不同网格密度下的临界失稳应力计算结果基本保持恒定,虽然能量法理论计算环节中有效压缩尺寸的近似选取会导致曲线有些许波动,但误差能保持在可容许的范围之内。

通过比较可知,有限元数值模拟预测算法在预测工件失稳形貌方面无可取代,且适用工况条件更广泛,但模拟结果受网格类型、密度等模拟参数的设置敏感性的影响,导致工程上所关注的临界失稳物理量的计算结果稳定性欠佳。对于能量理论解析-有限元数值模拟预测算法而言,其能量法理论体系的约束作用可以在一定程度上弥补有限元数值模拟算法受网格影响的局限性,同时将能量法与有限元数值模拟方法结合能够计算得到临界失稳物理量。但是,该算法操作较为烦琐,又涉及复杂的能量法理论,适用范围也有限。

3.3.2　基于方板对角拉伸试验的分叉理论解析-有限元数值模拟算法结果

本小节仅简要说明分叉理论用于有限元数值模拟时可准确预测板料屈曲失稳。在进行方板对角拉伸起皱有限元模拟时,将方板件的各单元在厚度方向以相等的厚度间隔分布 11 个积分点,如图 3-8 所示。为了准确地界定数值模拟中试件的临界起皱时刻,以 $t=0.9$ mm,$l=85$ mm 的方板试件为例,分别提取试件初始屈曲单元 A 点处 11 个积分点的应力路径和应变路径绘制于坐标系中,如图 3-9、图 3-10 所示。

由图 3-9 可知,在试件受力加载初期,A 点的应力路径均位于第四象限,受力状态以拉-压应力为主,随着试件在 A 处产生屈曲变形,紧邻受拉面的四个积分点层受力状态转变为拉-拉应力。对比图 3-9 和图 3-10 可知,在试件受力加载初期,A 点的 11 个积分点层的应力路径和应变路径均完全重合。不同的是,应力路径在到达 A 点的临界屈曲发生时刻时,积分点层 1~5 和积分点层 7~11 的应力路径分别以积分点层 6 为对称轴向相反的两方向偏转,发生非常明显的分叉现象,直至后屈曲变形结束,然而,应变路径分别以积分点层 6 为对称轴向相反的两方向发生较应力路径轻微许多的偏转,无法确定明显的分叉点,仅拾取到一个应变值相差很小,但不相等的分叉区域。提取应力路径分叉点与应变路径分叉区域分别对应的分析步数发现应力路径分叉点对应的步数位于应变路径分叉区域的步数区间内。综合上述现象，由于应力路径的分叉点更易准确拾取，故试件的临界起皱时刻用应力路径分叉点来界定。

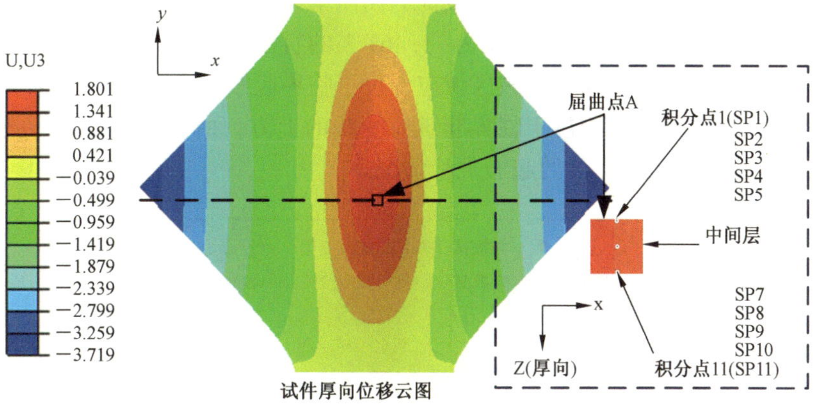

图 3-8　初始屈曲单元厚度方向积分点分布（与第 4 章图 4-9 相同，此处插图仅方便读者阅读）

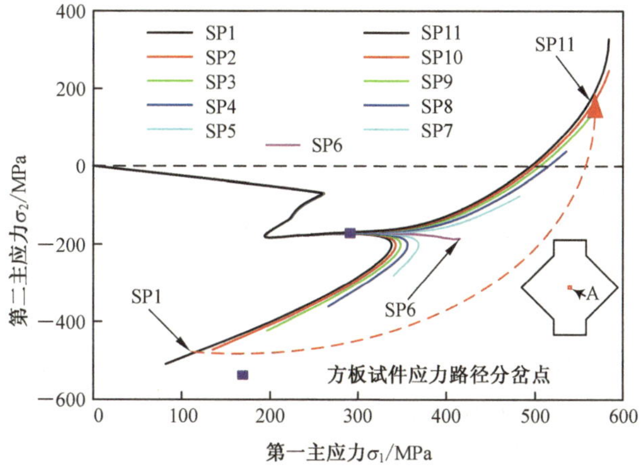

图 3-9　方板试件屈曲单元应力路径（与第 4 章图 4-10 相同，此处插图仅方便读者阅读）

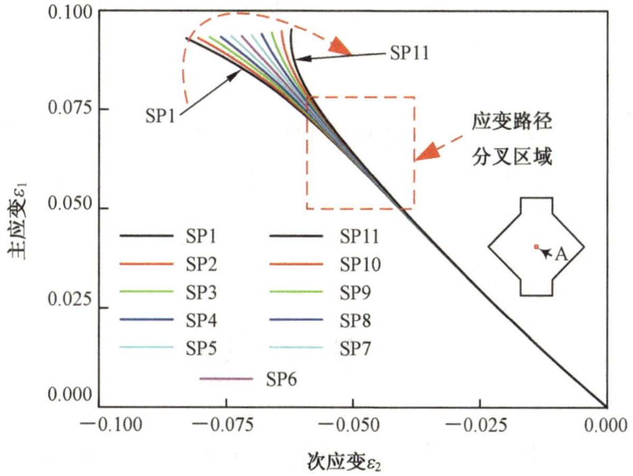

图 3-10　方板试件屈曲单元应变路径（与第 4 章图 4-11 相同，此处插图仅方便读者阅读）

按照上述界定方法,分别提取 11 种模型(见节 4.1.2)的临界起皱应变值,在主应变空间中描点,再将这些点进行曲线拟合,得到图 3-11 所示的方板试件的临界起皱应变线。由图可知,在不均匀拉伸载荷状态下不同边长方板件的屈曲单元的临界起皱应变值均不相等,但可以高精度拟合成一条近似通过原点的斜率为-1.461 3 的直线。由于不同几何条件的方板件在发生起皱后的应变分布特征相同,起皱区域应变位于临界起皱应变线下方,临界区域的应变大于未起皱区域的应变,且二者均位于临界起皱应变线的上方。由此可证明以上述方法所建立的临界起皱应变线可预测方板件的起皱失稳情况。

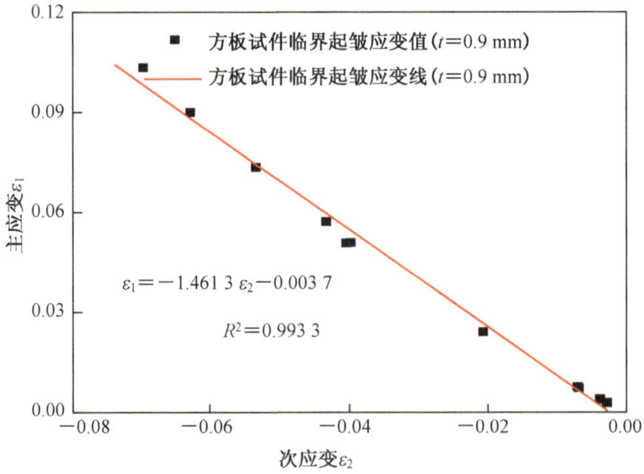

图 3-11　0.9 mm 板厚的方板试件临界起皱应变线(与第 4 章图 4-12 相同,此处插图仅方便读者阅读)

3.4　本章小结

本章介绍了能量法理论解析-有限元数值模拟预测算法和分叉理论解析-有限元数值模拟预测算法,并阐述了其执行流程和临界起皱时刻的确定方法,以方板拉伸起皱试验为例验证了上述两种方法的有效性。结果如下:

(1) 对于能量理论解析-有限元数值模拟预测算法而言,其能量法理论体系的约束作用可以在一定程度上弥补有限元数值模拟算法受网格影响的局限性,同时将能量法与有限元数值模拟方法结合能够计算得到临界失稳物理量。但是,该算法操作较为烦琐,又涉及复杂的能量法理论,适用范围也有限。

(2) 对于分叉理论解析-有限元数值模拟预测算法而言,方板件皱屈单元应力路径分叉比应变路径分叉更为明显,且应力路径分叉时刻与应变路径分叉时刻基本吻合,因此试件的临界起皱时刻用应力路径分叉点来界定,且通过提取临界起皱时刻的应变而建立的临界起皱应变线可以预测方板件的起皱失稳情况。

参 考 文 献

[1]　Liu N, Yang H, Li H, et al. An imperfection-based perturbation method for plastic wrinkling prediction in tube bending under multi-die constraints[J]. International Journal of Mechanical Sciences, 2015, 98: 178-194.

[2]　Neto D M, Oliveira M C, Santos A D, et al. Influence of boundary conditions on the prediction ofspringback and wrinkling in sheet metal forming[J]. International Journal of Mechanical Sciences, 2017, 122: 244-254.

[3]　Chen Y Z, Liu W, Zhang Z C, et al. Analysis of wrinkling during sheet hydroforming of curved surface shell considering reverse bulging effect[J]. International Journal of Mechanical Sciences, 2017, 120: 70-80.

[4]　刘楠. 复杂边界条件下薄壁件塑性成形失稳起皱预测[D]. 西安: 西北工业大学, 2015: 4-7.

[5]　徐荣丽. 板料成形过程中的起皱研究[J]. 大众科技, 2009(3): 102-103.

[6]　Yang H, LI H, Zhang Z Y, et al. Advances and Trends on Tube Bending Forming Technologies[J]. 中国航空学报(英文版), 2012, 25(1): 1-12.

[7]　Xia Q X, Xiao G F, Long H, et al. A review of process advancement of novel metal spinning[J]. International Journal of Machine Tools & Manufacture, 2014, 85(7): 100-121.

[8]　Watson M, Long H. Wrinkling Failure Mechanics in Metal Spinning[J]. Procedia Engineering, 2014, 81: 2391-2396.

[9]　Wang L, Long H, Ashley D, et al. Effects of the roller feed ratio on wrinkling failure in conventional spinning of a cylindrical cup[J]. Proceedings of the Institution of Mechanical Engineers. part B. journal of Engineering Manufacture, 2011, 225(11): 1991-2006.

[10]　Kleiner M, Göbel R, Kantz H, et al. Combined methods for the prediction of explicit instabilities in sheet metal spinning[J]. CIRP Annals - Manufacturing Technology, 2002, 51(1): 209-214.

[11]　刘伟, 徐永超, 陈一哲, 等. 薄壁曲面整体构件流体压力成形起皱机理与控制[J]. 机械工程学报, 2018, 54(9): 37-44.

[12]　Morovvati M R, Mollaei-Dariani B, Asadian-Ardakani M H. A theoretical, numerical, and experimental investigation of plastic wrinkling of circular two-layer sheet metal in the deep drawing[J]. Journal of Materials Processing Tech, 2010, 210(13): 1738-1747.

[13]　Abedrabbo N, Zampaloni M A, Pourboghrat F. Wrinkling control in aluminum sheet hydroforming[J]. International Journal of Mechanical Sciences, 2005, 47(3): 333-358.

[14]　Pourmoghadam M N, Esfahani R S, Morovvati M R, et al. Bifurcation analysis of plastic wrinkling formation for anisotropic laminated sheets (AA2024-Polyamide-AA2024)[J]. Computational Materials Science, 2013, 77(3): 35-43.

[15]　刘红升. 板料成形仿真的起皱预测算法研究[D]. 淄博: 山东理工大学, 2013: 1-7.

[16]　韩方圆. 剪应力起皱机理及主要规律的研究[D]. 哈尔滨: 哈尔滨工业大学, 2013.

[17]　Yoshida K. Purposes and features of the Yoshida wrinkling test[J]. Journal of the Japan Societyfor Technology of Plasticity, 1983, 24(272): 901-908.

[18]　Matsui M, Iwata N, Mori N. Initiation and growth of buckling in the biaxial diagonal tensile test on steel sheet[J]. Journal of Mechanical Working Technology, 1987, 14(3): 283-294.

[19]　Li M, Brazill R L, Chu E W. Initiation and growth of wrinkling due to nonuniform tension in sheet metal forming[J]. Experimental Mechanics, 2000, 40(2): 180-189.

［20］ 范淼海，周贤宾. YBT 试验与板材抗皱性［J］. 金属成形工艺，1995，13(2)：13-16.

［21］ Cao J, Wang X, Mills F J. Characterization of sheet buckling subjected to controlled boundary constraints［j］. journal of manufacturing science and engineering, 2002, 124(3): 493-501.

［22］ Cheng H S, Cao J, Yao H, et al. Wrinkling behavior of laminated steel sheets-ScienceDirect［J］. Journal of Materials Processing Technology, 2004, 151(2): 133-140.

［23］ Tomita Y, Shindo A. Onset and growth of wrinkles in thin square plates subjected to diagonal tension［J］. International Journal of Mechanical Sciences, 1988, 30(12): 921-931.

［24］ Tetsuro I. Analysis of plastic buckling of rectangular steel plates supported along their four edges［J］. International Journal of Solids and Structures, 1994, 31(2): 219-230.

［25］ Sobis T, Engel U, Geiger M. An experimental analysis of the onset of buckling in sheet metal forming［J］. International Journal of Materials and Product Technology, 1992, 7(3): 273-281.

［26］ Senior B W. Flange wrinkling in deep-drawing operations［J］. Journal of the Mechanics and Physics of Solids, 1956, 4(4): 235-246.

［27］ Yu T X, Johnson W. The buckling of annular plates in relation to the deep-drawing process［J］. International Journal of Mechanical Sciences, 1982, 24(3): 175-188.

［28］ Donoghue M, Stevenson R, Kwon Y J, et al. An experimental verification of the hemispherical cup puckering problem［J］. 1989: 34.

［29］ Jalkh P, Cao J, Hardt D, et al. Optimal forming of aluminum 2008-T4 conical cups using force trajectory control［J］. SAE Technical Paper, 1993: 13-52.

［30］ Bakkestuen R S. Closed loop control of forming stability during aluminum stamping［D］. Massachusetts Institute of Technology, 1994: 31-65.

［31］ Hill R. A general theory of uniqueness and stability in elastic-plastic solids［J］. Journal of the Mechanics & Physics of Solids, 1958, 6(3): 236-249.

［32］ Hutchinson J W. Plastic wrinkling［J］. Advances in Applied Mechanics, 1974, 14: 67-144.

［33］ Hutchinson J W, Neale K W. Wrinkling of curved thin sheet metal［J］. Plastic Stability, 1985 1: 71-78.

［34］ P Tuğcu. Plate buckling in the plastic range［J］. International Journal of Mechanical Sciences, 1991, 33(1): 1-11.

［35］ Triantafyllidis N A, Needleman A. An analysis of wrinkling in the swift cup test［J］. Journal of Engineering Materials & Technology Transactions of the Asme, 1980, 102(3): 241-248.

［36］ Youngsuk Kim, Youngjin Son. Study on wrinkling limit diagram of anisotropic sheet metals, Journal of Materials Processing Technology, 2000, 97(1/2/3): 88-94.

［37］ Yoshida M, Fujiwara A. Prediction of wrinkling and strain of rectangular aluminum tubes in draw bending［J］. 塑性と加工，1997，38：803-808.

［38］ 余同希，章亮炽. 塑性弯曲理论及其应用［M］. 北京：科学出版社，1992：68-75.

［39］ Cao J, Boyce M C. Wrinkling behavior of rectangular plates under lateral constraint［J］. International Journal of Solids & Structures, 1997, 34(2): 153-176.

［40］ Wang X, Cao J. On the prediction of side-wall wrinkling in sheet metal forming processes[J]. International Journal of Mechanical Sciences, 2000, 42(12): 2369-2394.

[41]　孙朝阳. 板带不均匀压下面内弯曲过程失稳起皱与参数优化的研究[D]. 西安：西北工业大学, 2004: 5-10.

[42]　翟华, 周遨, 严建文. 基于能量法的 PEMFC 不锈钢双极板成形起皱分析[J]. 塑性工程学报, 2018(2): 9-12.

[43]　Liu N, Yang H, Li H, et al. A hybrid method for accurate prediction of multiple instability modes in in-plane roll-bending of strip[J]. Journal of Materials Processing Tech, 2014, 214(6): 1173-1189.

[44]　Wang X, Lee L H N. Post-bifurcation behavior of wrinkles in square metal sheets under Yoshida test[J]. International Journal of Plasticity, 1991, 9(1): 1-19.

[45]　Kim J B, Yoon J W, Yang D Y. Investigation into the wrinkling behaviour of thin sheets in the cylindrical cup deep drawing process using bifurcation theory[J]. International Journal for Numerical Methods in Engineering, 2003, 56(12): 1673-1705.

[46]　Kim J B, Yoon J W, Yang D Y. Wrinkling initiation and growth in modified Yoshida buckling test: Finite element analysis and experimental comparison[J]. Metals & Materials, 2000, 42(9): 1683-1714.

[47]　Kim J B, Yang D Y, Yoon J W. Bifurcation Instability of sheet metal during spring-back[J]. Philosophical Magazine, 2013, 93(15): 1914-1935.

[48]　Rust W, Schweizerhof K. Finite element limit load analysis of thin-walled structures by ANSYS (implicit), LS-DYNA (explicit) and in combination[J]. Steel Construction, 2008, 41(2): 227-244.

[49]　Wong W, Pellegrino S. Wrinkled membranes III: numerical simulations[J]. Journal of Mechanics of Materials & Structures, 2006, 1: 63-95.

[50]　Wong W, Pellegrino S. Wrinkled membranes I: experiments[J]. Journal of Mechanics of Materials & Structures, 2006, 1(1): 3-25.

[51]　刘腾喜. 正交各向异性金属板料成形的力学分析[D]. 杭州：浙江大学, 2001.

[52]　陈奇广. 圆锥形件拉深成形侧壁起皱预测[D]. 湘潭：湘潭大学, 2015.

[53]　Anarestani S S, Morowati M R, Vaghasloo Y A. Influence of anisotropy and lubrication on wrinkling of circular plates using bifurcation theory[J]. International Journal of Material Forming, 2014, 8(3): 1-16.

[54]　Shafaat M A, Abbasi M, Ketabchi M. Investigation into wall wrinkling in deep drawing process of conical cups[J]. Journal of Materials Processing Tech, 2011, 211(11): 1783-1795.

[55]　Wang X, Cao J. An analytical prediction of flange wrinkling in sheet metal forming[J]. Journal of Manufacturing Processes, 2000, 2(2): 100-107.

[56]　王耀, 郎利辉, 孔德帅, 等. 铝合金覆层板成形极限图[J]. 中南大学学报(自然科学版), 2017, 48(5): 1149-1154.

[57]　程前. ABAQUS 在单层网壳非线性屈曲分析中的应用[J]. 四川建材, 2017, 43(4): 30-32.

[58]　Bellini P X, Chulya A. An improved automatic incremental algorithm for efficient solu-

tion of nonlinear finite element equations[J]. Computers & Structures,1987,26(1):99-110.

[59] Choogn K K. Review on methods of bifurcation analysis for geometrically nonlinear sturcture[J]. Bulletin of the International Association for Shell & Spatial Sturctures,1992,34.

[60] Kweon J H,Hong C S. An improved arc-length method for postbuckling analysis of composite cylindrical panels[J]. Computers & Structures,1994,53(53):541-549.

[61] 罗永峰,Teng. 结构非线性分析中求解预定荷载水平的改进弧长法[J]. 计算力学学报,1997(4):462-467.

[62] 李翠玉,张义同,张小涛. 基于 MSC. Marc 接口的机织物悬垂屈曲数值模拟[J]. 机械工程学报,2008,44(4):165-170.

[63] 王骁峰,段毅,袁锐之. 薄壁硬壳式圆筒结构的屈曲分析[J]. 兵器装备工程学报,2018(7):167-169.

[64] 王殿龙,骆广,王欣,等. 基于弧长法的桁架臂结构全过程非线性稳定性分析[J]. 中国工程机械学报,2015,13(6):480-485.

[65] Papadopoulos V,Papadrakakis M. The effect of material and thicKNess variability on the buckling load of shells with random initial imperfections[J]. Computer Methods in Applied Mechanics & Engineering,2005,194(12/13/14/15/16):1405-1426.

[66] Paquette J A,Kyriakides S. Plastic buckling of tubes under axial compression and internal pressure[J]. International Journal of Mechanical Sciences,2006,48(8):855-867.

[67] 庄茁. 基于 ABAQUS 的有限元分析和应用[M]. 北京:清华大学出版社,2009:171-176.

[68] 朱茹敏. Al-Mg-Si 基合金车身板材的冲压皱曲动因的数值分析[D]. 郑州:郑州大学,2003:32-43.

[69] 赵友苗. 关于薄板理论中的假设条件和刚度的讨论[J]. 南昌大学学报(工科版),1993,15(1):87-92.

[70] Timoshenko S P. Theory of elastic stability[M]. New York:McGraw-Hill,1961:339-366.

第二篇

临界起皱判定线建立篇

第 4 章

基于方板对角拉伸试验的临界起皱判定线建立

4.1　方板拉伸起皱试验

4.1.1　材料性能研究

方板试件选用 304 不锈钢轧制板材，试件按照 GB/T 228.1—2010 标准进行制备，材料的塑性应力应变数据根据 304 钢板试件的单向拉伸试验来获取，并利用 WDW-100 kN 高低温微机控制电子万能材料试验机进行单向拉伸试验，测定材料的性能。试验分为三组，分别测试与板材轧制方向成 0°、45°和 90°方向上试件的真实应力-应变曲线。试验过程中拉伸温度为室温 27 ℃，拉伸速度为 30 mm/min，单向拉伸试验设备及试件尺寸如图 4-1 所示。

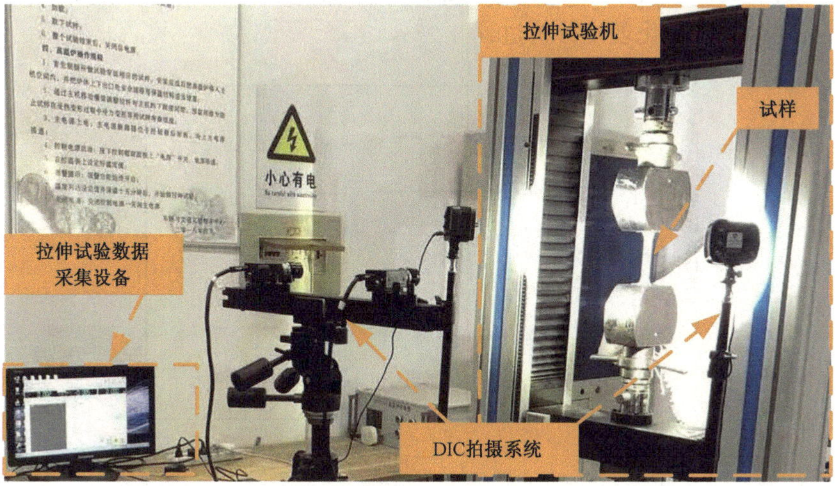

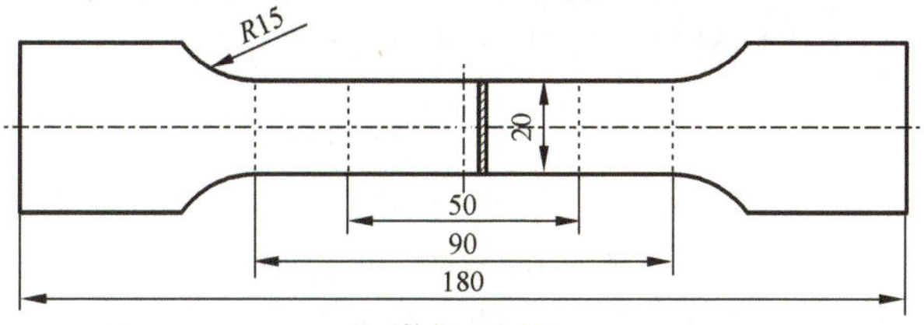

（单位：mm）

图 4-1　单向拉伸试验设备及试件尺寸

试验测得弹性模量 $E = 210\ 000$ MPa，泊松比 $\mu = 0.3$。试验选用 $t = 0.4$ mm、0.9 mm、1.3 mm 的板料进行制件，板材的真实应力应变关系曲线如图 4-2 所示。线性拟合函数 $\sigma = \sigma_0 + K\varepsilon$ 高精度拟合，拟合结果如表 4-1 所示。

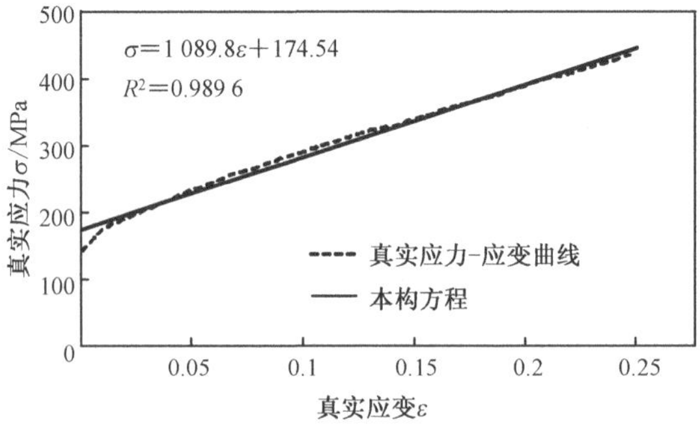

图 4-2　304 不锈钢真实应力应变曲线

表 4-1　试件的性能参数和本构方程参数

板料参数	屈服应力 σ_0/MPa	强度系数 K/MPa	拟合均方差 R^2	各向异性系数 R_0	各向异性系数 R_{45}	各向异性系数 R_{90}	各向异性系数 $\bar{R}$
t=0. 4 mm	260. 64	2 153	0. 971 2	0. 881	1. 476	0. 761	1. 039
t=0. 9 mm	330. 14	1 903	0. 998 2	0. 901	1. 317	0. 775	0. 997
t=0. 4 mm	315. 84	1 894	0. 999 2	0. 903	1. 107	0. 837	0. 949

图 4-3 绘制了板面不同方向上厚向异性系数随工程应变变化曲线,为更真实模拟薄板塑性成形起皱失稳行为且简化理论分析过程。

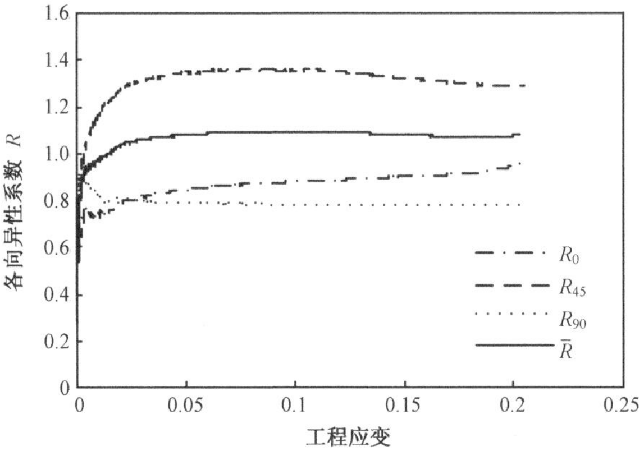

图 4-3　板料各向异性系数 R 与工程应变曲线

应用 R. Hill 提出的面内同性厚向异性模型,有效应力表示为

$$\bar{\sigma}=\sqrt{\frac{\sigma_{11}^2+\sigma_{11}^2+R(\sigma_{11}-\sigma_{22})^2}{1+RP}} \tag{4-1}$$

$$R=(R_0+2R_{45}+R_{90})/4 \tag{4-2}$$

按照上述方法,不同板厚试件的各向异性系数如上表 4-1 所示。

4. 1. 2　方形试件制备

YBT 试验的方形板料毛坯采用轧制薄板线切割下料,因此板料毛坯形状规范,材料成分及厚度均匀,对失稳结果不会产生影响。试件的板厚 t 为 0. 9 mm,边长 l 分别为 70 mm、72. 5 mm、75 mm、77. 5 mm、80 mm、82. 5 mm、85 mm、87. 5 mm、90 mm、92. 5 mm、95 mm。为了获取准确的试验数据，为数值模型的建立提供依据，选用数字图像控制系统（Digital Image Control，简称 DIC）获取方板试件在拉伸时的全过程应变。VIC-3D 系统包括硬件（见图 4-4a））和软件（见图 4-4b））两个部分。试验流程包括散斑制作（如图 4-4c）所示）、系统校正、变形采集、数据运算处理四个环节。

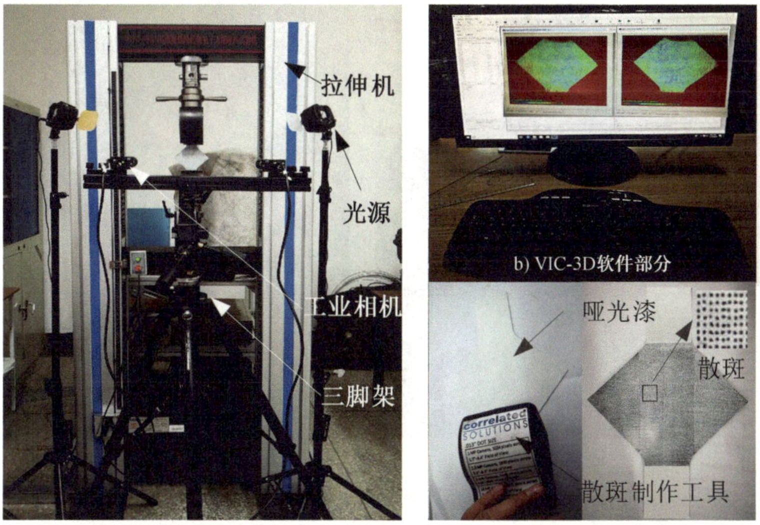

b) VIC-3D软件部分

a) VIC-3D硬件部分　　c) 方板件散斑制作过程

图 4-4　非接触全场应变测量系统 VIC-3D

在利用电火花切割下方板试件后，对试件进行喷漆处理，首先选择一面作为观察面，喷涂一层白色亚光漆作为底漆，待底漆完全干燥后，再喷涂黑色亚光漆散点，形成易被 DIC 系统识别试件变形结果的散斑。然后利用 VIC-3D 系统对试验件中心皱屈区域应变数据的测量及处理，该系统可通过被测物体表面变形前后的散斑图像对比，计算物体表面位移及应变分布。

4.1.3　方板对角拉伸试验结果

当拉伸位移达到一定数值后方板会发生明显的屈曲变形，具体表现为中心部位凸起，两翼弯曲形成一定的角度。图 4-5 展示了试件拉伸位移从 0 mm 变化到 9 mm 的过渡过程。从左至右拉伸位移分别为 5 mm、6 mm、7 mm、9 mm。

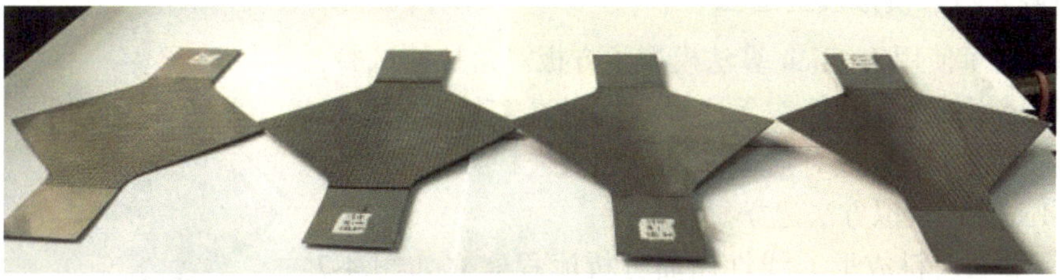

图 4-5　试件的变形过程

为了准确获取试件的屈曲信息(起皱高度),便于数值模型的确立,借助 3000i TM 系列柔性三坐标测量系统对标注出来的网格路径进行测量(如图 4-6 所示),通过 UG 三维软件对屈曲特征截面上采集点的坐标信息进行拟合整理,得到具体坐标数据。

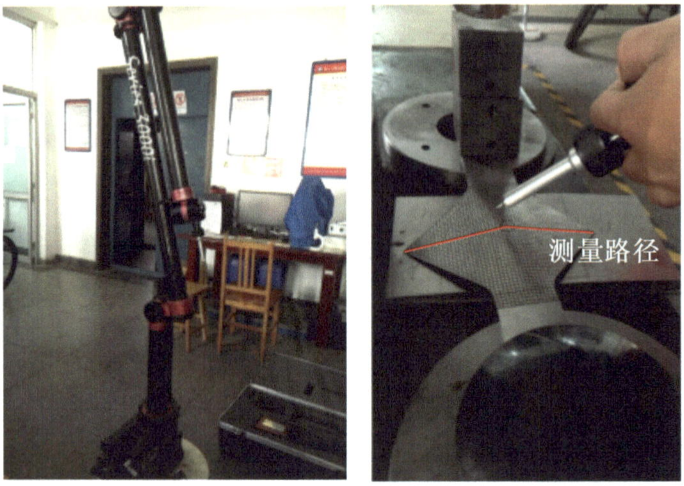

a) 三坐标测量仪　　b) 测量路径

图 4-6　三坐标测量仪设备及测量路径

4.2　有限元数值模拟分析

YBT 作为不均匀拉应力下起皱的代表性试验,由于试验成形过程中边界条件简单,试验数据便于测量且数值模型易于建立等优点被广泛应用于起皱失稳的研究。本章以 YBT 作为数值模拟研究对象,建立植入初始缺陷的壳单元动力显式数值分析模型。提取不均匀拉伸载荷性质下屈曲单元的应力应变路径,对比通过应力路径分叉以及应变路径分叉两种判定屈曲单元临界起皱失稳方法的特点,探究不同边长方板试件的屈曲单元对应的临界起皱应力值及应变值在主应力及主应变空间中的分布规律,建立临界起皱应变线和应力线,并验证二者对方板件起皱的判定作用,在此基础上探究载荷工况相同条件下板厚对方板件临界起皱应变线的影响。本章的研究内容为探究不同载荷工况下的临界起皱判定线提供了依据。

4.2.1　有限元数值模拟模型建立

本书第 2 章使用 Explicit 算法模拟了方板对角拉伸试验,证实了单纯使用动态显示算法无法得到板料真实的起皱失稳形貌的结论。故本章方板对角拉伸试验起皱失稳数值模型使用 Buckle-Explicit 模拟方法建立。

按照图 2-4 板料成形非线性屈曲分析流程建立如图 4-7 所示的不同边长的方板件起皱模拟模型。

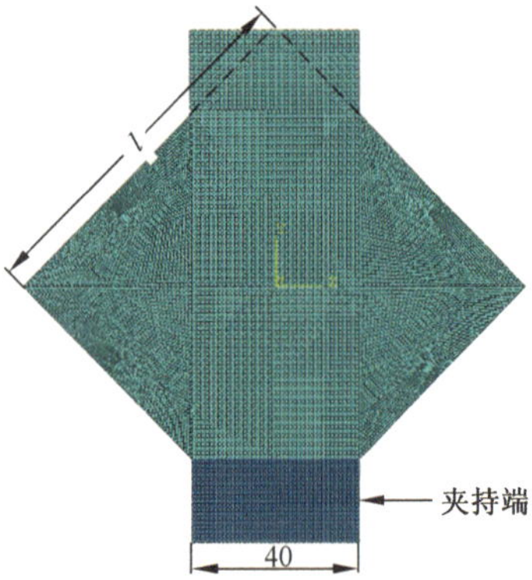

图 4-7　方板试件模拟模型

方板试件设置为可变形体,材料属性数据通过 GB/T 228.1—2010 标准进行 304 不锈钢试样拉伸试验测试得到,各向异性行为采用 R. Hill[1] 屈服准则描述;为减少薄膜自锁、控制沙漏问题,选用四节点减缩积分双曲率壳单元 S4R 划分网格，单元尺寸统一为 1 mm；为确保方板起皱，对夹持端部分施加 y 向的 -30 MPa 的表面牵引力；在板厚方向上设置 11 个积分点，便于后续临界起皱应力应变的提取。

4.2.2　模拟试验对比验证

为了证明有限元数值模拟的准确性，在分析模拟后处理中输出力行程曲线、厚向位移及应变云图与试验相对比，如图 4-8 方板对角拉伸起皱数值模拟结果中的厚向位移云图与试验位移云图吻合度较高，试验和数值模拟中皱纹增长临界时刻发展历程基本一致，由此证实 Buckle-Explicit 模拟方法可准确复现方板对角拉伸起皱的皱脊形貌。

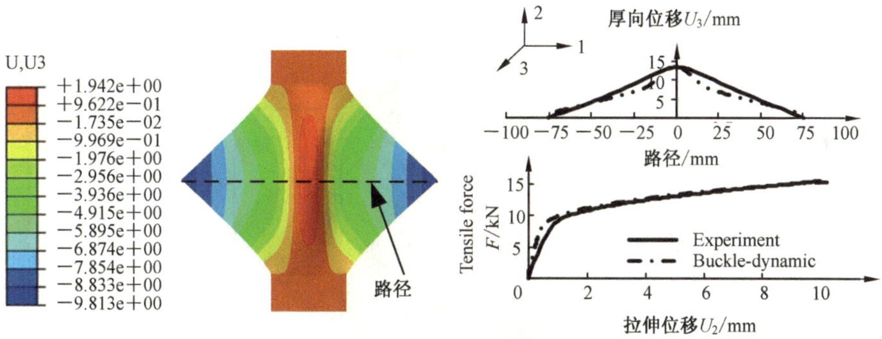

a) 数值模拟结果及实验对照

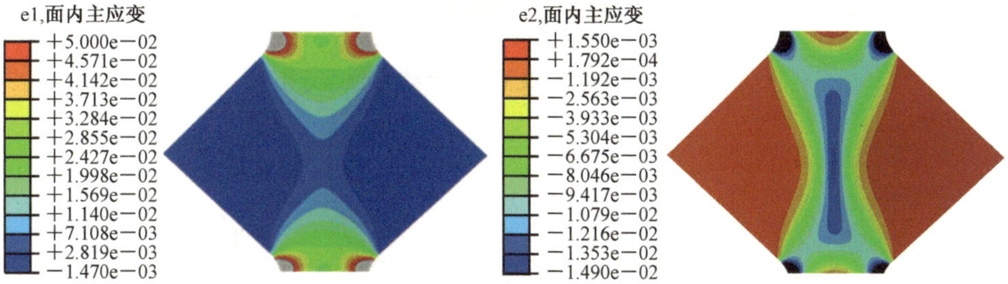

b) 数值模拟主次应变云图

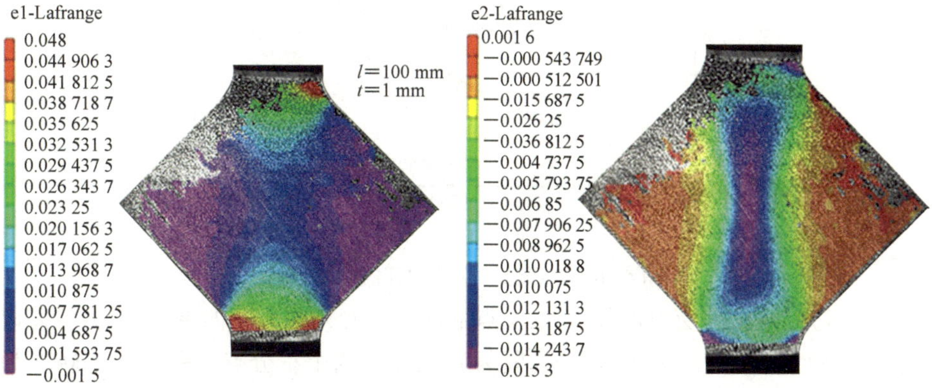

c) 试验主次应变云图

图 4-8　方板对角拉伸试验模型模拟结果与试验结果对比

由图 4-8 可知，该模拟方法的起皱中间截面轮廓形状和试验数据均存在一定差异，这是由于数值模拟没有考虑弹性卸载运算，而试验零件是卸载后测量的截面数据，因此模拟输出轮廓起皱夹角要略小于试验测定值。模拟甚至能体现出试件起皱失稳卸载之前的正余弦波局部鼓突形貌。试验证实了 Buckle-Explicit 模拟方法能够实现对板料失稳形貌的准确预测。

4.3 临界起皱判定线

4.3.1 临界起皱时刻的确立方法

YBT 试验中的方板件的各单元在厚度方向以相等的厚度间隔分布 11 个积分点,如图 4-9 所示。为了准确地界定数值模拟中试件的临界起皱时刻,以 $t=0.9$ mm,$l=85$ mm 的方板试件为例,分别提取试件初始屈曲单元 A 点处 11 个积分点的应力路径和应变路径绘制于坐标系中,如图 4-10、图 4-11 所示。

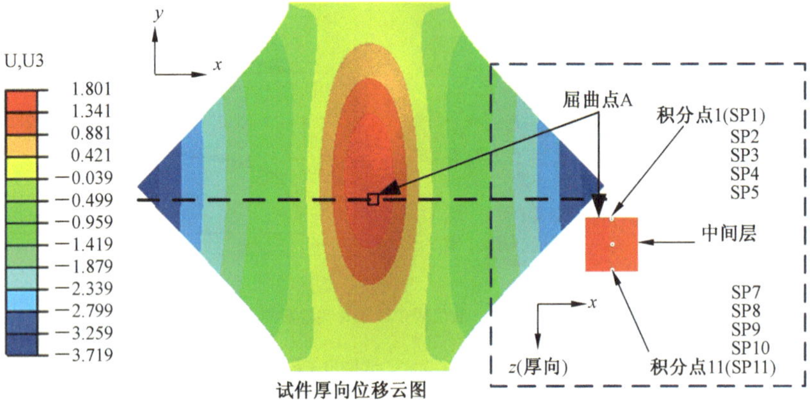

图 4-9 初始屈曲单元厚度方向积分点分布

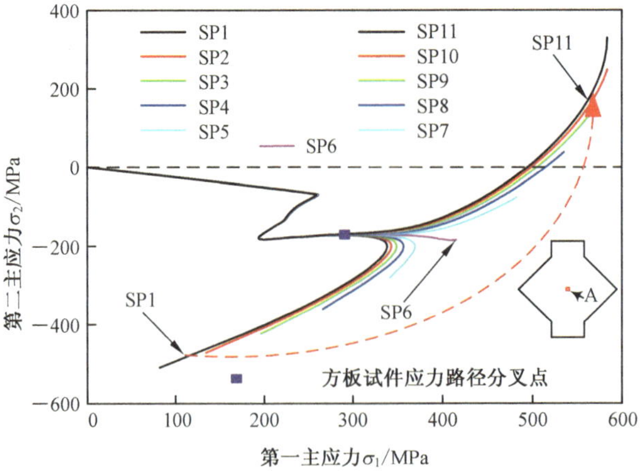

图 4-10 方板试件屈曲单元应力路径

由图 4-10 可知,在试件受力加载初期,A 点的应力路径均位于第四象限,受力状态以拉-压应力为主,随着试件在 A 处产生屈曲变形,紧邻受拉面的四个积分点层受力状态转变为拉-拉应力。对比图 4-10 和图 4-11 可知,在试件受力加载初期,A 点的 11 个积分点层的应力路径和应变路径均完全重合。不同的是,应力路径在到达 A 点的临界屈曲发生时刻时,积分点层 1~5 和积分点层 7~11 的应力路径分别以积分点层 6 为对称轴向相反的两方向偏转,发生非常明显的分叉现象,直至后屈曲变形结束,然而,应变路径分别以积分点层 6 为对称轴向相反的两方向发生较应力路径轻微许多的偏转,无法确定明显的分叉点,仅拾取到一个应变值相差很小,且不相等的分叉区域。提取应力路径分叉点与应变路径分叉区域分别对应的分析步数发现应力路径分叉点对应的步数位于应变路径分叉区域的步数区间内。综合上述现象,由于应力路径的分叉点更易准确拾取,故试件的临界起皱时刻用应力路径分叉点来界定。

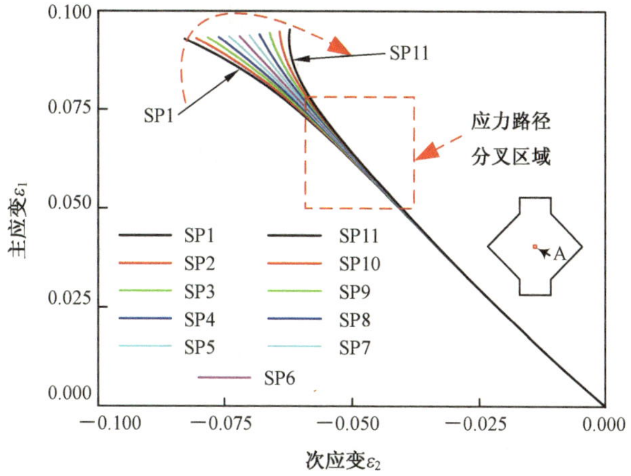

图 4-11　方板试件屈曲单元应变路径

4.3.2　方板件临界起皱应变线及应力线建立及影响因素分析

按照上诉界定方法,分别提取 11 种模型的临界起皱应变值,在主应变空间中描点,再将这些点进行曲线拟合,得到图 4-12 所示的方板试件的临界起皱应变线。由图可知,在不均匀拉伸载荷状态下不同边长方板件的屈曲单元的临界起皱应变值均不相等,但可以高精度拟合成一条近似通过原点的斜率为-1.461 3 的直线。

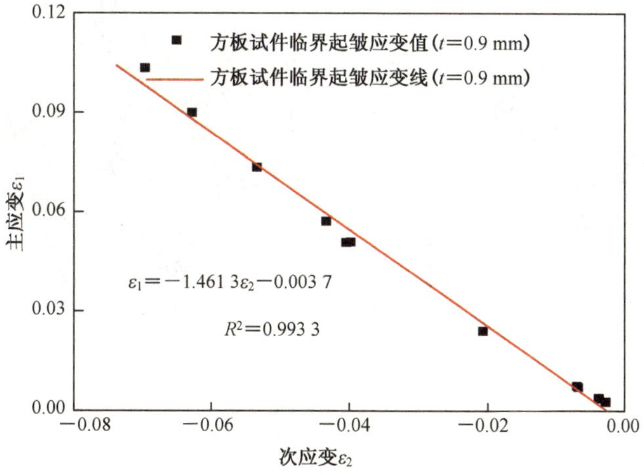

图 4-12　0.9 mm 板厚的方板试件临界起皱应变线

提取试验云图中起皱区域与未起皱区域屈曲单元的应变值在主应变空间中描点,与利用模拟结果建立的临界起皱线比较(如图 4-13 所示)发现:不同几何条件的方板件在发生起皱后的应变分布特征相同,起皱区域应变位于临界起皱应变线下方,临界区域的应变大于未起皱区域的应变,且二者均位于临界起皱应变线的上方。由此可证明以上述方法所建立的临界起皱应变线可预测方板件的起皱失稳情况。

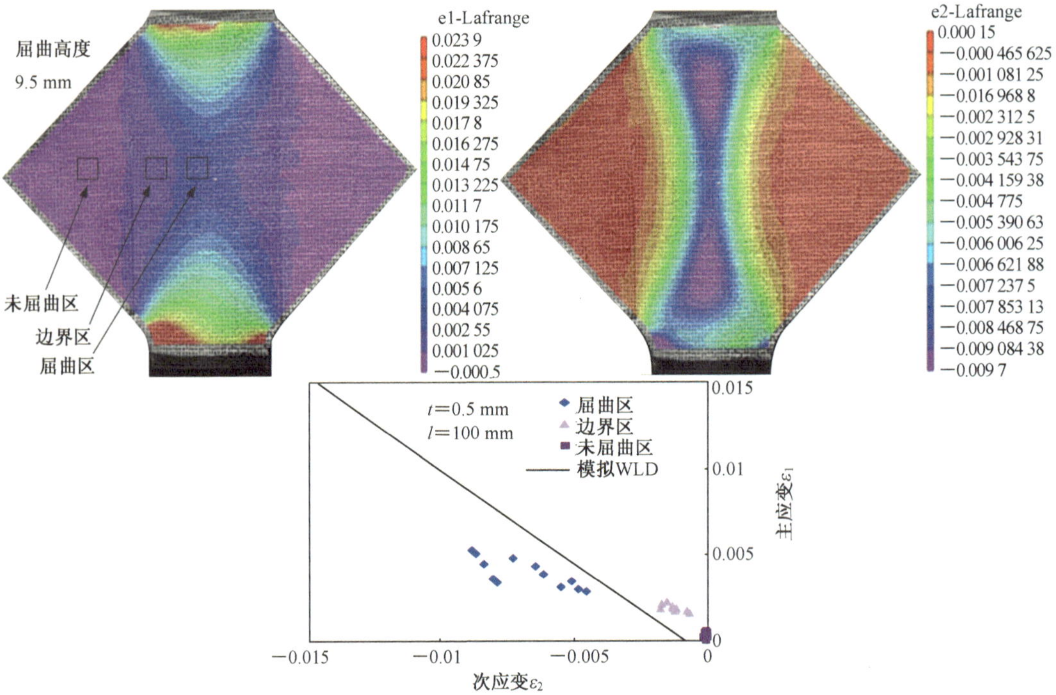

a) t=0.5 mm, l=100 mm

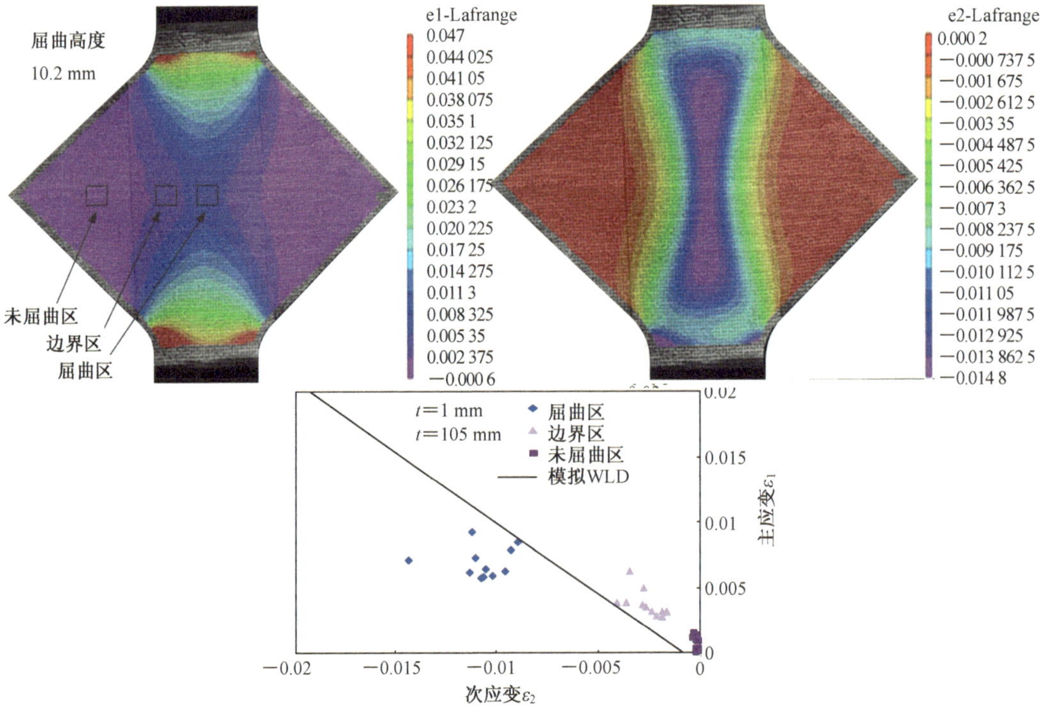

b) t=1 mm, l=105 mm

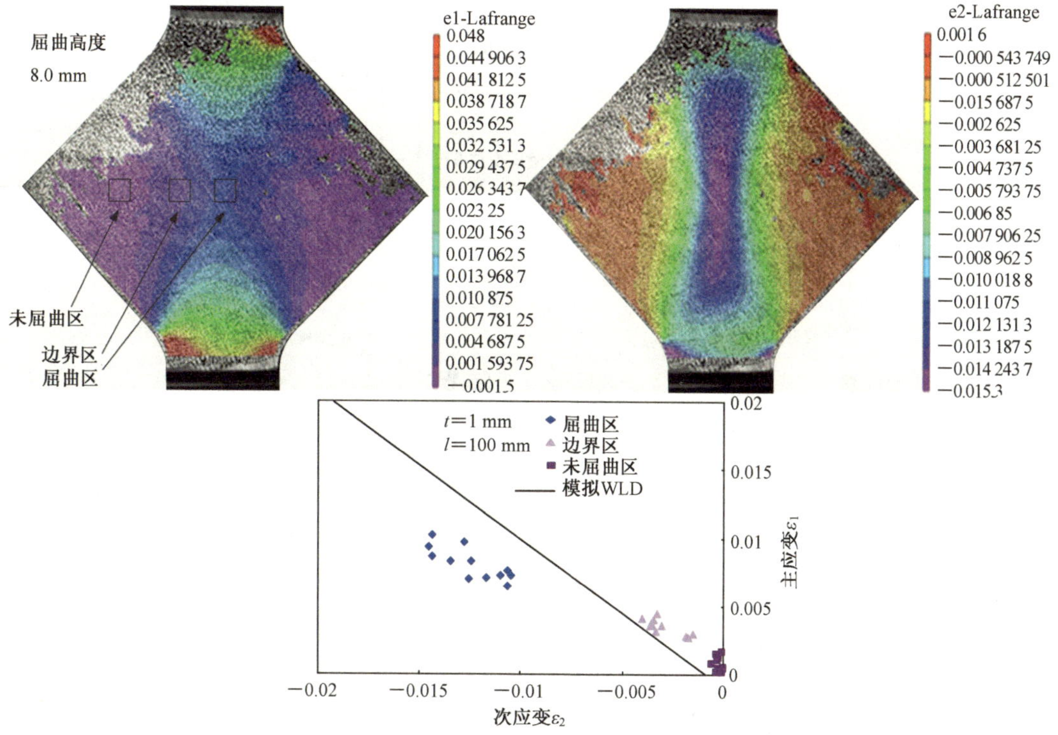

c) $t=1$ mm, $l=100$ mm

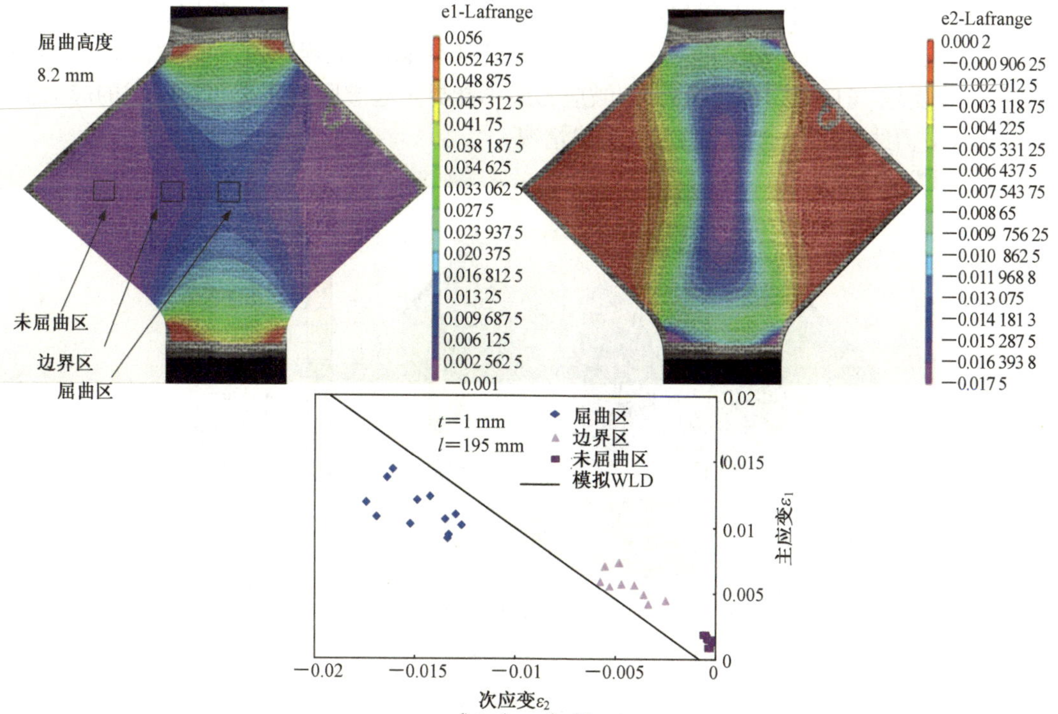

d) $t=1$ mm, $l=95$ mm

图 4-13　试验起皱区域和未起皱区的应变值与临界起皱应变线的比较

分别提取 11 种模型的临界起皱应力值,在主应变空间中描点,再将这些点进行曲线拟合,得到如图 4-14 所示的方板试件的临界起皱应力线。

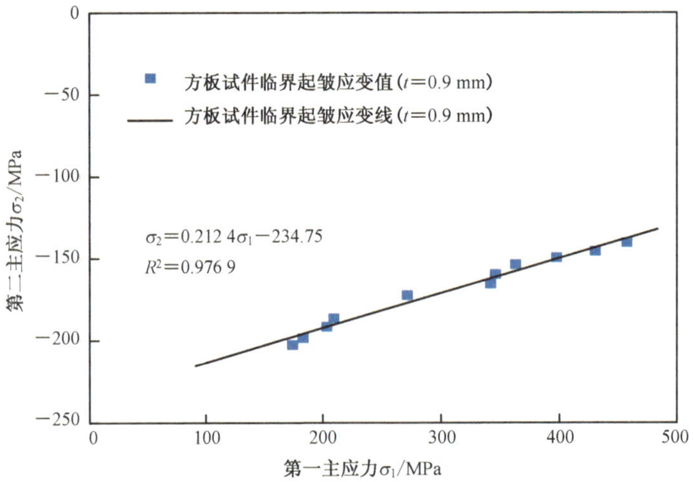

图 4-14　方板试件临界起皱应力线

由图可知,不同边长方板试件的临界起皱应力值均位于第四象限且不相等,这些点可拟合成一条斜率为 0. 212 4,截距为−234. 75 的直线,拟合精度 R^2 为 0. 976 9。

为了验证临界起皱应力线是否像应变线一样可以预测方板件的起皱失稳情况,按照上述方法,分别提取如图 4-15a)所示的试件起皱区和未起皱区单元的第一主应力和第二主应力值在主应力空间中描点,得到如图 4-15b)所示的不同区域的应力在主应力空间中的分布图。由图可知:不同边长方板件未起皱区域单元的应力位于主应力空间的第一象限,第一主应力和第二主应力均为拉应力;而起皱区域单元的应力位于第四象限,无规则的分布在临界起皱应力线两侧,主要受拉-压应力。因此,临界起皱应力线不能界定起皱区域和未起皱区域的应力值,故临界起皱应力线无法判定板料的起皱失稳情况。

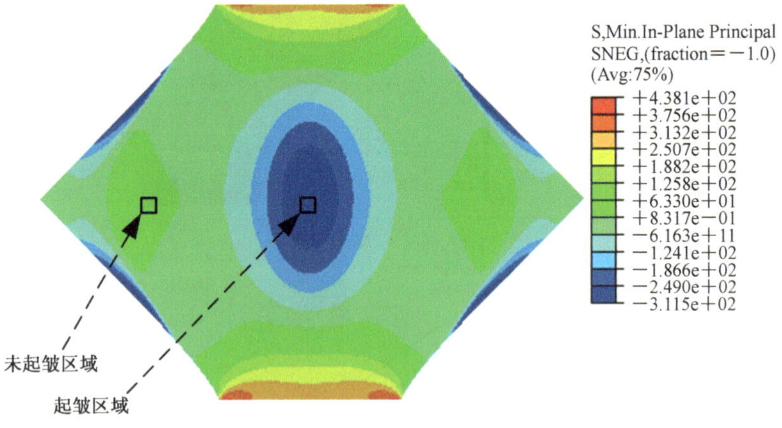

a) 面内最小主应力云图

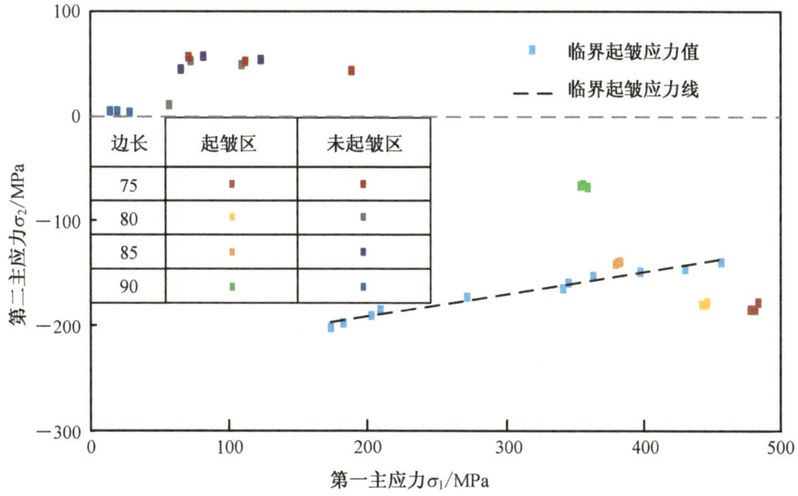

b) 不同区域应力在主应力空间中的分布

图 4-15　起皱区域和未起皱区域单元的选取及其应力值在主应力空间中的分布情况

综合上述分析，方板件屈曲单元的临界起皱应力值和应变值分别呈线性规律，且线性拟合精度较高。但经过验证，临界起皱应变线可预测不均匀拉伸载荷性质下方板件的起皱失稳情况，临界起皱应力线不能判定方板件的起皱失稳情况。

为了探讨板厚对临界起皱应变线的影响，按照上述方法建立 $t=0.4$ mm，$l=70$ mm、72.5 mm、75 mm、80 mm、82.5 mm、85 mm 的方板件数值模拟模型，分别提取各试件临界起皱点的临界起皱应变值在主应变空间中描点，经过拟合得到如图 4-16 所示的 0.4 mm 方板件的临界起皱应变线。

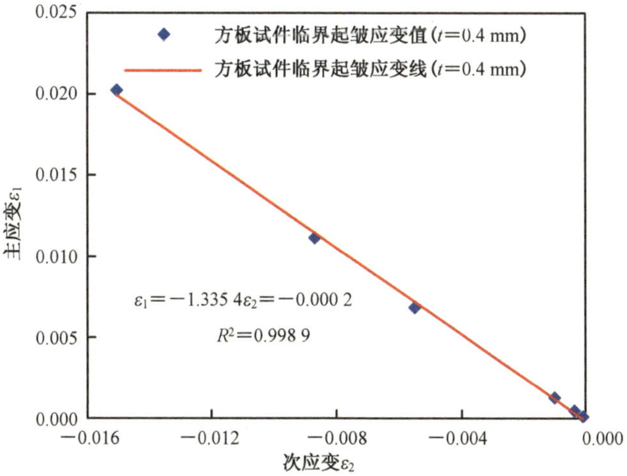

图 4-16　0.4 mm 厚度方板件的临界起皱应变线

对比 0.4 mm 和 0.9 mm 方板件的临界起皱应变线可知，二者均为近似通过原点的直线，且拟合精度较高，但是两条直线斜率的绝对值 $|a_{(0.4\ \mathrm{mm})}|=1.335\ 4<|a_{(0.9\ \mathrm{mm})}|=1.461\ 3$，由此说明：在同种材料相同载荷工况条件下，板料厚度影响临界起皱应变线的斜率；板料越厚临界起皱应变线斜率的绝对值越大。

4.4 本章小结

本章利用 ABAQUS 有限元模拟软件,基于特征值屈曲分析与动态显示算法相结合的数值模拟方法对方板对角拉伸起皱进行了模拟分析,根据模拟结果中试件屈曲单元的应力应变数据,分析了不均匀拉应力载荷状态下方板件临界起皱应力和临界起皱应变的规律:

(1) 试件皱屈单元应力路径分叉比应变路径分叉更为明显,且应力路径分叉时刻与应变路径分叉时刻基本吻合,因此试件的临界起皱时刻用应力路径分叉点来界定。

(2) 不均匀载荷状态下方板试件皱屈单元的临界起皱应变值可高精度拟合成一条直线,即临界起皱应变线。经过验证,临界起皱应变线可以预测方板件的起皱失稳情况,且各区域的应变分布规律为:起皱区域应变位于临界起皱应变线下方,临界区域的应变大于未起皱区域的应变,且二者均位于临界起皱应变线的上方。

(3) 不均匀载荷状态下方板试件皱屈单元的临界起皱应力值可高精度拟合成一条直线,即临界起皱应力线。临界起皱应力线不能判定板料的起皱失稳情况。且各区域应力分布情况为:未起皱区域的应力位于主应力空间的第一象限,起皱区域的应力位于第四象限,临界起皱应力线不能界定起皱区域与未起皱区域的应力值。

(4) 在同种材料相同载荷工况条件下,板料厚度影响临界起皱应变线的斜率:板料越厚临界起皱应变线斜率的绝对值越大。

第 5 章

基于楔形件拉伸试验的临界起皱判定线建立

5.1 楔形件拉伸起皱试验

5.1.1 楔形试件制备

方板对角拉伸试验(YBT)作为用于研究金属薄板起皱失稳的典型试验,为揭示板材起皱失稳的变形趋势与机理提供了参考标准。但 YBT 的边界条件简单,加载方式单一,只能反映不受边界约束的板料在不均匀拉伸状态下的起皱行为,不能反映实际成形中受模具约束的板料的起皱失稳形貌和失稳临界状态。基于此,本章提出了一种具有复杂边界条件的楔形试件的拉伸起皱试验,介绍了试件材料参数测定、楔形件制备、试验装置设计及楔形件拉伸起皱试验环节,对试验结果进行了分析,揭示了金属薄板在受到模具约束时的起皱失稳行为与发展规律。

由于大多数薄壁构件在成形过程中会被模具所遮挡,导致无法观察构件的起皱失稳过程,也无法对皱纹处的单元变形数据进行全过程测量和提取。这导致无法有效了解模具约束条件下的试件起皱机理和发展规律。因此,亟须设计一种能够反映试件所处实际复杂边界条件工况,且能实现起皱失稳相关数据提取的试验装置。

针对上述需求,本章设计了楔形件拉伸起皱试验。在试验装置设计方面,为了同时满足试件变形时的法向约束条件及变形全场数据的可采集性,作者采用了亚克力材质的法向挡板,结合 DIC 系统对楔形件起皱失稳的应变云图分布特征进行了实时采集。同时该试验装置能满足不同形状和尺寸试样的拉伸试验。该试验装置为后续讨论复杂边界条件下的薄板起皱失稳机理和建立起皱模拟模型提供了保障。

楔形件选用材料与 YBT 试验材料一致,楔形试件形状及尺寸参量如图 5-1 所示。其中试件底部夹持端尺寸保持不变,通过改变试件板厚 t、楔角 θ、试件变形区域垂直距离 h 来变换楔形件的形状和尺寸以研究其起皱失稳机理;拉伸试验中分别设置楔形件的板厚 $t=0.4$ mm、0.9 mm、1.3mm,楔角 $\theta=40°$、45°、50°、55°、60°,试件楔形区域底部与顶部间的垂直距离 $h=$ 48 mm、52 mm、56 mm、60 mm、64 mm。

楔形件采用轧制薄板电火花线切割下料,对楔形件与试验装置滑槽接触的斜边的切割表面利用砂纸打磨,至手感光滑,并对试件表面进行哑光漆的喷涂。先以哑光白漆作为底漆喷涂一侧表面,待底漆完全干燥之后,继续在其上喷涂哑光黑漆散点,形成能够被 DIC 系统所识别的散斑,喷涂结果如图 5-2c)所示。DIC 系统通过被测物体表面变形前后的散斑图像对比,计算物体表面位移及应变分布。

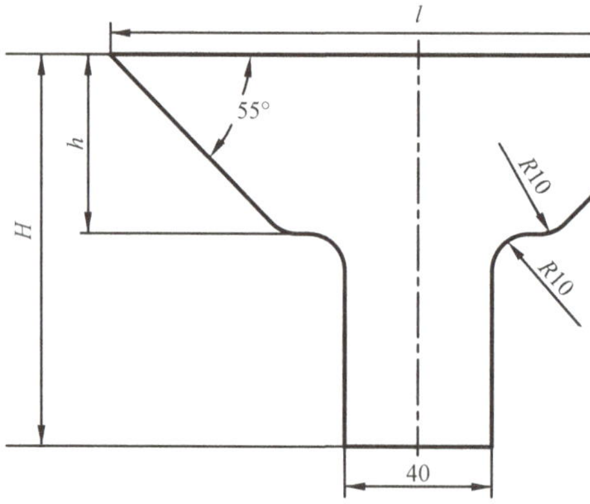

图 5-1　楔形试件尺寸示意图

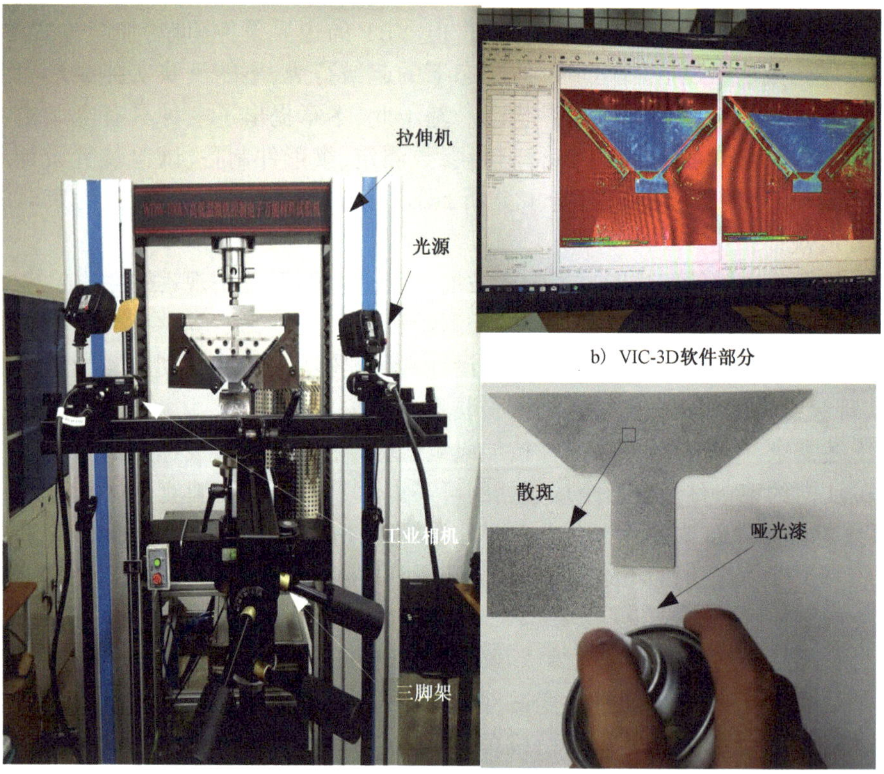

a）VIC-3D硬件部分　　b）VIC-3D软件部分　　c）楔形件散斑制作过程

图 5-2　非接触全场应变测量系统

5.1.2　楔形件拉伸试验结果

楔形件拉伸起皱失稳试验装置如图 5-3 所示，分别建立如下两种边界条件的楔形件拉伸起皱试验：

（1）边界条件 1（B1）：楔形件不设置法向约束条件；

（2）边界条件 2（B2）：楔形件前后均设置法向约束条件。通过在楔形件前后放置透明亚克力平板，对楔形件法向起皱起到限制作用，且前后亚克力平板距离试件表面的间隙可调。

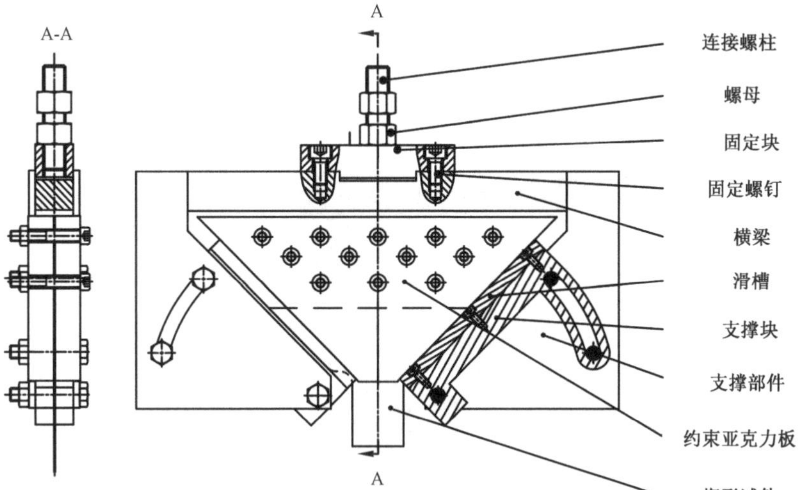

a）模具装配图

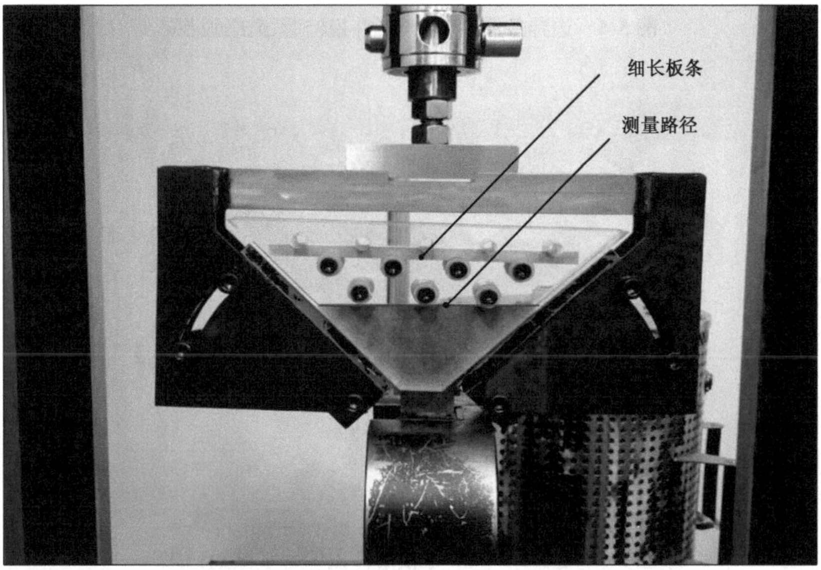

b）模具实物图

图 5-3　楔形件拉伸起皱试验模具与装置

楔形件可以在左右两侧润滑良好的支撑滑槽内滑动，通过调节两支撑块间的角度以适应不同楔角角度及顶部长度试件的安装；左右两滑槽固定于两支撑块上，用于限制试件的两侧边的法向运动。楔形件表面可不加约束，也可在两侧施加透明亚克力平板约束，采用透明的亚克力平板的目的是方便 DIC 系统能够拍摄到楔形件受约束时的起皱发展过程。前后两个亚克力平板之间的间隙由位于亚克力板螺栓孔上方的细长板条控制，通过更换不同厚度的板条调节两板间隙大小。采用后处理软件 VIC-3D 对 DIC 系统拍摄的图片进行分析计算，最终得到可用于数据处理的楔形件全场应变云图及位移数值，用于后续数据分析。

在上述条件下，对 B1 和 B2 两种边界条件的楔形件进行拉伸试验，拉伸过程中由于试件侧面受到模具侧向滑槽的约束，随着拉伸的进行，试件横向上会受到来自滑槽的压应力，压应力增大到试件所能承载的某一临界极限时，在试件法向上将发生由面内到面外的屈曲变形，并逐渐演变为皱屈缺陷。

对于边界条件 B1 下的楔形试件而言，由于法向上无约束边界，当试件发生起皱失稳时，其初始皱波高度的增加不会受到限制，因此，不同尺寸下的试件最终的起皱形貌相同，均表现为仅在楔形件中部隆起单一的皱波，如图 5-4 所示。

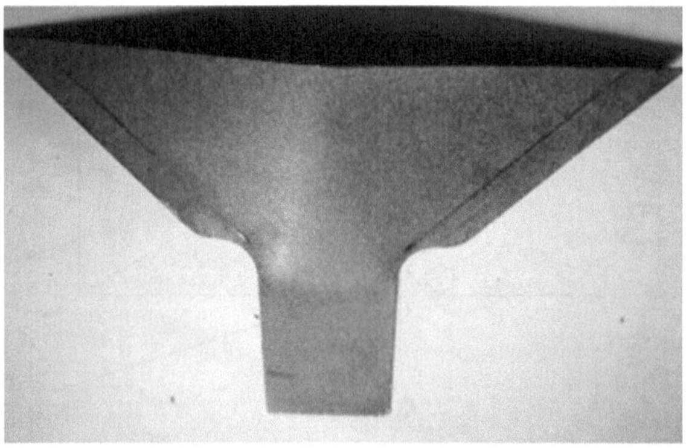

图 5-4　边界条件下 B1 楔形件拉伸起皱试验结果

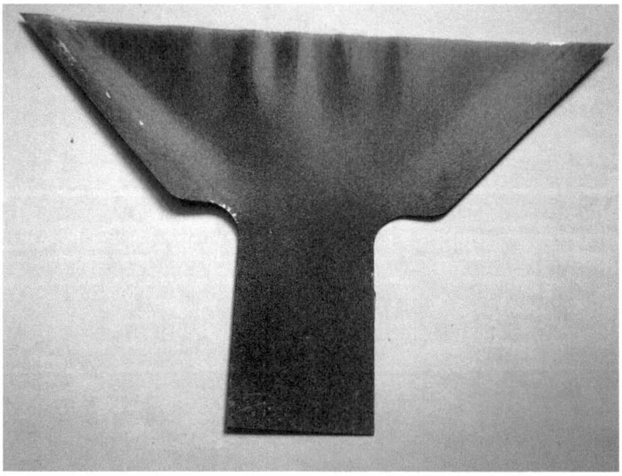

图 5-5　边界条件 B2 下楔形件拉伸起皱试验结果

对于边界条件 B2 下的楔形件而言，由于试件表面受到透明亚克力板的约束，随着变形的进行，试件顶部中心位置首先开始出现单一皱波，随着该皱波高度增加，直到和前后亚克力板发生紧密触碰后，中心皱波的高度停止增长。随着试件拉伸的继续进行，该皱波的皱峰开始向反向凹陷，从而使该皱波一分为二，变为两个相同的皱波，并依此规律不断地向两边增殖。B2 边界条件下的试件屈曲结果如图 5-5 所示，从图中可以看到，在该边界条件下，试件的中部区域聚集了很多波幅近似的皱波，与 B1 边界条件下的试件屈曲结果存在显著差异。此外，在靠近试件两斜边的区域也形成了不同方向的皱纹，此处皱纹的成因和机理将在下文基于数值模拟结果进行讨论。

通过对比两种边界条件 B1 和 B2 下楔形件的起皱失稳形貌与特征可知，具有附加边界条件的存在对于楔形件起皱失稳过程和结果具有显著的影响。

5.2　有限元数值模拟分析

5.2.1　有限元数值模拟模型建立

针对楔形件拉伸起皱变形特点,分别建立了两种边界条件(B1、B2)下的数值模拟模型,并将两种工况的模拟结果中的横截面路径与试验结果进行对比,来验证所建立的数值模拟模型的可靠性。并通过数值模拟分析探讨了在 B2 边界条件下试件的形状和尺寸对起皱的影响规律。

为了准确模拟 B1、B2 边界条件下楔形件拉伸起皱过程,建立了如图 5-6 所示的数值模拟模型:楔形件的材料模型与 YBT 一致;装配设置:将试件左右两侧的支撑块和滑槽设置为解析刚体,前后两侧亚克力平板设置为离散刚体,这三组模具与楔形件之间的摩擦系数均设定为 0.1,对支撑块、滑槽和亚克力板设置为固定约束。在楔形件夹持端建立一个与其等宽的解析刚体作为试件夹持端,并将其与试件截面使用绑定约束,对该刚体施加下拉位移,位移数值与试验中材料拉伸机测定位移保持一致。前后亚克力板的间隙依照试验工况进行设定。楔形件接触属性:法向行为采用硬接触,切向行为采用罚函数,接触类型均为面面接触。楔形件的网格模型选取基于减缩积分、沙漏控制的四节点壳体单元 S4R。

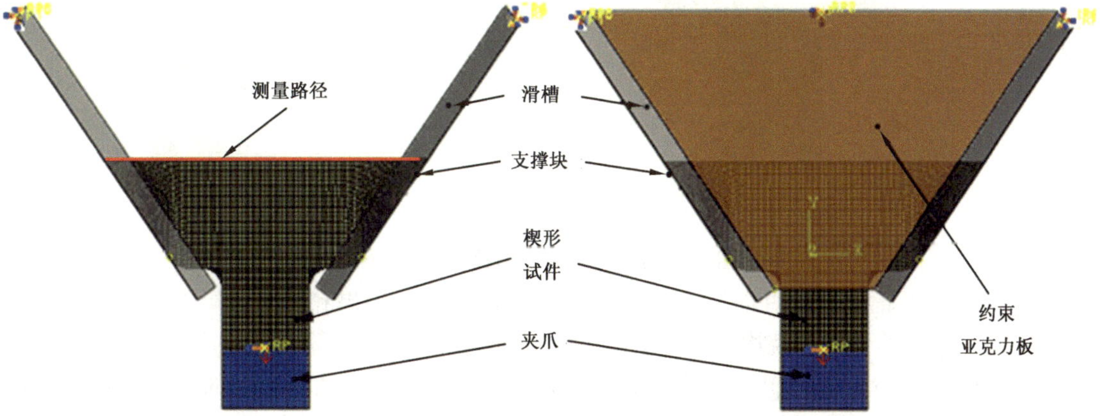

a) B1条件下模拟装配模型　　b) B2条件下模拟装配模型

图 5-6　模拟装配模拟

如图 5-7 所示为特征值屈曲分析输出的壳体第一阶至第四阶屈曲模态的第 3 向位移云图(U3)。试件的各阶失稳形貌差异较大,第一阶屈曲模态的特征值与后几阶特征值数值相差较大,临界屈曲载荷最小,可以确定第一阶特征模态在屈曲中起主导作用。根据最小势能原理,将第一阶屈曲模态作为初始缺陷引入动态显示分析步中的理想几何网格中。本章中所引入的缺陷缩放因子 ω 针对楔形件不同的板厚 0.4mm、0.9 mm、1.3 mm 分别为 0.004、0.009、0.013。

5.2.2　模拟试验对比验证

楔形件在拉伸过程中发生塑性变形起皱失稳时,由于受到左右两边支撑块的作用,必将在试件最上端压应力最大点处率先发生起皱失稳,因此,将图 5-6a)中的测量路径作为后续结果的提取路径。将数值模拟分析结果中测量路径上的节点厚向位移与试验测定结果进行对比,以验证数值模拟分析结果。B1 边界条件下的数值模拟结果与试验结果如图 5-8 所示。由图可知,无论楔形件的形状尺寸如何变化,其变形规律相同,因此,此处只选取板厚分别为 0.4 mm、0.9 mm、1.3 mm 的楔形件起皱试验和模拟变形结果进行对比说明。

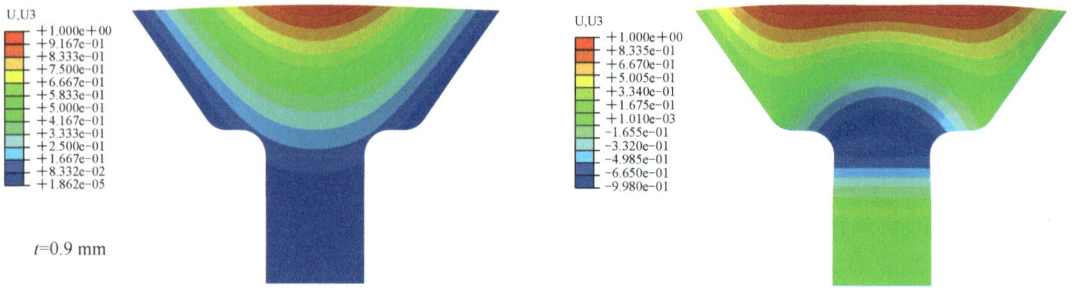

a) 一阶模态λ_1=25.33　　b) 二阶模态λ_2=-44.88

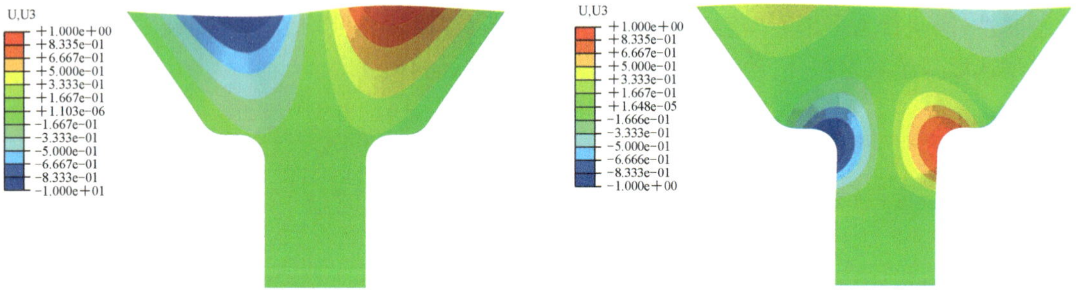

c) 二阶模态λ_3=68.24　　d) 四阶模态λ_4=−86.86

图 5-7　屈曲模态厚向位移云图(mm)

由图 5-8 可知,在楔形件前后不施加约束的情况下,模拟结果和试验结果吻合性较好。在不同板厚下二者的失稳形貌均为一个皱波,且随板厚增加,皱高降低、试件两翼间夹角增大、失稳程度减弱。故基于 ABAQUS 的特征值屈曲分析与动态显示算法相结合的方法能够实现在楔形件无法向约束条件下起皱失稳形貌的准确预测。

将 B2 边界条件下的数值模拟结果与试验结果进行了对比分析,结果如图 5-9 所示。从图中可以看出,通过数值模拟结果提取的横截面路径的起皱变化规律和试验数据存在一定差异,产生误差的原因如下:

(1) 由于试验试件左右斜边部分被试验夹具所遮挡,导致 DIC 系统无法对整个试件表面进行分析计算,因此试验提取的横截面路径长度比模拟结果小。此外,试验过程中试件变形的加剧会导致试件的楔角部位出现过度曝光的情况,使该处部分试验数据缺失,从而造成和模拟数据之间的误差产生。

(2) 数值模拟过程是在约束模具为完全刚性体的理想条件下进行的。而试验环节是通过螺栓来调节两亚克力约束板之间的间隙的。由于螺栓拧紧程度不一、模具和螺栓的弹性变形等不可控因素的存在,使试验不同阶段的皱高及皱纹形貌和数值模拟结果产生了一定误差,但皱纹总体发展规律基本吻合。

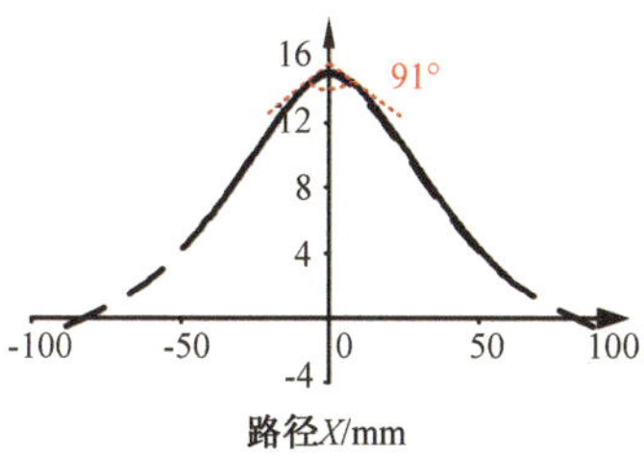

a）t=0.4 mm

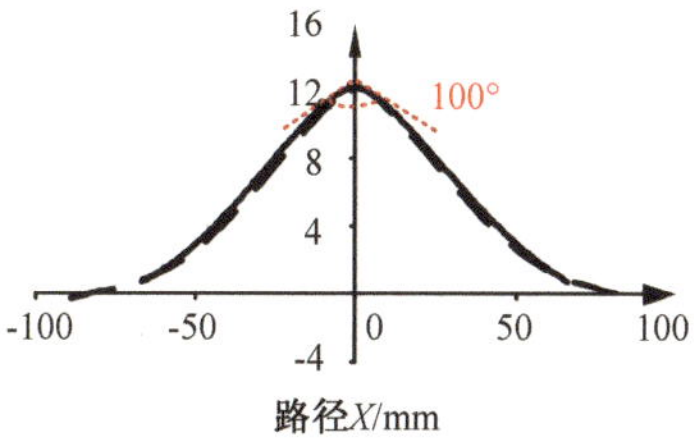

b）t=0.9 mm

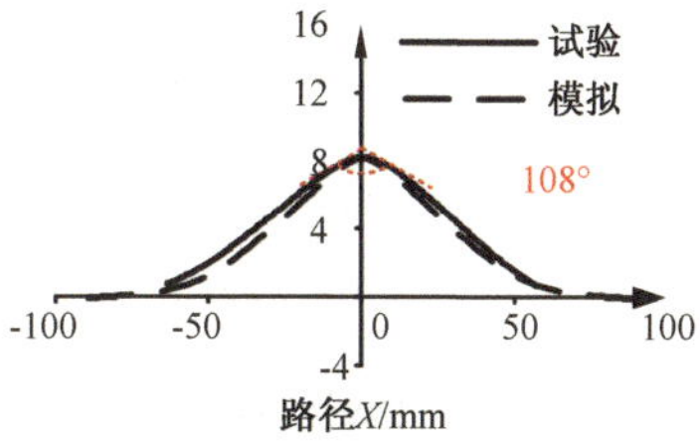

c）t=1.3 mm

图 5-8　B1 边界条件下试验与模拟测试路径起皱结果对比（$\theta=45°$，$h=52$ mm，$s=2.5$ mm）

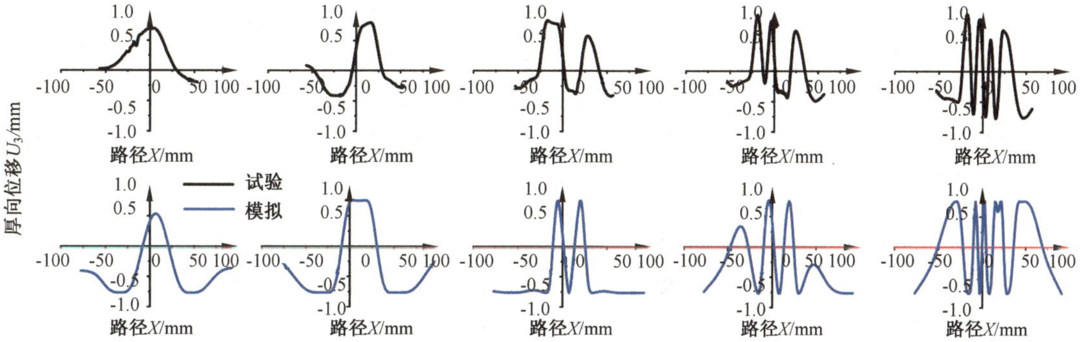

a）t=0.4 mm，h=48 mm，g=1.5 mm，s=4.6 mm

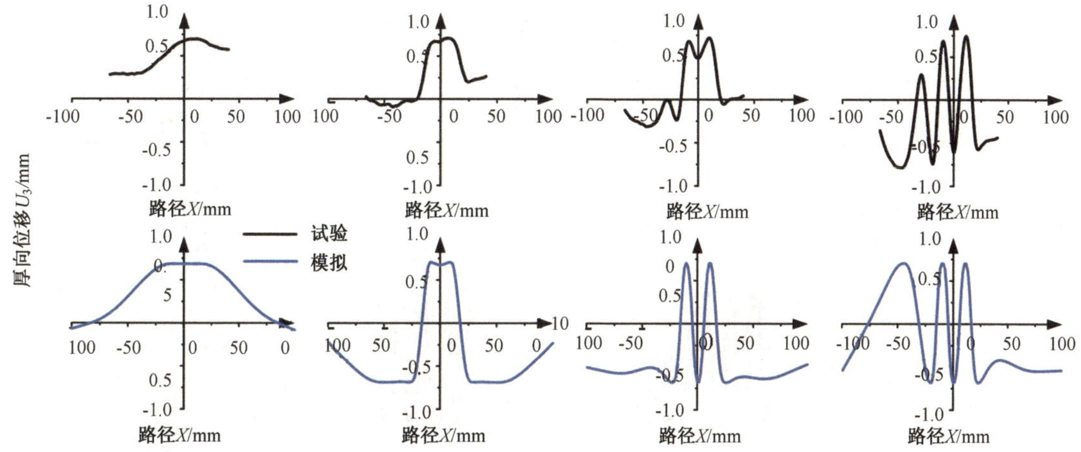

b）t=0.9 mm，θ=45°，h=60 mm，g=1.5 mm，s=5.4 mm

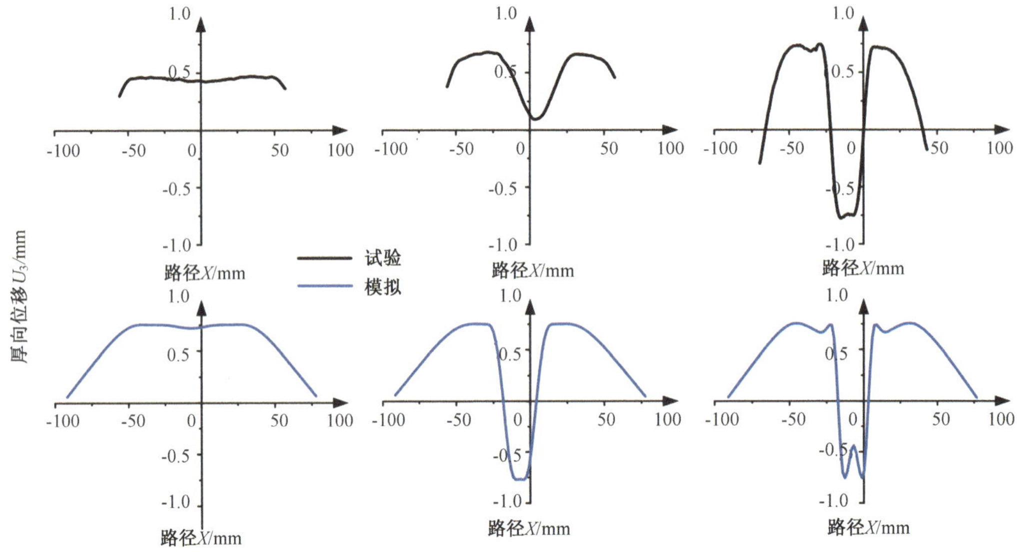

c) t=1.3 mm,θ=45°,h=48 mm,g=1.5 mm,s=9.1 mm

图 5-9　B2 边界条件下楔形件失稳皱纹增长临界时刻发展历程

在上述比较前提下,从模拟和试验结果中均能发现:不同板厚的试件,皱纹个数不同。板厚越小,皱纹数越多。由上述分析可知,虽然试验和模拟数据存在一定的差异,但是皱纹发展规律的分析结果基本吻合,都是先在中间产生首个皱纹,在皱纹接触亚克力板后逐渐向两边衍生出更多皱纹。故本章所提出的数值模拟方法能够实现楔形件在复杂边界条件下起皱失稳形貌的预测。

5.2.3　复杂边界条件下楔形件起皱规律探究

利用上述数值模拟方法对不同楔角的试件进行仿真模拟,提取图 5-6a)所示横截面路径上的起皱失稳发展过程,如图 5-10 所示。

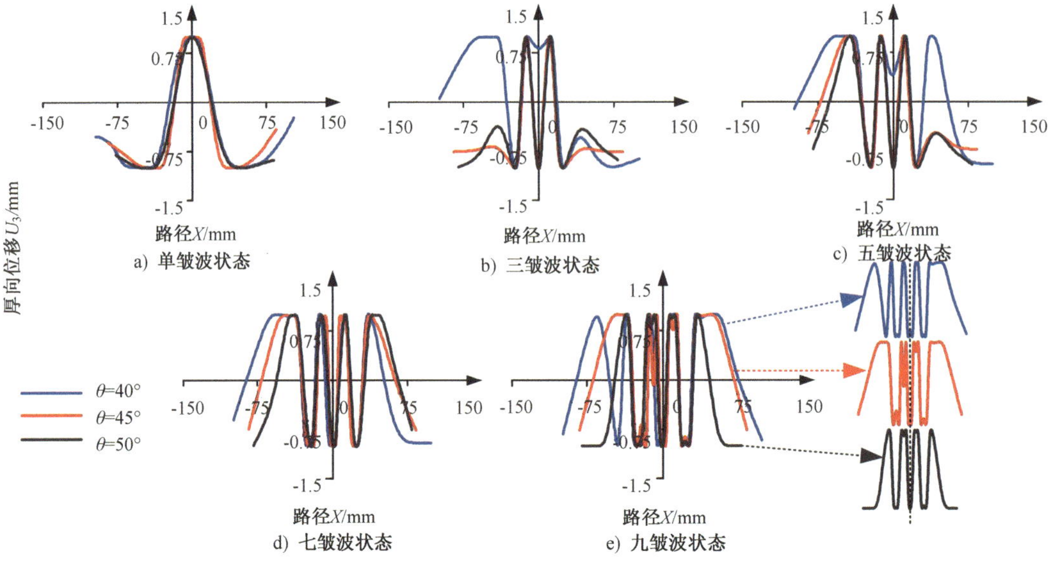

图 5-10　B2 条件下不同楔角 θ 楔形件失稳皱纹增长临界时刻发展历程

由图可知：

（1）楔角 $\theta=40°$ 与 $\theta=45°$、$\theta=50°$ 的楔形件起皱前期皱纹发展的先后顺序不同，当 $\theta=40°$ 时，楔形件先从中间产生一个皱纹，随后两侧分别衍生出两个皱纹，当楔形件中间皱峰触及亚克力板后，该皱纹开始往相反方向发展，随着变形的继续，中间皱峰转变为皱谷；而 $\theta=45°$、$\theta=50°$ 的楔形件起皱前期先产生一个皱纹，随着皱纹触及亚克力板后，皱峰处向下凹陷成为皱谷，然后两侧分别衍生出两个皱纹。由此可以看出，不同楔角的楔形件横截面路径上皱纹的整体形成规律相同，并且在皱纹形成的最终阶段，中部稳态皱纹区域的皱纹幅值和波长基本相同。

（2）不同楔角下由于特征路径长短不同，以及皱屈区的形状差异，导致不同楔角的楔形件边缘处的皱纹形状及总体皱纹个数出现差异，楔角越小，特征路径越长、边缘处皱纹越宽、整体皱纹数越多。

综合上述现象可知，在几何特征相似但几何参数不同的情况下，金属板料的起皱现象呈现出显著的规律性，这说明起皱缺陷并非一种不稳定、非稳态、无法预测的现象，能够通过合理的数值模拟手段进行预测。

利用 Buckle-Explicit 模拟方法分别模拟不同 h 值下的楔形件拉伸起皱过程，提取出的横截面路径上的起皱失稳发展过程如图 5-11 所示。

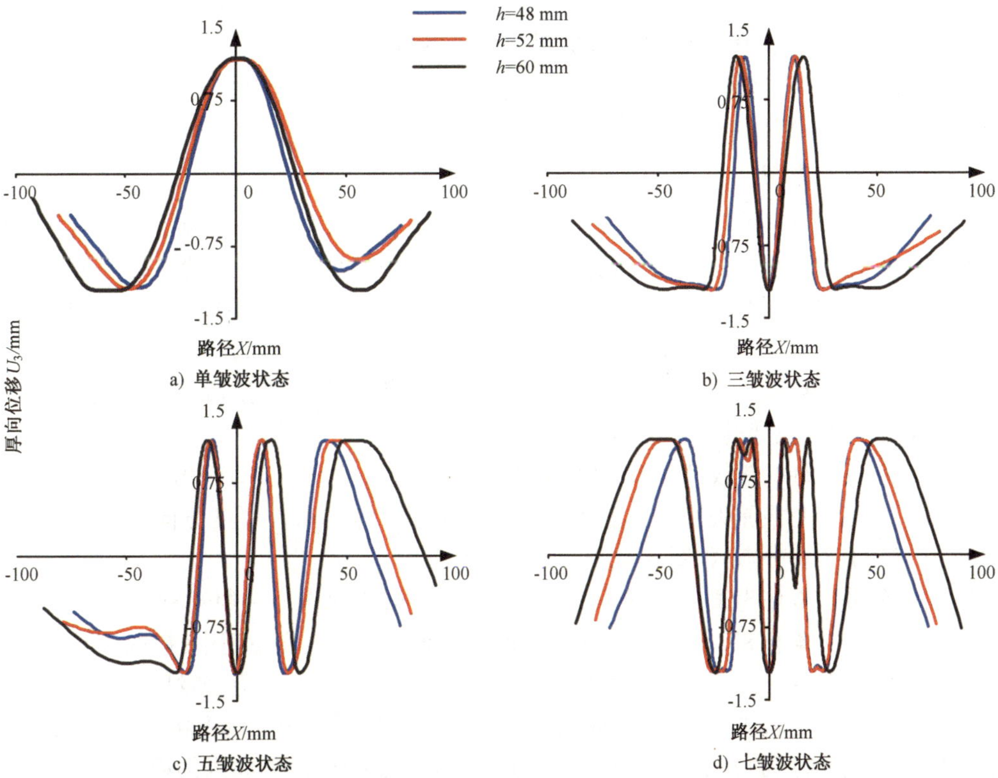

图 5-11　B2 边界条件下楔形件底部与顶部间垂直距离 h 不同时失稳皱纹发展历程

（$t=0.4$，$\theta=45°$，$g=2.8$ mm，$s=3.8$ mm）

由图可知：楔形件在边界条件相同，试件参数 h 值不同情况下，横截面路径的长短是不同的。但是由于楔形件其他几何特征完全相同，使皱纹的整体增长规律以及波形完全相同，并且在楔形件起皱失稳最终阶段，中部稳态皱纹区域的皱纹幅值和波长基本相同。

基于上述分析,由于复杂边界条件下楔形件拉伸起皱过程中的几何尺寸和边界条件等因素可控,约束条件复杂,变形工况能根据需求进行调整等原因,楔形件拉伸起皱试验现象和规律能够从一定程度上体现出金属薄板零件在塑性起皱失稳方面的某些共同特征。如:薄壁零件在成形过程中的起皱现象不是随机产生的,而是可预测的;皱纹的发展会随其所处的边界条件和几何特征呈现出其特定规律性,这些规律由零件的成形条件和自身几何特征所共同决定。在成形条件、几何特征类似时,试件发生起皱失稳形成的皱纹总体发展规律相同,且稳态皱曲区域的皱纹幅值和波长基本相同。

5.3 临界起皱判定线

金属板材成形过程中,影响板料起皱失稳的因素众多,建立以主应变作为判定依据的 WLD 来预测起皱失稳具有极为重要的工程意义。以图形化方式建立的判定模型可以作为形象客观的衡量指标,用于比较材料的抗皱性强弱以及各种材料参数、边界条件等因素对抗皱性的耦合影响及权重。因此,找到建立起皱失稳 WLD 的科学方法,对于进一步丰富塑性成形理论、实现工程实践中的起皱失稳预测具有重要意义。

本节基于复杂边界条件下楔形件拉伸起皱数值模拟结果,首先对楔形件面内的皱纹簇按所处区域的不同受力状态进行了皱屈区划分;针对每一皱屈区域的起皱特征,讨论了皱屈单元的应力状态、加载路径对楔形件起皱失稳机理以及皱纹取向的影响,建立了不同区域对应的 WLD;最后,根据皱屈单元的应力比对建立的 WLD 进行了修正,并基于皱屈单元的主压应力曲线探讨了应力状态对起皱失稳早晚的影响。

5.3.1 分叉点提取原则

金属薄板发生塑性变形起皱失稳时,皱纹处板厚方向内外侧受力性质不同。内侧材料由于受到挤压而承受压应力,而外侧受到拉应力。因此当皱屈位置从初始的稳态变形进入临界起皱状态后,皱纹内外侧对应的应变路径将产生分叉,将该分叉点对应的时刻定义为板材开始发生起皱的临界时刻,以下将介绍临界起皱时刻对应的分叉点的选取原则:

现以板厚 $t=0.9$ mm,几何尺寸 $h=48$ mm 的楔形件模型为例,利用数值模拟结果,简述试件失稳区域临界起皱应变的提取过程。

在数值模拟结果中,皱纹的皱峰、皱谷位置处面内最小主应变(即面内压应变)的极值点即皱屈节点,它一定是皱屈失稳最先发生的节点。皱屈节点在试件厚度方向以相等的厚度间隔连续分布着 11 个积分点,如图 5-12 所示。

其中,以积分点 6 作为试件中间积分点,其余积分点两两作为一组对称分布在试件内外侧,如积分点 5 和 7、4 和 8、3 和 9、2 和 10、1 和 11 五组。在主应变空间中,提取该皱屈节点的 3 和 9、4 和 8、5 和 7 这三组积分点的面内最大和最小主应变,绘制其应变发展轨迹于主应变空间中,并拾取每组应变轨迹的分叉点,如图 5-13 所示。可以看出积分点 3 和 9、4 和 8、5 和 7 三组的应变轨迹随着皱屈的发生和发展产生了明显的分叉;另外,由外向内的积分点 3 和 9、4 和 8、5 和 7 产生的分叉顺序也是由先至后顺次排列的,3 和 9 先于 4 和 8 分叉,4 和 8 先于 5 和 7 分叉。这是由于板料发生起皱失稳时,越位于外侧的积分点变形越剧烈,因此越靠外侧的积分点对的应变就会越早出现差异,从而使应变轨迹更早发生分叉。

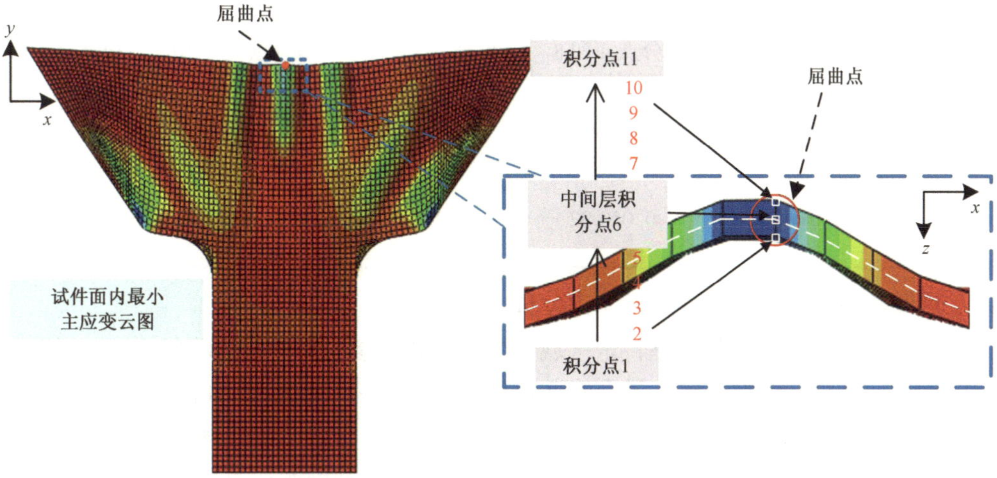

图 5-12 横截面路径中间区域皱谷处屈曲节点选取与厚度方向积分点分布

提取临界起皱时刻五组积分点的应变数值，如表 5-1 所示。由表可知，楔形件皱屈节点厚向各组积分点应变轨迹的分叉点主应变数值不同，且由内向外呈逐渐减小趋势。从数值上也符合图 5-13 中的应变轨迹分叉规律。由此可知，若选取较外层分叉点的应变数值作为临界起皱应变值，则使得预测结果偏危险，反之，若选取较内层分叉点的应变数值作为临界起皱应变值，则预测结果又偏保守。从数据提取的操作便捷性方面考虑，由于外层分叉点临界起皱应变数值很小，并且如果数值计算的分析步设置得不足够多，会导致无法采集到分叉时刻，使得准确提取的成功率不高。同时考虑到各组分叉点应变数值差异不大，最终确定以积分点 4 和 8 的应变轨迹分叉点应变作为该皱波处的临界起皱应变，这样采集临界起皱应变数值既不偏危险也不偏保守，程度适宜。在后文讨论统一起见，统一选取积分点 4 和 8 的应变轨迹分叉点应变数值作为临界起皱应变值，对应的时刻作为临界起皱时刻。

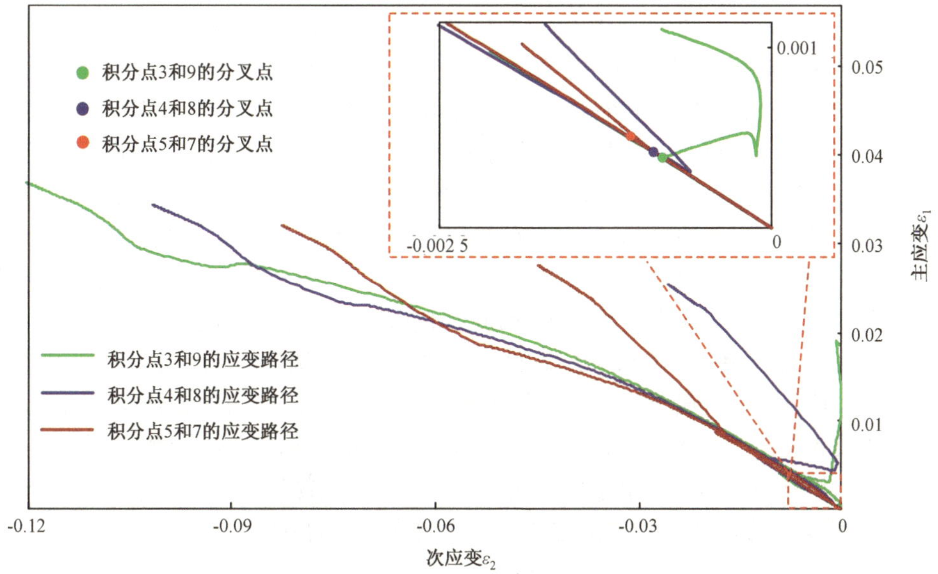

图 5-13 横截面路径中间区域皱谷处皱屈曲节点位置不同积分点应变轨迹分叉点的获取

表 5-1　皱屈节点处五组积分点的分叉点应变数值

屈曲点	积分点 5 和 7	积分点 4 和 8	积分点 3 和 9	积分点 2 和 10	积分点 1 和 11
最大面内主应变	0.008 35	0.005 76	0.003 64	0.002 34	0.002 77
最小面内主应变	−0.018 00	−0.010 92	−0.005 52	−0.001 77	−0.001 85

5.3.2　楔形件不同起皱区域单元簇受力分析

在有限元模拟中,由于起皱是特定区域多个单元共同参与构成的失稳行为,从此楔形件的模拟结果可以看出,该件的起皱区域存在两块彼此独立、互不相连,受力状态存在显著差异的两块起皱区域——区域 A 和区域 B,如图 5-14 所示。因此对这两个区域分别研究,来考虑受力状态对楔形件起皱失稳的影响。对区域 A 中皱峰和皱谷处的皱屈节点分别以 1 至 5 的序号进行编号,对区域 B 的皱峰和皱谷处的皱屈节点以 1′至 8′的序号进行编号。

为了探究不同区域皱屈单元的受力状态对板料起皱行为的影响,以楔形件两个区域对应的皱屈单元为研究对象,提取其临界起皱时刻的平面正应力及切应力。为了便于比较皱屈单元的受力状态,提取每个皱屈单元的平面正应力和切应力 S11、S22、S12(其中 S11 即为 σ_x,S22 即为 σ_y,S12 即为 τ_{xy})。基于金属塑性成形理论[2]在平面应力状态下主应力大小和方向的计算公式:

$$\left.\begin{matrix}\sigma_1\\ \sigma_2\end{matrix}\right\} = \frac{\sigma_x + \sigma_y}{2} \pm \sqrt{\left(\frac{\sigma_x - \sigma_y}{2}\right)^2 + \tau_{xy}^2} \tag{5-1}$$

$$\gamma = \frac{1}{2}\arctan\frac{-2\tau_{xy}}{\sigma_x - \sigma_y} \tag{5-2}$$

式中,γ——主应力 σ_1 的方向与 x 轴之间的夹角。

将 S11=σ_x,S22=σ_y,S12=τ_{xy} 代入式(5-1)和(5-2),计算出各皱屈单元的主应力大小和方向。表 5-2 和 5-3 分别为区域 A、B 上各皱屈单元的主应力角度,图 5-15 为两个区域各皱屈单元的平面应力和主应力状态。由图可知,区域 A 各皱屈单元的应力状态具有相似的特征:平面应力和主应力的方向近似一致,数值大小近似相等;各皱屈单元横向都受到压应力,且数值较大,而沿着楔形件轴向拉伸方向上的应力数值均较小,对于切应力而言无论正负,其数值远远小于正应力,因此可以忽略区域 A 中存在的切应力。而区域 B 则不同,各皱屈单元的平面应力和主应力的大小和方向均不相等;皱屈单元除了受到平面正应力以外,还受到明显的切应力,左侧切应力的方向相对于右侧相应位置处的切应力方向相反,切应力的存在使得主应力不再近似重合于 x-y 轴。由表 5-2 和 5-3 知,区域 B 左、右侧各皱屈单元的主应力角度数值存在一定的差异,这是由于各皱屈单元与试件的相对位置不同,因而应力加载路径不同所致。通过计算,发现区域 A 主应力角度的平均值近似为 0°,与实际 A 区的取向一致;区域 B 左、右两侧的平均值分别为−48.7°、43.4°,也很好地吻合 B 区左、右两侧皱纹的走向。上述现象表明皱屈区单元簇主应力的方向角平均值决定了该区域皱纹形成的方向。

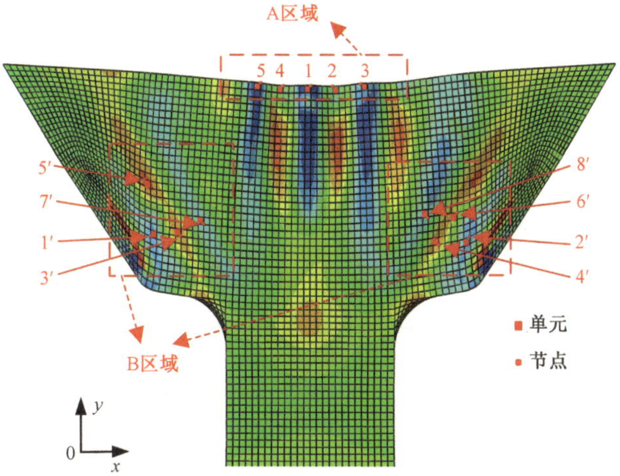

图 5-14　楔形件不同位置起皱群簇皱屈节点与单元选取

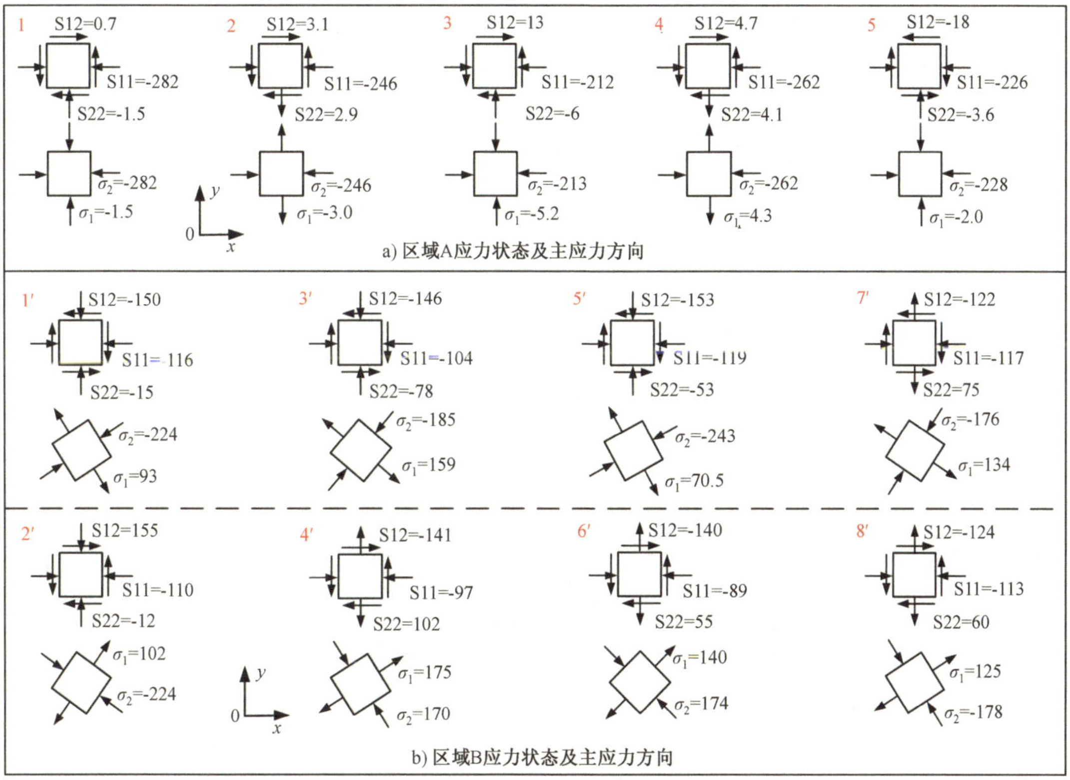

图 5-15　区域 A、B 皱屈单元应力状态分析及主应力方向(MPa)

表 5-2　区域 A 的主应力角度

皱屈单元编号	1	2	3	4	5	平均值
主应力角度	0.001°	−0.006°	0.03°	0.02°	−0.04°	0.001°

表 5-3　区域 B 的主应力角度

皱屈单元编号	1′	3′	5′	7′	平均值
主应力角度（试件左侧）	−55.9°	−38.9°	−66.8°	−33.2°	−48.7°
皱屈单元编号	2′	4′	6′	8′	平均值
主应力角度（试件右侧）	57.6°	35.5°	44.2°	36.1°	43.4°

5.3.3　临界起皱判定线建立及影响因素分析

由于楔形件的几何形状特殊，又存在约束边界，试件不同位置单元应力加载路径是各不相同的。为了研究楔形件不同位置应力加载路径对 WLD 的影响规律，本节计算了两个区域的皱屈单元在到达临界起皱时刻之前的应力路径，并将它们绘制于主应力空间中，如图 5-16 所示。从图中可以看出，区域 A 中皱屈单元的应力路径集中在纵轴负半轴，其受力状态以压应力为主；而区域 B 的应力路径分布在坐标空间第 4 象限，且各皱屈单元的应力路径不重合，主要以拉压混合的应力状态存在。由此看出，由于边界条件的限制，楔形件不同位置区域的应力加载路径完全不同，因而楔形件表面皱纹取向也会发生改变；区域 B 的应力路径各不相同，这是由于该区域各皱屈单元的切应力不断变化造成的。

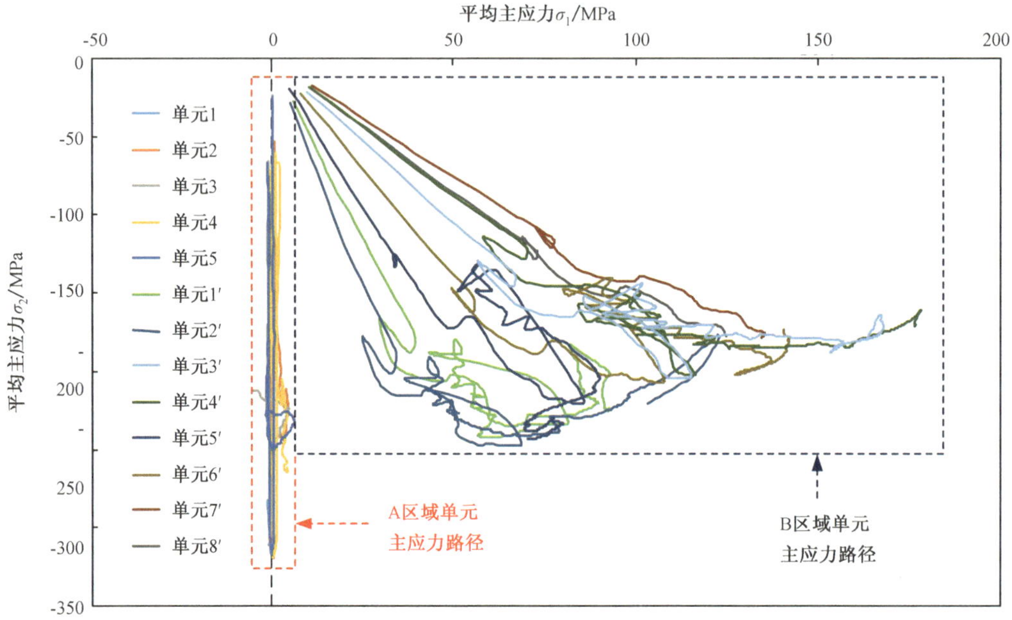

图 5-16　区域 A、B 各皱屈单元在主应力空间的平均应力路径

由于楔形件 A、B 区域的应力状态和加载路径存在显著区别，本节将对两个区域分别建 WLD，以探讨应力状态和加载路径是否会对 WLD 在主应变空间中的分布产生影响。

分别提取 A、B 区域上不同位置皱屈节点处临界起皱面内主应变，以散点形式绘制于主应变空间中，并进行拟合，得到两个区域的 WLD 及其拟合方程，如图 5-17 所示。由图可知，区域 A 的临界起皱应变数据的拟合精度 R^2 达到 0.993 4，数据点分布在拟合直线上，拟合方程是一条斜率为-0.450 9 的近似通过坐标原点的直线。从临界起皱应变数值在 WLD 中的位置可以看到，其数值由小到大排列为皱屈节点 1、2、4、5、3，分别对应着楔形件区域 A 中由中间向两边扩展的皱纹，证实了区域 A 中的皱纹是首先由中间产生逐渐向两边发展的。由图 5-17b）可知，区域 B 的临界起皱应变数据的拟合精度 R^2 为 0.944 6，数据点分布在拟合直线上下两侧，拟合方程为斜率等于-0.766 3 的近似通过坐标原点的直线。其应变数值从小到大的排列顺序为 7′、8′，5′、6′，4′、3′，1′、2′。综上所述，楔形件两个起皱区域皱纹形成发展顺序基本符合由中间向两边扩展延伸的规律，这与楔形件皱纹的实际形成过程一致。

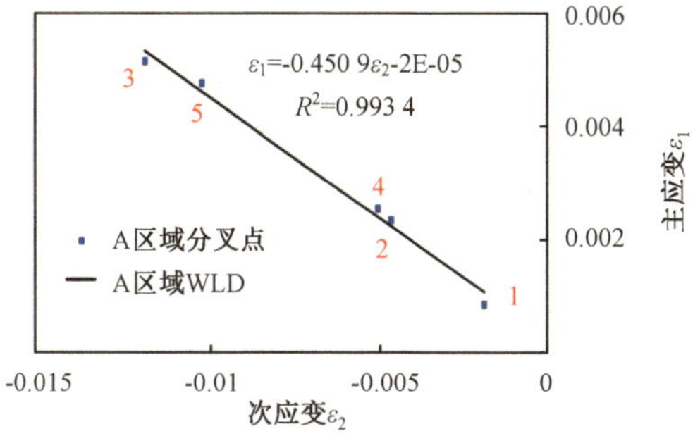

a) A区域WLD

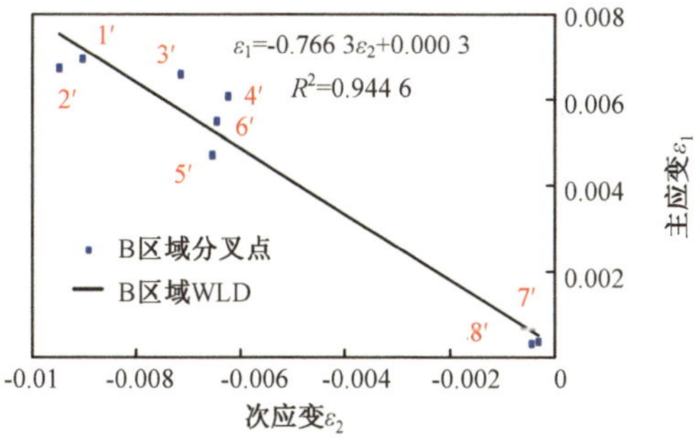

b) B区域WLD

图 5-17　楔形件区域 A、B 的 WLD 建立

对比上述两个区域的 WLD 的斜率可知，二者存在较大差异，这说明受力状态和加载路径会对临界起皱主应变比（即 WLD 的斜率）产生影响。区域 B 的 WLD 的拟合精度较区域 A 低，这是由于区域 B 的皱屈节点的受力状态和加载路径的差异较 A 区皱屈节点之间的差异更为显著，因此线性度也较弱。为了进一步明确应力状态和加载路径对临界起皱主应变比的影响规律，对两个区域皱屈单元的主应力比与主应变比的对应关系进行了研究，如图 5-18 所示。

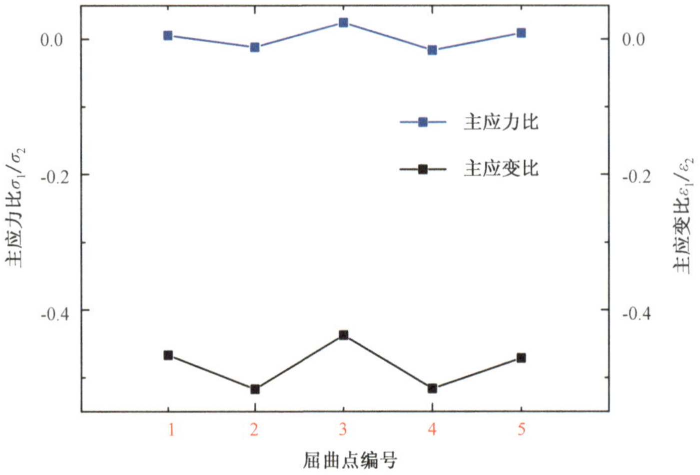

a) A区域皱屈单元拉压应力比及主应变比

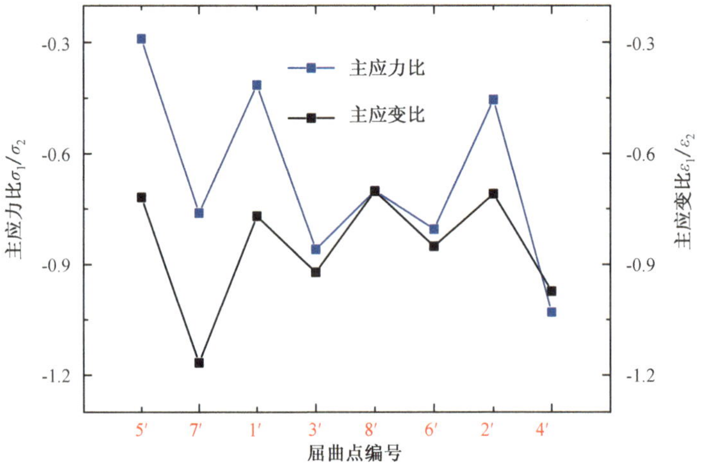

b) B区域皱屈单元拉压应力比及主应变比

图 5-18　区域 A、B 主应力比与主应变比关系

由图可知,两个区域的拉压主应力比和主应变比的变化规律是一致的,即主应力比增大(减小),主应变比也随之增大(减小)。区域 A 的主应变比和主应力比波动幅度都比区域 B 的波动小,也间接解释了区域 A 的 WLD 拟合精度高于区域 B 的原因。综合图 5-17 和 5-18 可知,皱屈单元主应力比值大小会影响所建立 WLD 的斜率的大小,若某一起皱区域的皱屈单元主应力比值越大,则其所对应的皱波处屈曲点拟合的 WLD 的斜率越大。

由于区域 B 单元的受力性质和主应变比变化较 A 区剧烈,导致其 WLD 方程拟合精度低。为了更加准确地判定区域 B 的临界起皱时刻,获取更加精确的 WLD,针对区域 B 所建立的图 5-17b)的 WLD 进行了修正,其修正方法为:将区域 B 每个皱屈节点的临界起皱应变数值,单独与主应变空间坐标原点进行拟合,得到每个皱屈节点相应的 WLD,拟合结果如图 5-19 所示。

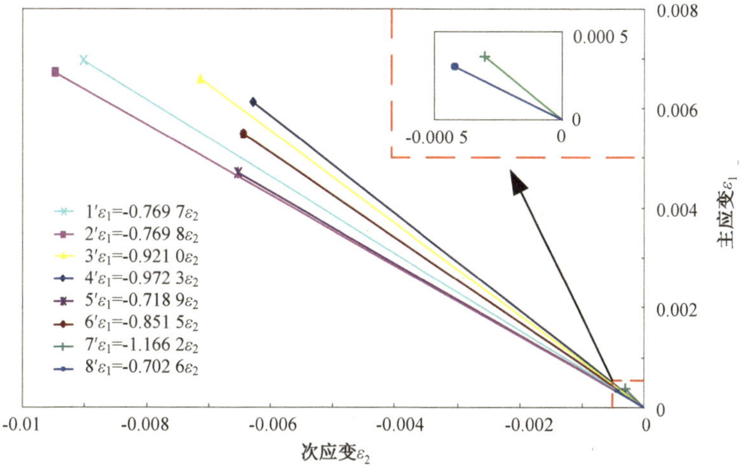

图 5-19　区域 B 的 WLD 修正

从结果中可以看到:该区域各皱屈节点的 WLD 构成了一个向横轴负方向、纵轴正方向发散的一个放射状区域,其中斜率最大和最小的皱屈节点 7′和 8′形成了该区域的上下限。如果临界起皱应变值落在上限之上,则楔形件 B 区域是安全的;若临界起皱应变落在下限之下,则试件 B 区域是会发生起皱的;若落在上下限之间,则认为试件是存在起皱风险的。修正之后的 WLD 相比于初始 WLD 能够兼容更宽的应力比区间和加载路径区间,对实际成形过程中的起皱失稳问题的判定适应性更好,这种 WLD 建立方法对建立实际成形工艺的 WLD 具有指导意义。

由图 5-17 可知,区域 B 的 WLD 斜率整体大于区域 A 的 WLD 斜率,说明区域 B 的受力状态更易起皱。然而,楔形件实际成形过程中两个区域的起皱先后顺序却是区域 A 的起皱失稳较区域 B 早,该点从图 5-18 中 B 区皱屈单元的临界起皱应变整体大于 A 区可以看出。为了研究造成这种现象的原因,绘制了区域 A、B 各皱屈单元的主压应力随分析步变化的关系曲线,如图 5-20 所示。由图可知,当两个区域皱屈单元达到临界起皱时刻时,区域 A 皱屈单元的压应力数值总体上是大于区域 B 的,另外,分析两个区域压应力路径的斜率可以知道,一开始两者的斜率基本上是一致的,随着变形的继续,区域 B 的斜率开始减小,而区域 A 的斜率基本保持不变。可以看出,由于区域 A 所处的位置靠近楔形件上部,越靠近上部,受压单元密度越大,导致单元受压程度更剧烈,产生的压应力更大,且压应力大小增加的速度较区域 B 快,使得区域 A 的压应变增量大于区域 B。因此,在实际成形中楔形件区域 A 起皱失稳早于区域 B。

综上所述,在复杂边界条件下,楔形件不同位置的起皱单元簇的受力状态不同,从而导致形成皱纹的分布方向不同。此外,由于不同起皱区域应力加载路径不同,对应的 WLD 的斜率也发生变化。对于加载路径重合度不高的皱屈区域,WLD 的线性拟合精度降低,针对这种特征的起皱区域 WLD 的建立应将线性表达修正为临界上下限的区域表达方式。在楔形件拉伸起皱的过程中不同区域的横向压应力增量大小不同,压应力增加速度较快的区域起皱失稳发生越早。因此,一种特定几何形状的试件,在某种特定的成形工艺下发生起皱失稳,若出现受力状态显著不同的独立起皱区域,则各区域的 WLD 应单独建立,因为 WLD 的形貌及分布与单元受力状态及应力加载路径密切相关。

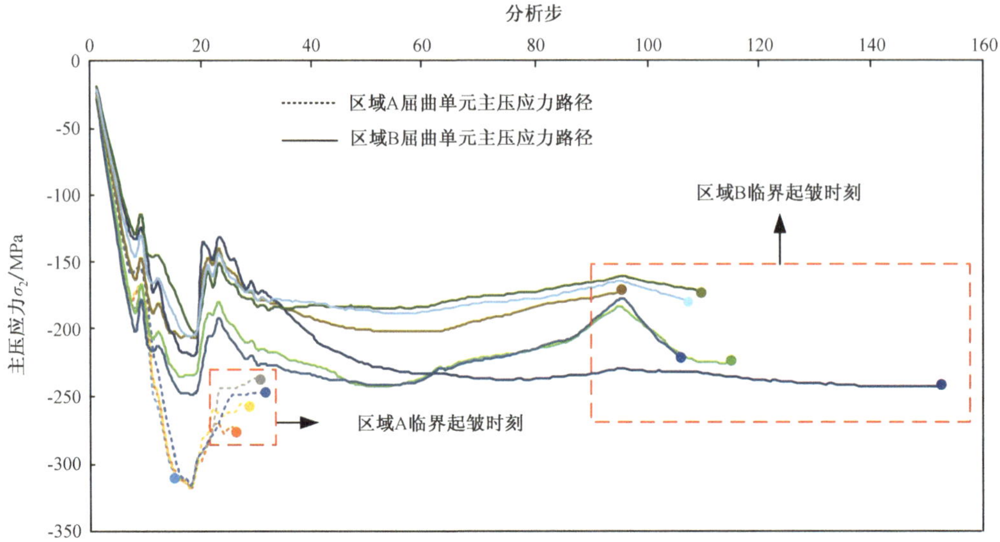

图 5-20　区域 A、B 皱屈单元主压应力路径

5.4　本章小结

本章基于复杂边界条件下楔形件拉伸起皱试验,利用 ABAQUS 有限元数值模拟平台,对简单和复杂边界条件下的板壳两者成形起皱失稳机理及 WLD 的建立进行了研究。通过将工艺试验和数值模拟相结合,主要结论如下:

(1) 为反映复杂边界条件下的起皱失稳特征,设计了楔形件拉伸起皱试验,结合 DIC 系统对两种不同边界条件(B1、B2)下的楔形件进行了拉伸起皱试验,结果表明,试件在边界条件 B1 下,中部会形成单一隆起的皱波,而在边界条件 B2 下起皱失稳形貌会受到法向约束边界条件的影响发生显著变化,结果证实边界条件是对板壳起皱失稳产生影响的关键要素。

(2) 利用 ABAQUS 有限元模拟软件,基于特征值屈曲分析与动态显示算法相结合的数值模拟方法建立了两种边界条件(B1、B2)下的楔形件拉伸起皱数值模拟模型,将模拟与试验结果在楔形件顶端横截面路径的发展历程上进行了对比,结果表明,B1 边界条件下的试验和模拟结果一致,而 B2 边界条件下两者结果存在一定差异,导致这种差异的原因是试验中的不可控误差造成的。对比了 B2 边界条件下楔形件不同楔角 θ 和 h 值的起皱模拟结果,结果显示,楔形件的起皱发展规律近似相同,从而反映出在模具约束下的金属薄板零件在塑性起皱失稳方面会呈现出显著规律性,该规律由零件几何形状及其边界条件所共同决定。

(3) 基于有限元数值模拟结果,对楔形件的起皱失稳机理及 WLD 的建立进行了研究。对楔形件表面受力特征显著不同的皱屈区域进行了划分,对不同区域进行了受力状态、加载路径分析,发现两个区域的受力状态和加载路径存在差异,区域 B 存在较大的切应力,区域 A 的主压应力增幅大导致起皱发生较早;两个区域主应力的方向决定皱纹取向。不同受力状态的区域所建立的 WLD 不同:区域 B 的切应力比区域 A 大,WLD 斜率也越大。说明存在切应力作用的变形单元,其抗皱性相对仅受正应力作用的变形单元要弱。两个区域变形单元受力特征对 WLD 的影响可归纳为临界皱屈主应力比对主应变比的影响。当临界皱屈单元的主应力比越大时，临界皱屈主应变比就越大，即 WLD 斜率越大，工艺抗皱性越弱。对于区域 A 各单元应力路径近似重合的起皱区域，WLD 能被高度线性拟合，此时 WLD 为主应变空间中的一条直线；而对于各单元应力路径差异较大的区域 B，各皱屈单元的临界主应变比的线性拟合精度下降，WLD 不再是一条直线，而是一个具有上下限的区域。

第 6 章

基于圆锥件拉深成形侧壁起皱试验的临界起皱判定线建立

6.1 圆锥件拉深侧壁起皱试验

6.1.1 圆锥形试件制备

圆锥形件作为一种典型的拉深制件被广泛应用于汽车航空航天等现代工业中。圆锥形件既包含平面(法兰区和锥底区)又包含曲面(悬空侧壁区),且各区域的应力应变状态都较为复杂。本章以曲面圆锥形件拉深成形试验作为对比验证试验,建立植入初始缺陷的壳单元动力显式数值分析模型。结合非接触式全场应变测量系统 DIC 的试验结果探究了不同直径试件的悬空侧壁区皱屈单元的临界起皱应力应变关系。

圆锥形件拉深成形试验的圆形板料毛坯采用轧制薄板线切割下料制备。试件的板厚 $t=0.4$ mm,直径 $d=100$ mm、102 mm、104 mm、106 mm、108 mm、110 mm、112 mm、118 mm、120 mm、125 mm、130 mm。选择圆形试件的一面作为观察面,对其进行喷漆处理,形成易被 VIC-3D 系统识别试件变形结果的散斑,喷漆结果如图 6-1 所示。然后利用全场应变测量系统 VIC-3D 对典型尺寸的试验试件进行拉深过程中悬空侧壁区域应变数据的测量及处理,计算物体表面位移及应变分布。

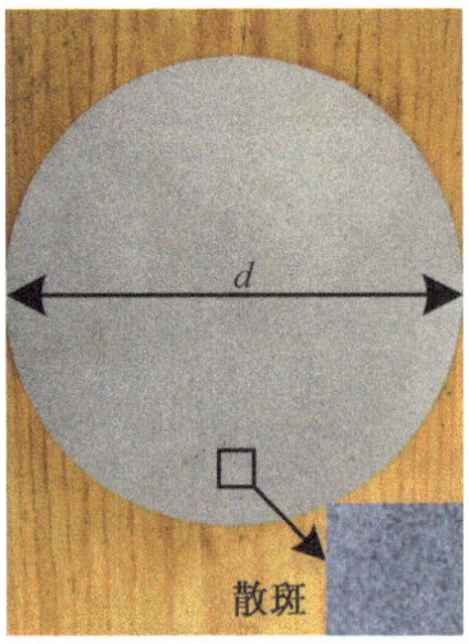

图 6-1 试件形状与散斑喷涂结果

6.1.2 圆锥件拉深试验结果

圆锥形件拉深试验的试验装置如图 6-2a)所示。导向套用于防止冲头的径向滑动;凹模设置为亚克力约束板,便于对试件拉深程度的实时观测;两个工业相机从两方位对准试件拉深过程中的悬空侧壁区域,用于获取该区域变形过程中各时刻的形貌,以便于通过图 6-2c)中 VIC-3D 系统的软件部分计算器应变数据。冲头行程 $H=30$ mm,压边圈上施加均匀压边力 $F=$

10 kN。该试验中各模具的尺寸如图 6-2b)所示。

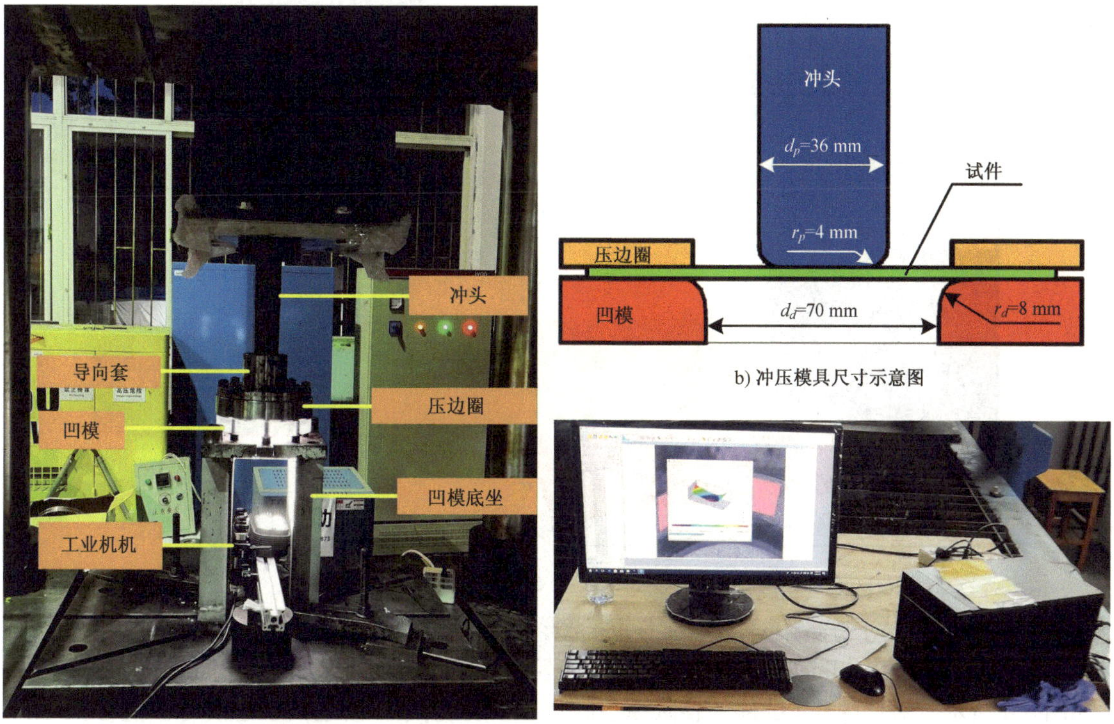

b) 冲压模具尺寸示意图

a) 冲压试验模具装配　　c) VID-3D系统软件部分

图 6-2　圆锥形件拉深成形试验装置及模具尺寸

Taylor 探究出,在锥形件拉深试验中,当冲头底端直径小于凹模内径的 75%时,试件侧壁容易产生皱纹。基于此,本章中圆锥形件拉深成形试验的冲头直径设计为 36 mm,凹模内径尺寸设计为 70 mm。

6.2　有限元数值模拟分析

6.2.1　有限元数值模拟模型建立

为了准确模拟圆锥件拉深成形过程中的起皱失稳现象,参照上一节中楔形件起皱失稳数值模型的建立方法——Buckle-Explicit 数值模拟方法,该方法可准确模拟楔形件拉伸成形这种多模具包覆的起皱失稳过程,圆锥件拉深成形同样为多模具包覆的成形过程,故本章中的圆锥形件拉深成形起皱失稳模拟模型仍采用 Buckle-Explicit 数值模拟方法建立。

圆锥形件拉深成形起皱失稳数值模拟模型如图 6-3 所示,板材设置为可变形体,材料属性数据通过 GB/T 228.1—2010 标准进行 304 不锈钢试样拉深试验测试得到,各向异性行位采用 R. Hill[1] 屈服准则描述。选用四节点减缩积分双曲率壳单元 S4R 划分网格,单元尺寸统一为 2 mm。

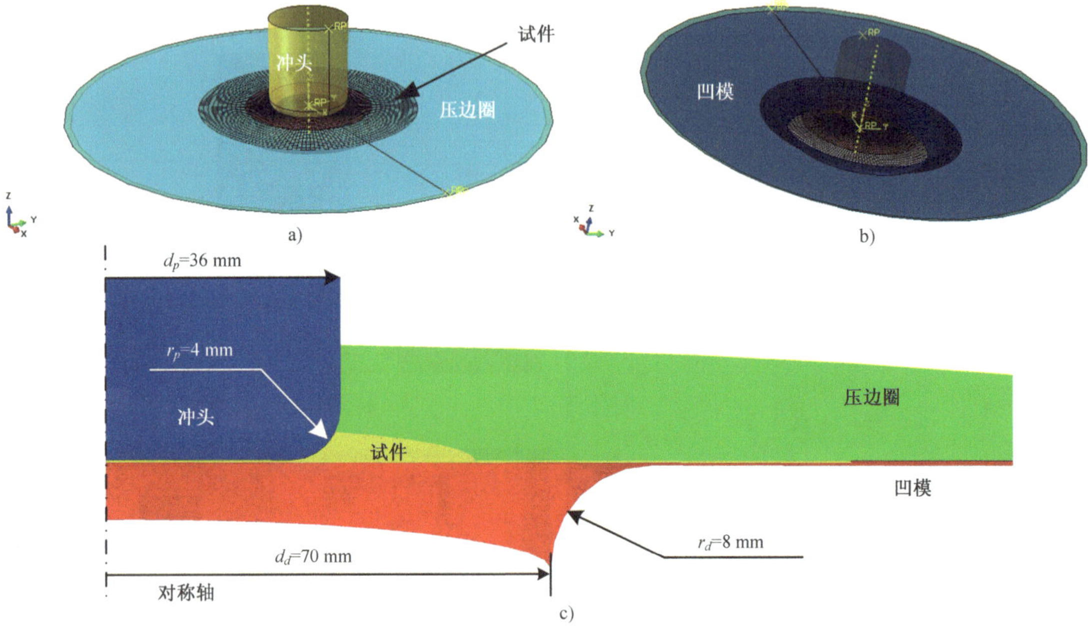

图 6-3　圆锥形件拉深成形起皱失稳数值模拟模型

特征值屈曲分析(Buckle)输出的壳体第一阶至第四阶屈曲模态的第 3 向位移云图(U3)如图 6-4 所示。对比图 6-4 试件的各阶模态的特征值发现:第一阶屈曲模态的特征值与后几阶特征值数值相差较大,可以确定第一阶特征模态在屈曲中起主导作用。根据最小势能原理,将第一阶屈曲模态作为缺陷引入动态显示分析步中的理想几何网格中。本节中所引入的缺陷缩放因子 ω 为 0.004。

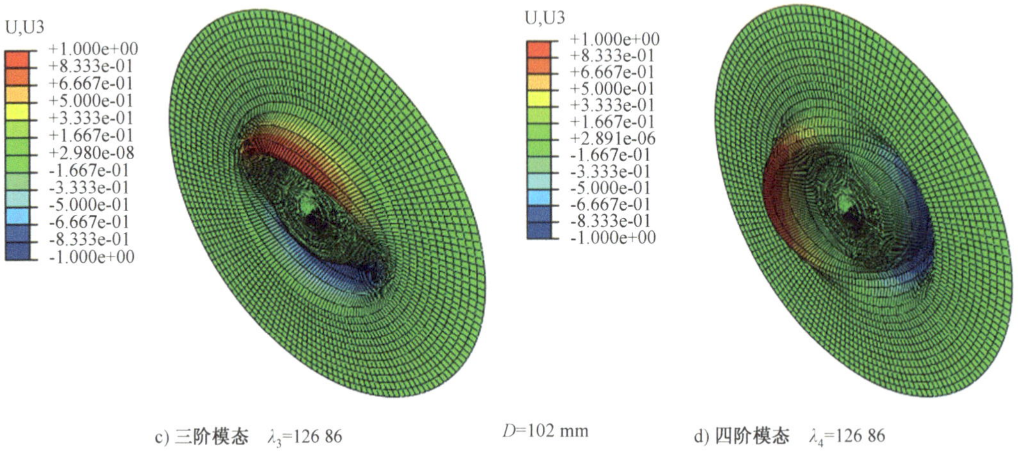

图 6-4　屈曲模态厚向位移云图(mm)

6.2.2　模拟试验对比验证

为了证明该模拟方法可准确模拟圆锥件拉深成形试件起皱的脊皱形貌,本节提取了数值模拟结果中脊皱位置的最小面内主应变云图与通过非接触全场应变测量系统 VIC-3D 测得的脊皱位置最小主应变云图对比,结果如图 6-5 所示。由图可知:通过 VIC-3D 系统测定和通过数值模拟计算得到的最小主应变基本吻合,且两种方法反映的脊皱形貌基本相同。故 Buckle-Explicit 数值模拟方法能够实现圆锥件拉深成形起皱失稳形貌的预测。

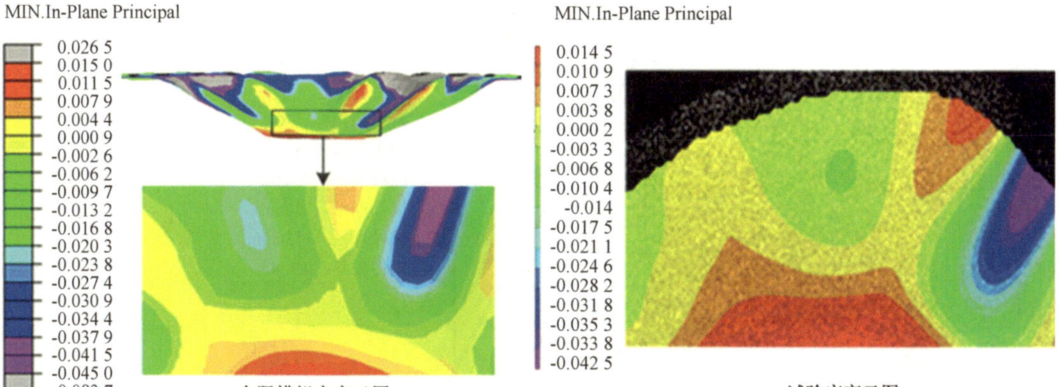

有限模拟应变云图　　　　试验应变云图

图 6-5　圆锥形件拉深试验与模拟悬空侧壁起皱结果对比

6.3　临界起皱判定线

6.3.1　圆锥件临界起皱应变线的建立

1. 圆锥件各区域受力分析

在分析锥形件拉深成形起皱行为时,由图 6-6 锥形件主应力状态(通过本章数值模拟获取)可知,锥形件冲压成形方式为拉深-胀形复合成形。锥形件底部和凸模圆角部分(图 6-6OAB)处于双拉应力状态,而凹模圆角和法兰部分(图 6-6CDE)处于拉压应力状态。因而锥形件悬空侧壁部分存在两种不同的应力状态,在成形过程中,悬空侧壁部分存在一点周向应力为零(图 6-6F 点),该点所对应的圆环称为应力分界圆。

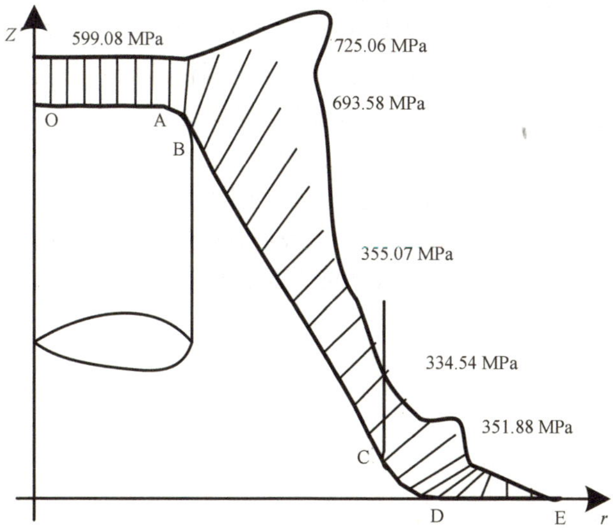

a) 径向应力分布σ_r

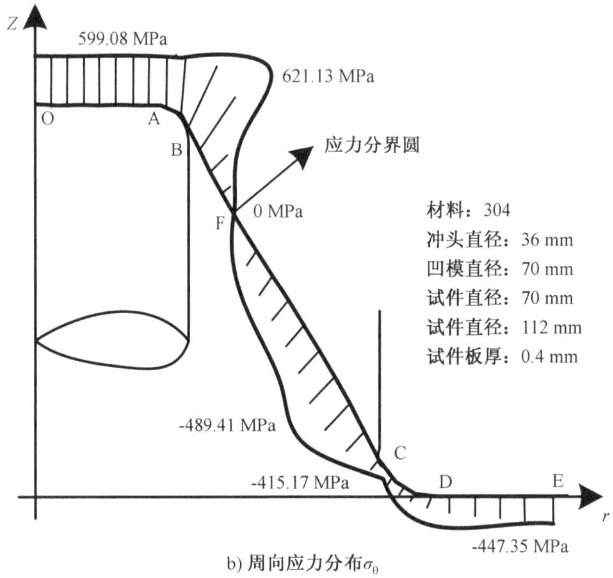

b) 周向应力分布σ_θ

图 6-6　锥形件拉深成形主应力分布

应力分界圆以内胀形成形(图 6-6OABF)，板材径向、周向伸长变形，此部分易产生破裂失稳。应力分界圆以外拉深成形(图 6-6FCDE)，板材径向伸长、周向压缩变形，此部分易产生起皱失稳。而试件圆角部分(图 6-6CD)在变形过程中始终与凹模接触，并且其径向曲率半径较小，几何稳定性高不易起皱失稳，试件法兰部分(图 6-6DE)，由于模具作用，在合适的压边力下也不会出现起皱失稳现象。

2. 圆锥件悬空侧壁区域临界起皱点的确定

在圆锥件拉深模拟云图中选取生成的第一个肉眼可见的皱脊，提取该皱脊各屈曲单元两表面的应力路径的分叉点，则分叉点对应的分析步为各单元的临界起皱分析步。输出皱脊上所有单元的临界起皱分析步，则分析步最小的单元最先达到临界起皱时刻，最先发生起皱失稳，此单元为圆锥件的临界起皱点，其对应的分析步为圆锥件侧壁的临界起皱时刻，该单元在临界起皱时刻的应力应变为临界起皱应力和临界起皱应变。

3. 圆锥件悬空侧壁区域临界起皱应变线的建立

将锥形件拉深成形工艺中临界起皱失稳点面内主应变绘制于塑性主应变空间坐标系中(如图 6-7)发现，它们均位于第二象限，且可通过高精度线性拟合得到近似通过原点的斜率为 -0. 852 2 的直线，即圆锥件悬空侧壁的临界起皱应变线。

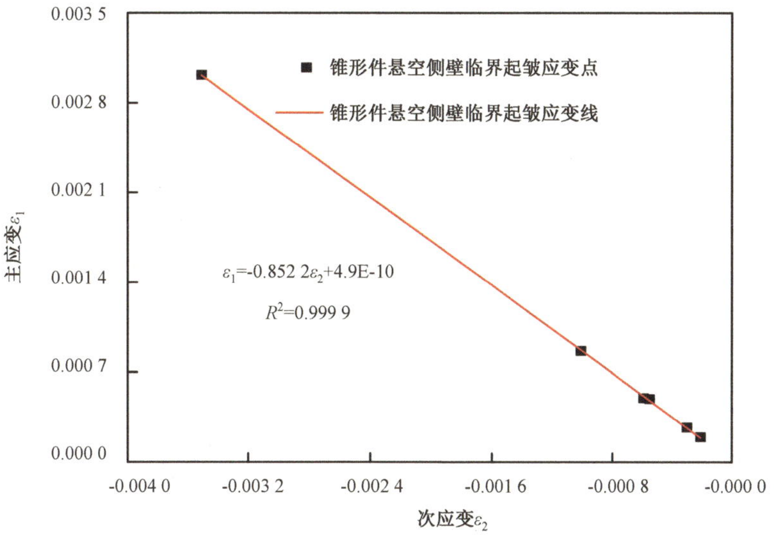

图 6-7　圆锥件悬空侧壁临界起皱应变线

6.3.2　同一脊皱屈曲单元的临界起皱应力应变分析

提取图 6-8 所示皱脊区域屈曲单元的应力路径分叉点,确定其临界起皱时刻后,提取其临界起皱应变值,并将其在主应变空间中描点,再将这些点进行曲线拟合,得到图 6-9 所示的不同直径的圆锥形试件悬空侧壁皱脊处单元的临界起皱应变线。

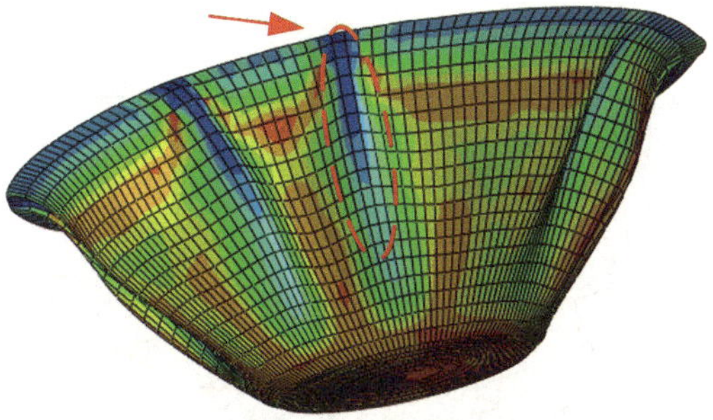

图 6-8　锥形件皱脊区域屈曲单元

由图 6-9 可知,不同直径的锥形件同一皱脊区域屈曲单元的临界起皱应变值均不相等,但均可分别高精度拟合出一条近似通过原点的直线,即锥形件同一皱脊区域的屈曲单元的临界起皱应变值具有高精度的线性关系。

对比锥形件拉深悬空侧壁的临界起皱应变线与不同直径的圆锥形试件悬空侧壁同一皱脊的临界起皱应变线可知:它们均为位于第二象限的近似通过原点的直线,这些直线的斜率存在较小差异,但不同直径锥形件的同一皱脊区域屈曲单元的临界起皱应变比近似相同。因此,在探究不同直径锥形件的临界起皱应变或应变比的规律时,对不同直径圆锥件同一皱脊区域屈曲单元应变比分布规律的探究可等同于对锥形件拉深悬空侧壁临界起皱点的应变比分布规律的研究。因此,提取不同直径试件模拟结果的同一皱脊的屈曲单元的临界起皱应变值以探究它们的应变规律,可更快捷方便地探究出不同直径的锥形件的临界起皱判定线的规律,从而为后续统一的临界起皱判定线的建立提供充分的依据及坚实的基础。

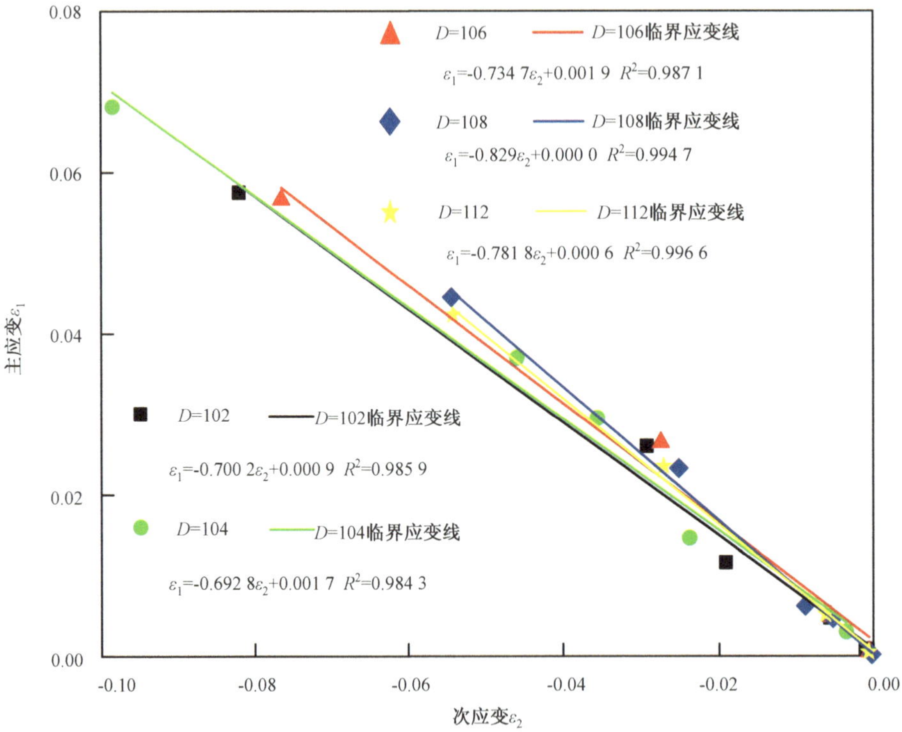

图 6-9　不同直径的圆锥形试件悬空侧壁同一皱脊的临界起皱应变线

为了探究临界起皱应变与应力路径的关系，分别提取不同直径皱脊区域屈曲单元的应力路径如图 6-10 所示。

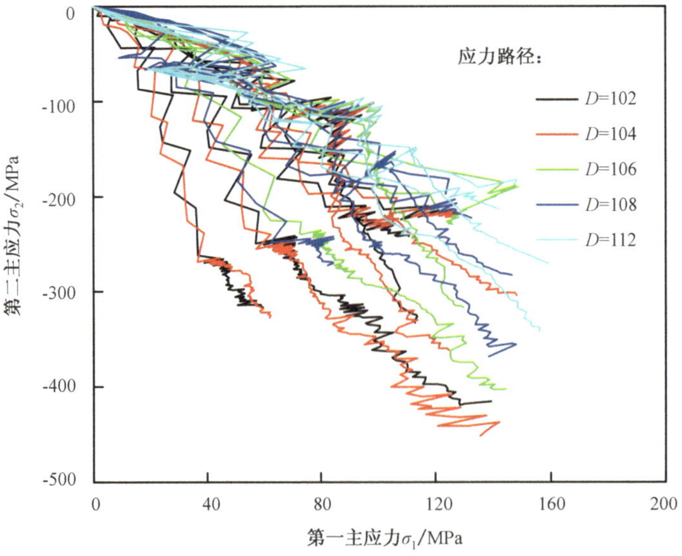

图 6-10　不同直径的圆锥形试件皱脊区域屈曲单元的应力路径

由图 6-10 可知，对于不同直径的锥形件皱脊中不同屈曲单元的应力路径位于第四象限，以拉压应力为主，且路径各不相同。综合图 6-9 中不同直径的圆锥件悬空侧壁临界起皱应变线可知，对于在同一皱脊上应力路径不同的皱屈单元，临界起皱应变值可拟合成直线，即临界起皱应变比相等。

6.3.3　不同直径试件侧壁起皱单元的应力应变分析

将上述不同直径皱脊区域屈曲单元临界起皱应变值在主应变空间中描点，再将这些点全部进行曲线拟合，得到图 6-11 所示的不同直径圆锥件悬空侧壁皱脊区域临界起皱应变线。由图可知，不同直径皱脊区域屈曲单元临界起皱应变值可拟合成一条近似通过原点的直线，该直线的斜率为-0.723 1，拟合精度 R^2 为 0.983 7，拟合精度较高。因此，圆锥形件侧壁起皱失稳存在临界起皱应变线。

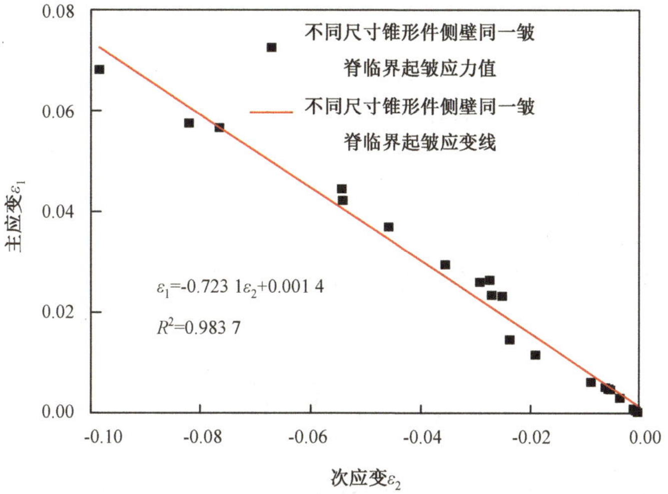

图 6-11　不同直径圆锥件悬空侧壁皱脊区域临界起皱应变线

为了探究临界起皱应变值和临界起皱应力值间的关系，提取上述不同直径皱脊区域屈曲单元临界起皱应力值在主应变空间中描点，如图 6-12 所示。

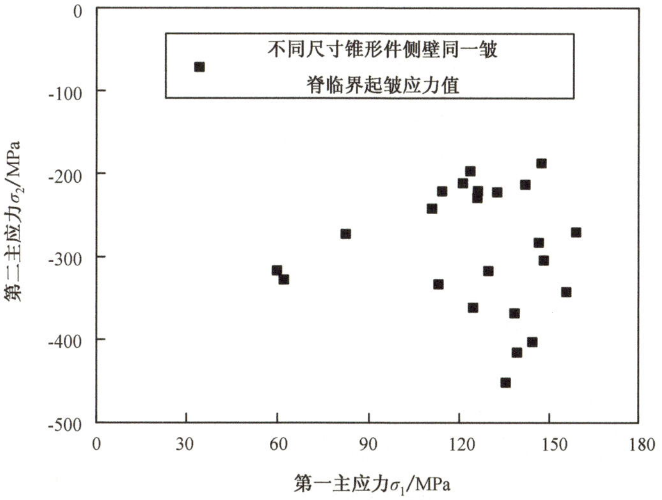

图 6-12　不同直径圆锥件悬空侧壁皱脊区域临界起皱应力值

由图可知，不同直径皱脊区域屈曲单元临界起皱应力值分布于第四象限，各点分布较为集中，但毫无规律。对比图 6-11 和图 6-12 可知，在锥形件拉深成形的起皱失稳过程中，临界起皱应力值没有线性规律，但临界起皱应变值可高精度拟合成直线，由此说明临界起皱应变线可用于表征圆锥形件拉深侧壁起皱失稳情况。

6.4 本章小结

本章设计进行了圆锥件拉深成形试验,并利用 ABAQUS 有限元模拟软件,基于特征值屈曲分析与动态显示算法相结合的数值模拟方法对圆锥件拉深成形过程中的侧壁起皱失稳进行了模拟分析,研究了圆锥形件侧壁皱脊位置的应力应变特征,探究了圆锥形件侧壁屈曲单元的临界起皱应力和应变规律:

(1) 引入乘以比例因子的初始失稳模态作为网格微缺陷的 Buckle-Explicit 预测方法可用于准确模拟圆锥件拉深成形试验过程中的起皱失稳问题。

(2) 利用圆锥件悬空侧壁区的临界起皱点可建立圆锥件悬空侧壁的临界起皱应变线。

(3) 圆锥形试件悬空侧壁同一皱脊区域皱屈单元的应力路径不同,但临界起皱应变值可高精度拟合成临界起皱应变线,并且不同直径的圆锥形试件皱脊处不同位置失稳点应变所构成的临界起皱应变线的斜率近似相等,且它们的斜率均与圆锥件悬空侧壁临界起皱应变线的斜率近似相等。

(4) 将不同直径圆锥形件皱屈单元的应变值在主应变空间中描点并拟合,可得到拉-压载荷状态下圆锥形试件侧壁起皱的临界起皱应变线。

参考文献

[1] Hill R. A general theory of uniqueness and stability in elastic-plastic solids [J]. Journal of th3 Mechaince & Physics of Solids, 1958, 6(3): 236-249.

[2] 俞汉婧,陈金德. 金属塑料成形原理[M]. 北京:机械工业出版社,1999:74.

第三篇

统一临界起皱判定线建立篇

第 7 章

薄板模拟统一判定线建立

7.1 不同载荷工况下临界起皱应力应变对比

7.1.1 不同工况下临界起皱应变对比及临界起皱应变线与板料抗皱性关系探究

对比上述章节中如图 4-13、图 5-17、图 6-11 所示的方板件、楔形件、锥形件侧壁的临界起皱应变线可知：三种工况下试件屈曲单元的起皱失稳均存在临界起皱应变线，且临界起皱应变线的斜率各不同，因此每一条临界起皱应变线仅可代表各个工况对应的特定载荷状态下屈曲单元临界起皱时的主应变和次应变的关系。

然而，实际板坯成形过程中由于成形条件不同，模具包覆条件多样，使得板坯受到的载荷工况较为复杂，若按照上述方法用临界起皱应变线的不同斜率来表征不同载荷工况下的起皱失稳的发生，则需要应对不同工况对应的载荷状态建立与之对应的不同的临界起皱应变线，该过程使得板坯的起皱失稳的预测过程变得较为烦琐，因此，若能通过研究本书中三种典型的载荷工况的应力应变关系，而探究出适用于各种载荷工况下的临界起皱判定线将使得预测板坯的起皱失稳变得更加简便。

分别提取三种载荷工况下皱屈单元的临界起皱应变值，并将其分别在主应变空间中描点，结果如图 7-1 所示。由图可知，不同工况下的皱屈单元的临界起皱应变值虽然分别呈现线性关系，但是彼此间无明显线性与非线性关系，总体来看，各个点零散地分布在主应变空间中，因此，三种工况下的临界起皱应变无明显规律。

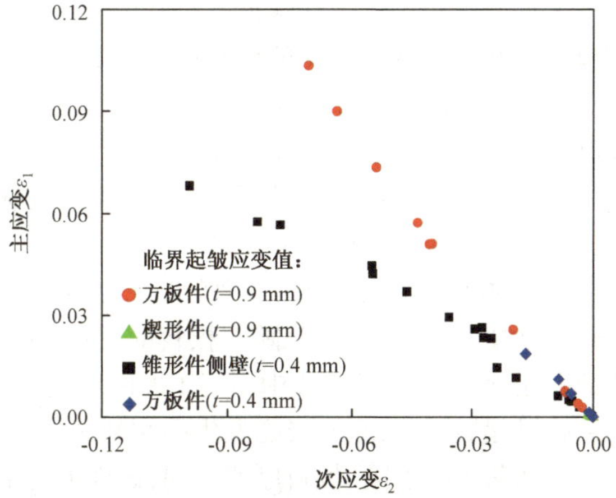

图 7-1 不同载荷工况皱屈单元的临界起皱应变值

通过图 7-1 可以清晰看出，不同工况、同种工况不同板厚的试件的临界起皱应变点均分别呈现线性关系即可拟合成临界起皱应变线，为了探究临界起皱应变线与板料抗皱性的关系，需要获取板料的主压应力变化规律，从而判断板料起皱的早晚，以此判定板料起皱的难易程度。因此，提取上述四种类型试件的皱屈单元的主压应力路径绘制于主应力空间中，如图7-2所示。

由图7-2可知，相同工况相同板厚不同尺寸的试件的应力路径（图中线条颜色相同的应力路径）的形貌与变化趋势基本相同。但不同工况不同板厚的四种试件在达到临界起皱时刻前的应力路径均不相同，压应力路径的斜率、增速均不同，按照压应力的增速 v 由大到小依次为 $v_{(楔形件(t=0.9\ mm))}>v_{(锥形件(t=0.4\ mm))}>v_{(方板件(t=0.4\ mm))}>v_{(方板件(t=0.9mm))}$。综合各种工况的临界起皱应变线进行对比可知：

（1）不同板厚的方板件的压应力路径不同，压应力路径增速不同，板料越厚压应力增加越缓慢，板料失稳所需时间越长，越不容易起皱，则板料越厚其抗皱性越强。对比临界起皱应变线的斜率可知：0.9 mm 板厚的方板件的临界起皱应变线斜率的绝对值比 0.4 mm 方板件的大。由此说明，同种工况下，试件的板厚越大，其主压应力增速越小，板料抗皱性越强，临界起皱应变线斜率的绝对值越大。

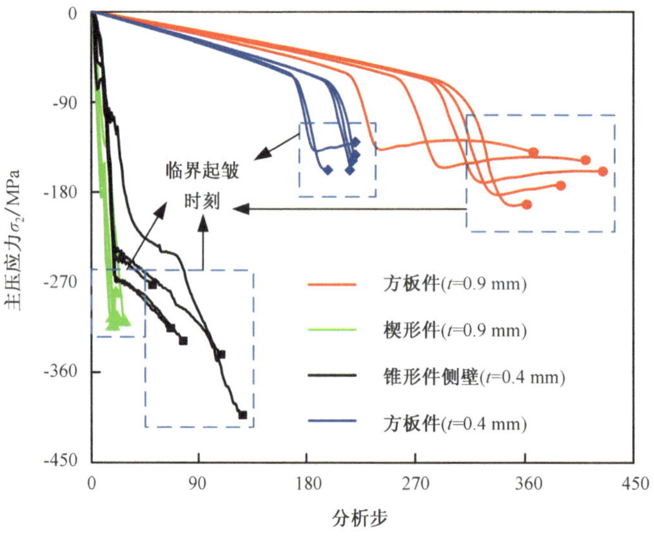

图 7-2　方板件、楔形和锥形件侧壁皱屈单元的压应力路径

（2）方板件的主压应力增速比锥形件的主压应力增速小，方板件的抗皱性较锥形件强。同时，对比 0.4 mm 的方板件和锥形件侧壁的临界起皱应变线发现：方板件斜率的绝对值为 1.335 4 大于锥形件斜率的绝对值 0.723 1。由此说明，相同板料相同板厚的条件下，方板件的抗皱性比锥形件强，方板件的临界起皱应变线斜率的绝对值较锥形件大。

（3）由图7-1发现，楔形件的临界起皱应变点集中分布于原点附近，其临界起皱应变值比另外两种工况的临界起皱应变值小得多，则推测随着板料的变形，更容易达到临界起皱应变值，抗皱性越弱。为了印证上述观点，对比图7-2中不同工况的压应力路径发现楔形件的压应力路径增速最大，最先达到临界起皱时刻，起皱失稳发生的时刻最早，抗皱性最弱。

综合分析上述现象可知，载荷工况不同，板料厚度不同，试件失稳单元的主压应力不同，板料的抗皱性不同，对应临界起皱应变线的斜率不同。板料抗皱性由强到弱依次为：$t=0.9$ mm 的方板件>$t=0.4$ mm 的方板件>$t=0.4$ mm 的锥形件>$t=0.9$ mm 的楔形件，该顺序恰为它们斜率绝对值由大到小的排列顺序，则利用板料临界起皱应变线斜率的大小可以表征板料的抗皱性。判断方法为：当不同试件临界起皱应变值大小相差较大不在同一数量级时，临界起皱应变值小的抗皱性差；当不同试件的临界起皱应变值相差较小时，试件临界起皱应变线斜率的绝对值越大，其抗皱性越强。

7.1.2　不同工况下临界起皱应力对比

分别提取三种工况下皱屈单元的临界起皱应力值，并将其在主应力空间中描点，结果如图7-3 所示。由图可知，三种工况下皱屈单元的临界起皱应力值零散分布于主应力空间中，且无明显规律。

综合分析图 7-1 和图 7-3 可知，单纯利用临界起皱应力值或临界起皱应变值两个表征参数无法建立出适用于所有工况的通用的临界起皱判定线，若能将二者结合起来，将表征参数提升为 4 个，或可建立适用范围更广的判定曲线。

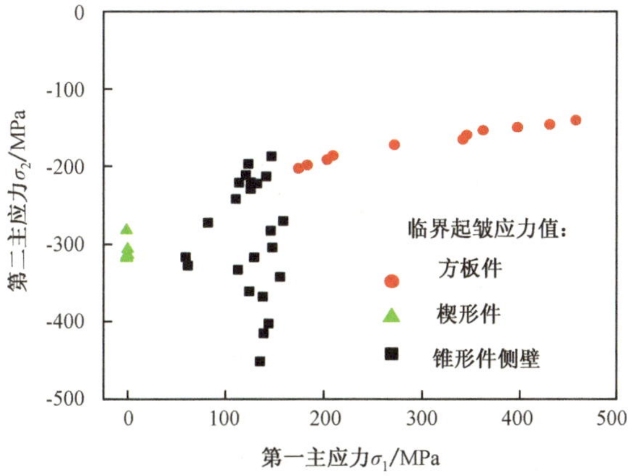

图 7-3　不同载荷工况皱屈单元的临界起皱应力值

7.2　数值临界起皱判定线

7.2.1　基于最小二乘原理的统一判定线

由于楔形试件皱屈单元的临界皱屈主应力比可影响其临界皱屈主应变比，当临界皱屈单元的主应力比越大时，临界皱屈主应变比也就越大。基于此，本章分别提取了三种载荷工况下皱屈单元的临界起皱应力应变数值，并计算了其主应力比和主应变比，将这些比值以应变比为横坐标(x_i)，应力比为纵坐标(y_i)利用 Matlab 软件进行线性拟合，其原理为利用最小二乘法实现将(x_i,y_i)，$i=1,2,3,\cdots,n$，建立 x 和 y 之间的函数关系。下面结合最小二乘原理简述用 Matlab 实现曲线拟合的过程[1]。

(1) 输入各参量 x 和 y 的值。设 x 和 y 之间的函数关系 $y=f(x)$，则满足式(7-1)的 $f(x)$ 即为所求。

$$Q = \sum [y_i - f(x)]^2 = \min \tag{7-1}$$

(2) 利用最小二乘原理拟合曲线时通常运用在经验公式中选取合适公式的方法。一般选取经验公式类型的方法为：观察法、近似法、严格计算法。由于观察法简单直观，故本章使用观察法选取经验公式。

观察法即以临界起皱主应变比(x_i)为横坐标，以临界起皱主应力比(y_i)为纵坐标，在主应变空间中分别描点作散点图，如图 7-4 所示。将 7-4 的图形与典型图 7-5 比较，观察所作图形与典型图中何种类型的相近似，就取该类型为(x_i, y_i)的经验公式。

对比图 7-4 和 7-5 可知，图 7-4 中不同工况试件的临界起皱判定点构成的图形与典型图里

$$y = ax^2 + bx + c \tag{7-2}$$

对应的图像相近似，因此临界起皱应力比与临界起皱应变比间的关系可用多项式(7-2)来描述，即在

$$Q(a,b,c) = \sum \{y - (ax^2 + bx + c)\}^2 = \min \tag{7-3}$$

条件下求 a、b、c。

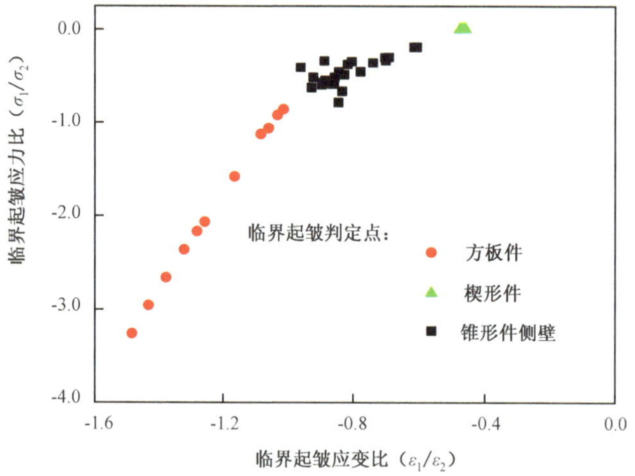

图 7-4　不同工况试件的临界起皱判定点

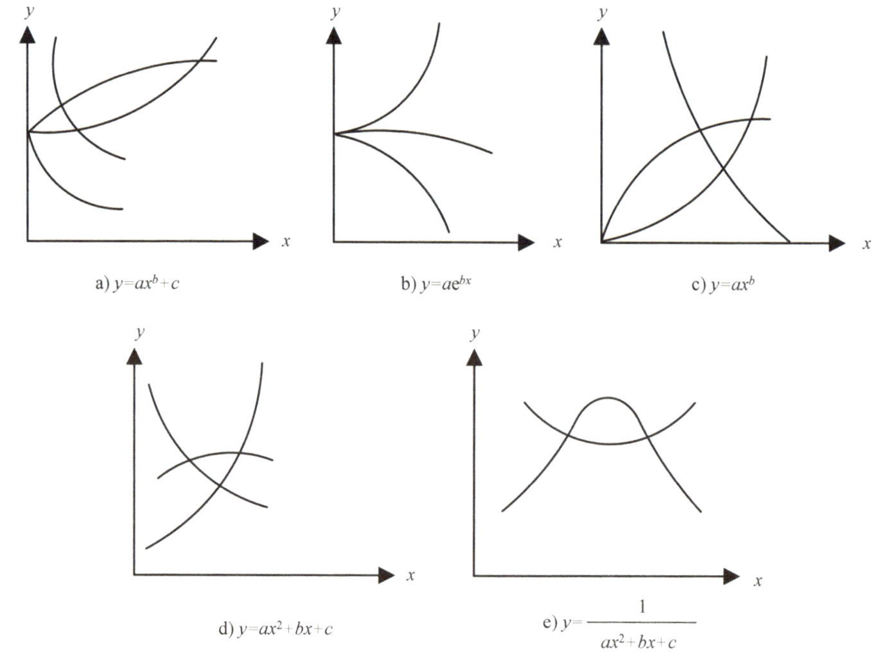

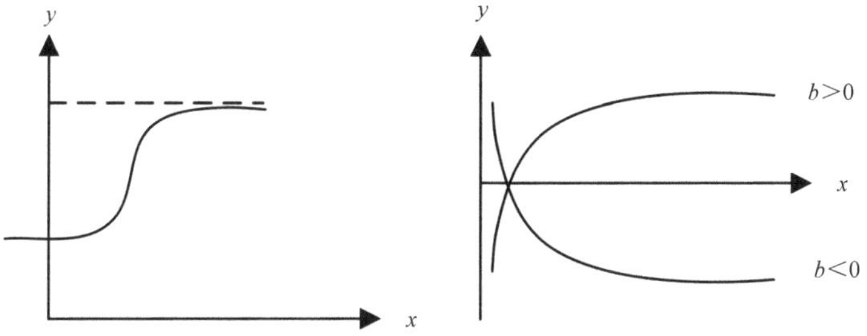

f) $y=\dfrac{1}{a+be^{-x}}$　　g) $y=a+\log x$

图 7-5　经验公式的典型图

(3) 由

$$Q(a,b,c)=\min \tag{7-4}$$

则选择一个系数 a 求 $Q(a,b,c)$ 对它的偏导数

$$\frac{\partial Q(a,b,c)}{\partial a}=0 \tag{7-5}$$

即

$$\frac{\partial Q(a,b,c)}{\partial a}=2\sum\{[y-(ax^2+bx+c)](-x^2)\}=d(\text{常数}) \tag{7-6}$$

计算得

$$a=\frac{d-2\sum[(y_i-bx_i-c)(-x_i^2)]}{2\sum x_i^4} \tag{7-7}$$

因为 $d=0$ 所以

$$a=\frac{-\sum[(y_i-bx_i-c)(-x_i^{\,2})]}{\sum x_i^4} \tag{7-8}$$

(4) 代入数值 x、y、b、c，通过观测函数形貌，确定 b 和 c 的取值范围，改变 b 和 c 的取值，计算 a 和 Q，比较计算结果中 Q 的值，最小的 Q 值对应的 a、b、c 即为所求。

经计算，当 $a=-3.143\,3$，$b=-2.959\,9$，$c=-0.730\,8$ 时，Q 值最小，因此，临界起皱应力比用 ax^2+bx+c 的最小二乘法拟合逼近结果为

$$y=-3.143\,3x^2-2.959\,9x-0.730\,8 \tag{7-9}$$

拟合图像与原散点图像对比如图 7-6 所示。

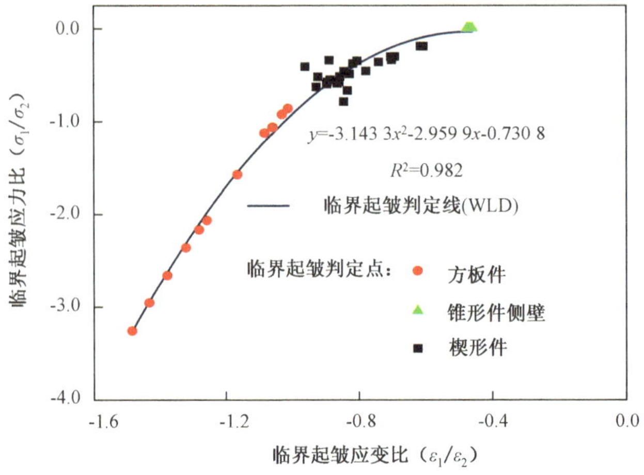

图 7-6 临界起皱判定线(WLD)

由图可知,以三种工况下皱屈单元的临界起皱应变比为横坐标,临界起皱应力比为纵坐标的临界起皱判定点可拟合成一条曲线,该曲线的拟合方程为一元二次方程,拟合精度为0.982,拟合精度较高。图中横坐标的绝对值从右往左逐渐增大,即皱屈单元的临界起皱应变比的绝对值逐渐增大,对应临界起皱应变线斜率的绝对值也逐渐增大,即方板件>锥形件侧壁>楔形件,与前面章节中三种工况下拟合的临界起皱应变线的斜率的规律相吻合。从图 7-6 中可明显看出楔形件的临界起皱判定点恰好位于判定线上,其次是方板件的起皱判定点较贴近于临界起皱判定线,最后锥形件侧壁的起皱判定点在判定线周围稍有分散,上述结果恰好与三种载荷工况下的临界起皱应变线的拟合精度相吻合:$R^2_{(\text{楔形件})}=1>R^2_{(\text{方板件})}=0.993\ 3>R^2_{(\text{锥形件侧壁})}=0.983\ 7$。由此可说明,锥形件悬空侧壁区域皱屈单元的应力路径最为分散,方板件和楔形件皱屈单元的应力路径更为集中,因此锥形件的临界起皱主应变线的线性拟合精度也相应最低,进一步说明应力路径(应力比)是会对临界起皱应变比造成影响的。因此用应力比和应变比来表征临界起皱判定线才具有工艺间的通用性,而仅用主应变表征的临界起皱应变线只适用于各自的工艺范畴。所以,今后工程上可将这种方法作为获取某种材质板料临界起皱判定线的工艺手段。由于该判定线可适用于不同板料塑性变形工况的起皱判定,因此后续将其命名为“板料统一起皱判定线”。

7.2.2 不同载荷工况下统一起皱极限图起皱预测作用的验证

本章不同载荷工况的临界起皱判定线是以三种工况下皱屈单元在临界起皱时刻的应力应变值为依据建立的,因此,为了验证该判定线的准确性,随机提取图 7-7 模拟结果中三种试验不同直径、边长试件的皱屈区域在已进入显著后屈曲阶段的起皱应力值和应变值,以及此时未皱屈区域的应力值和应变值,分别求得其应变比与应力比并在坐标系中描点,且将临界起皱判定线画入坐标系中,以验证该统一起皱判定图对不同成形工艺起皱区域的预测情况,如图 7-7 所示。

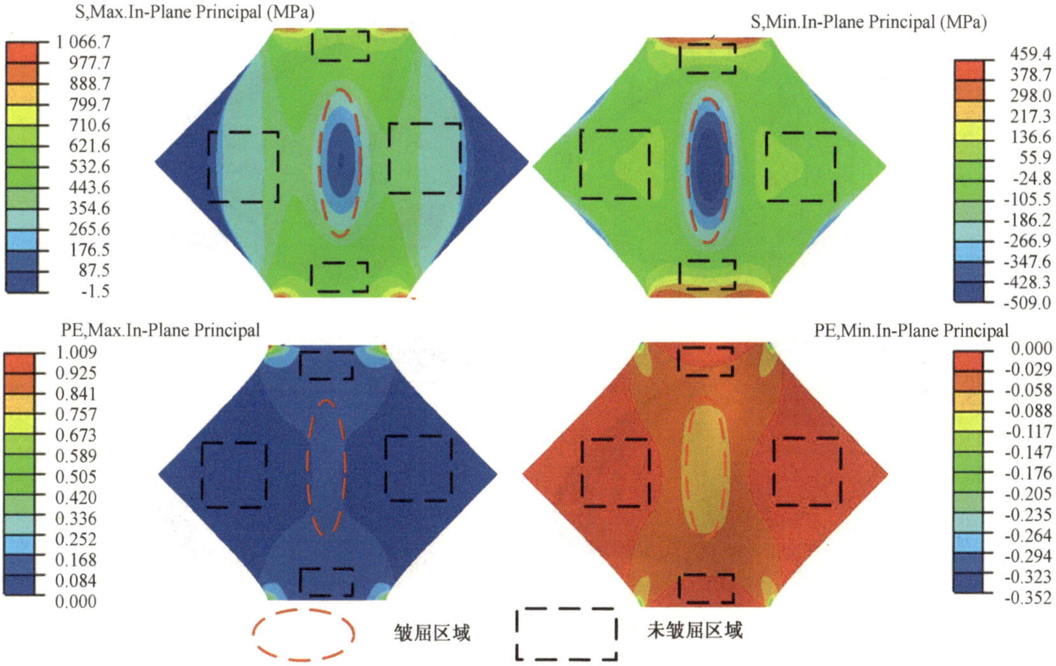

a) 方板件应力应变云图

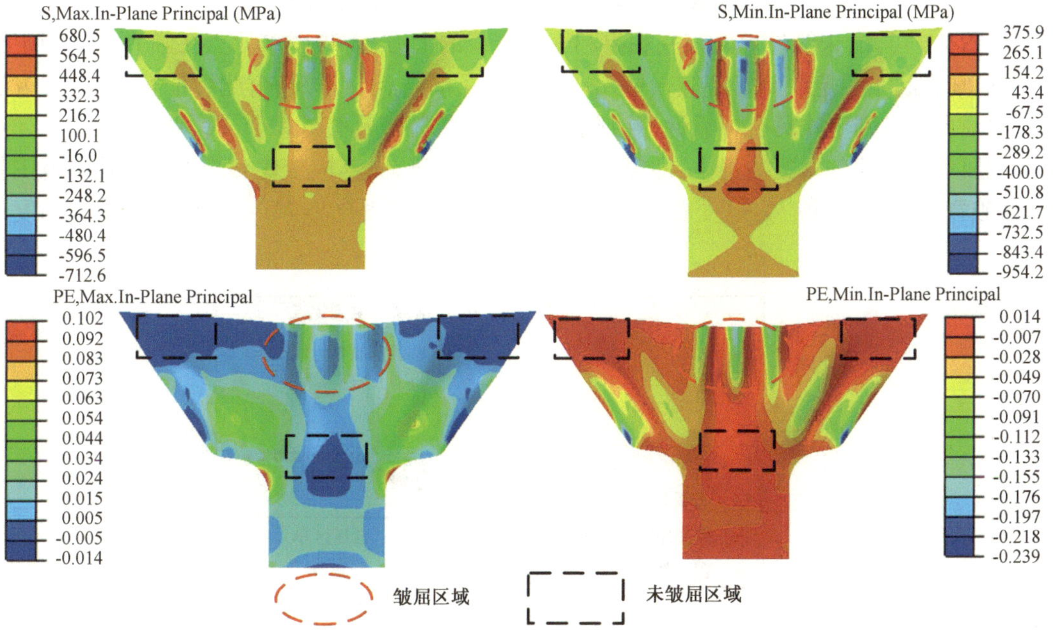

b) 锥形件应力应变云图

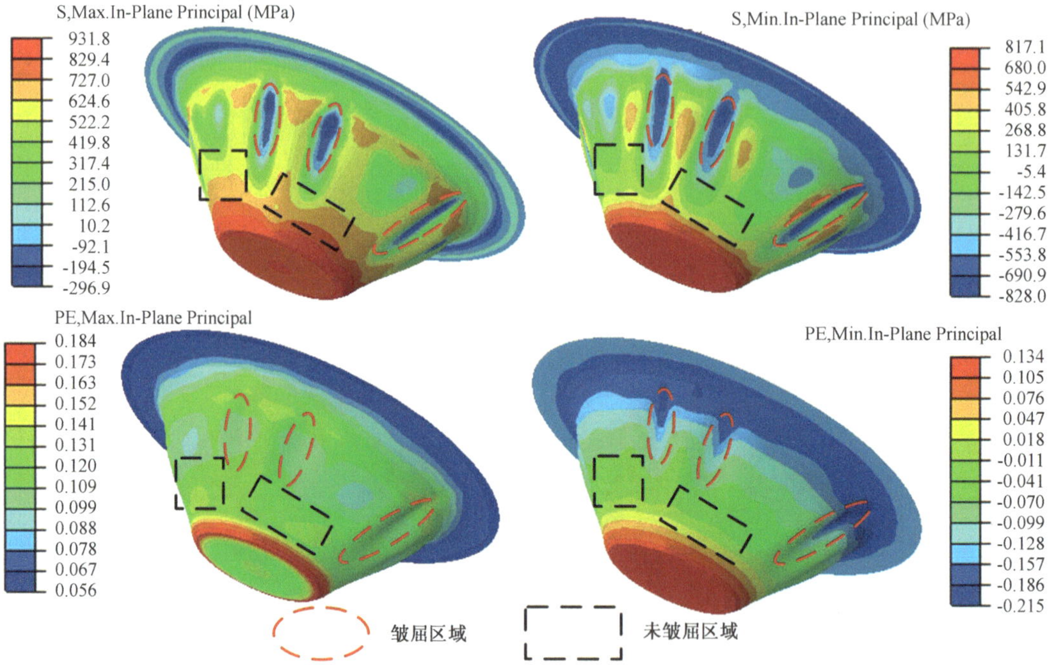

c) 锥形件侧壁应力应变云图

图 7-7　三种试件模拟结果云图的皱屈区域与未皱屈区域划分

由图 7-8 可知,未皱屈单元点在临界起皱判定线的上方,而皱屈单元点在临界起皱判定线的下方,临界起皱判定线恰好将皱屈单元点和未皱屈单元点分隔开,由此可证实,以上述方法建立的临界起皱判定线具有可靠性,且判定线对于皱屈区域具有标识作用。此外,皱屈单元点较未皱屈单元点的分布更加集中,即单元在发生起皱失稳前,其应变比和应力比变化的范围较大,而皱脊位置附近的应力应变在皱纹产生后被一定程度固化下来,不会再产生较大幅度的波动。

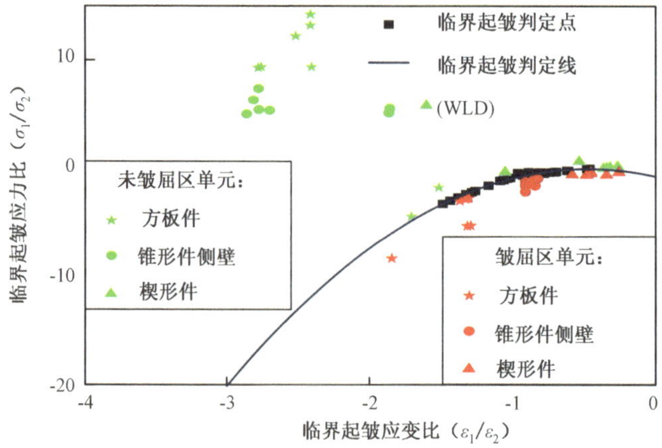

图 7-8　临界起皱判定线的验证图

7.3　本章小结

本章对比分析了 YBT 试验、楔形件拉伸试验、圆锥件拉深试验三种载荷工况下临界起皱应力和应变关系，并基于临界起皱应力比和应变比建立了适用于所有载荷工况下的临界起皱判定线，并验证了临界起皱判定线的准确性，得到如下结论：

（1）三种载荷工况下的皱脊区域屈曲单元的临界起皱应力值或临界起皱应变值在主应力空间和主应变空间的汇总数据均无任何函数曲线分布规律。

（2）临界起皱应变线的斜率可表征板料的抗皱性，斜率的绝对值越大，板料的抗皱性越强。

（3）利用临界起皱点的主应变建立的临界起皱应变线仅仅适用于表征对应的单一的载荷工况下薄壁试件的起皱失稳，不具备表征不同成形工况下薄板起皱失稳的作用。

（4）利用三种载荷工况下皱屈单元临界起皱应力比与临界起皱应变比可拟合建立出具有通用性的统一临界起皱判定线，该曲线的拟合方程为一元二次方程。

（5）利用试件屈曲受压面上的应力应变分布情况能够对试件的皱纹位置做出判断。其中位于统一临界起皱判定线下方的对应区域就是起皱失稳区域，位于统一临界起皱判定线上方的对应区域为未发生起皱失稳的区域。

第 8 章

薄板拉伸剪切起皱

8.1 引言

基于国内外学者对剪应力起皱装置的设计可知，剪切应力下的起皱失稳广泛存在于钣金成形条件下，如车辆挡泥板底面起皱、汽车发动机油底壳侧壁起皱、汽车车身立柱侧壁起皱等。崔令江[2]设计了一套剪切试验模具，通过冲压使试件两侧产生剪切应力起皱，并分析了试件的起皱过程及其影响因素。但是，一次试验只能形成一条剪切应力皱波，无法在试验中分析多个皱波。

由第 7 章可知，通过数值模拟的方法，对三种典型载荷工况下临界应力和应变进行分析，基于临界起皱应力比和应变比，可建立适用于不同工况下的统一临界起皱判定线。但此方法较为烦琐，需要对多种载荷工况进行分析，考虑到计算成本与时间的问题，本章从试验角度出发，以剪切起皱试验为依托，对剪应力起皱展开研究，设计剪切起皱装置，分别提取不同尺寸、厚度的剪切件在临界起皱时刻其临界点处的应力、应变曲线，探究板料在同一皱脊处的皱纹发展规律以及同一板料不同皱脊处的发展规律。通过变换试件形状，建立剪切状态下不同应力路径的临界起皱判定线，并与第 7 章利用不同工况建立的统一临界起皱判定线进行对比，发现两曲线相差较小，近似重合。由此可验证本章所建立的起皱判定线不仅适合用于剪切起皱工况，对其他多种成形工况下试件也具有适用性，由此找到一种快速获取统一临界起皱判定线的方法。

8.2 剪切试验

8.2.1 试验材料性能研究

试验材料使用 304 不锈钢，试件采用 GB/T228.1—2010 标规范予以设计通过单项拉伸试验来获取板材各项材料参数，试验利用高温微机控制电子万能材料试验机进行单向拉伸试验。本单向拉伸试验分三组对材料的性能进行测定，分别测试与板料轧制方向成 0°、45°和 90°方向上试件的真实应力-应变曲线。试验室的拉伸室温为 25 ℃，拉伸速度设置为 15 mm/min，试验室的装置采用第四章图 4-1 所示的拉伸试验设备，试件尺寸如图 8-1 所示，试验所测得弹性模量为 $E=210\ 000$ MPa，泊松比为 0.3。其中 $R_0=0.899$、$R_{45}=1.315$ 和 $R_{90}=0.775$ 分别为曲线达到平直阶段时的平均值。试验板材选取厚度为 0.4 mm、1 mm、1.3 mm，经过计算，采集并得到载荷 F_e 和位移伸长量 ΔL 的关系曲线，最终可经式(8-1)、(8-2)转化为真实应力应变曲线如图 8-2 所示。线性函数 $\sigma=\sigma_0+K\varepsilon$ 拟合精度较高，拟合结果如表 8-1 所示，图 8-3 为厚向异性系数 R 随各向异性系数的变化曲线。

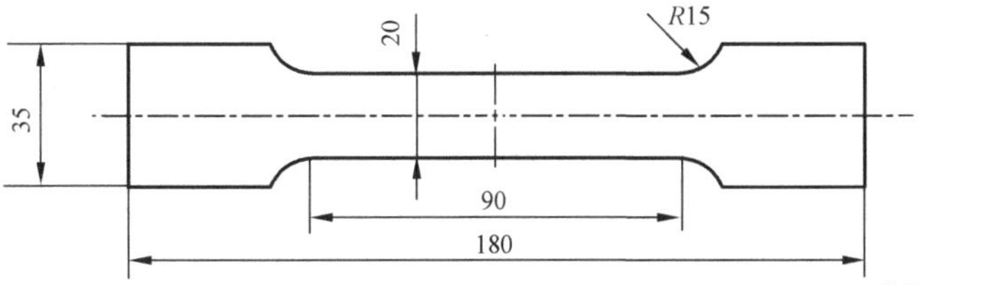

图 8-1　单向拉伸试件

$$\sigma = \frac{F_e}{A} = s(1+e) \tag{8-1}$$

$$\varepsilon = \ln\left(\frac{L}{L_0}\right) = \ln\left(1+\frac{\Delta L}{L_0}\right) = \ln(1+e) \tag{8-2}$$

式中，σ——真实应力（MPa）；

ε——真实应变；

s——工程应力（MPa）；

e——工程应变。

表 8-1　试件的本构方程参数

拟合参数	屈服力 σ_0/Mpa	强度系数 K/Mpa	拟合方差 R^2	各向异性系数 $\bar{R}$
拟合值	303.52	1 976	0.998 5	0.998

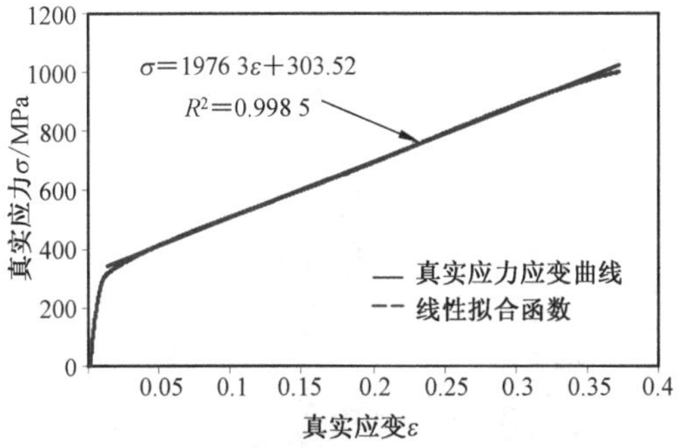

图 8-2　304 不锈钢真实应力-应变曲线

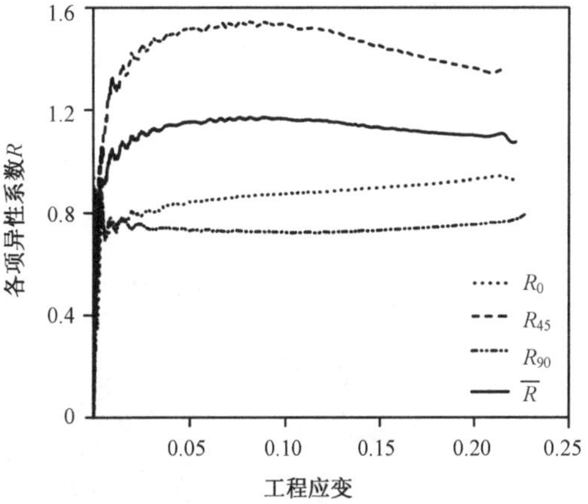

图 8-3　板料各向异性系数 R 与工程应变曲线

8.2.2　试件制备

剪切起皱试验试件选取 304 不锈钢轧制钢板作为试验材料，采用数控走丝线切割下料，用砂纸打磨切割后的试件，至边缘光滑即可。试件形状及尺寸如图 8-4 所示，试件形状设置为矩形。试件上有多个通孔用于螺栓固定，通过改变试件长度 a、高度 b 尺寸，以形成多个剪切区域，以分析不同尺寸对剪切起皱的影响规律。试件厚度 t 分别为 0.4 mm、1 mm、1.3 mm。通孔直径 $\phi = 12$ mm。试件通过螺栓固定在模具上。

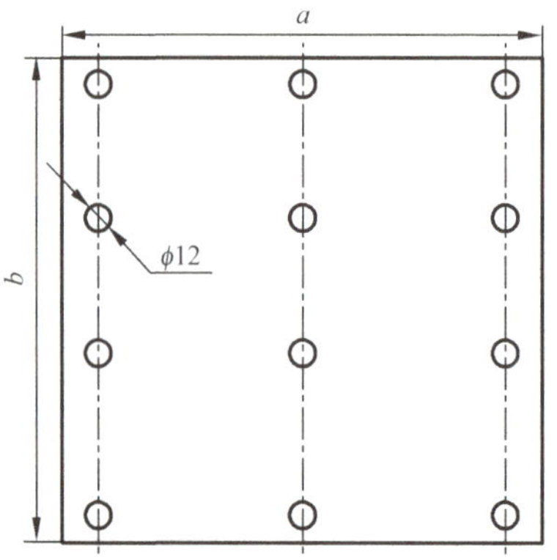

图 8-4　剪切件尺寸图(单位 mm)

试验前对用线切割下料后的试件进行喷漆处理,将试件表面均匀喷涂亚光漆,选取试件表面一侧喷涂白色亚光作为试件底漆,在低温下静置较长时间后,待表面白漆完全干燥后,再在试件白漆上喷涂黑色哑光漆,至充分干燥,可见表面形成散斑如图 8-5c)所示。准备好试验试件后,通过非接触全场应变测量系统(DIC)(如图 8-5 所示)获取试件拉伸过程中的应变数据,DIC 系统分为硬件系统如图(如图 8-5a)所示)与软件系统如图(如图 8-5b)所示)组成,其中硬件系统为试验时照明、支撑等设备,软件系统为计算机主机控制系统及 DIC 图像采集系统。拉伸多组不同厚度、尺寸下的试件,并分别设置不同的下拉位移量,并将 DIC 设备拍照间隔设置为 200 ms,以便后期对比分析。试验后由 DIC 后处理软件 VIC-3D 处理,将 DIC 前期对试件表面散斑采集的应变图片导入 VIC-3D 中处理,在 VIC 中选取好需要分析的起皱区域,并划分网格,使用矫正板矫正图像,当校正数值小于 0. 04 时,则可接受此图像校正。准备工作完成后进行后处理计算,选取拉格朗日算法,便可获取选定皱区的全程应变变化过程。

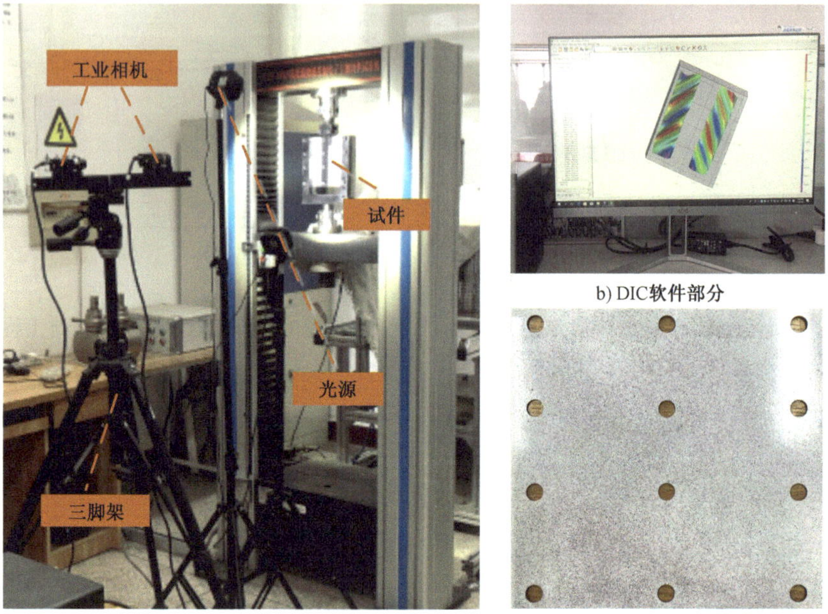

b) DIC软件部分

a) DIC软件部分　　c) 试件散斑

图 8-5　非接触全场应变测量系统 VIC-3D

8.2.3 试验结果

剪应力起皱失稳试验装置如图 8-6 所示,模具装配图如图 8-6a)所示,模具实物图如图 8-6b)所示。

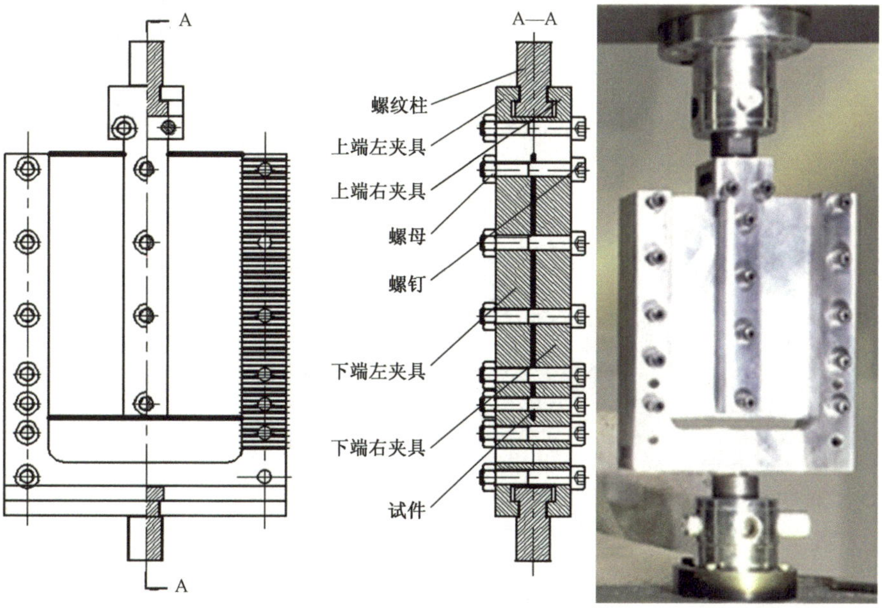

a) 模具装配图　　b) 模具实物图

图 8-6　试验模具的装配图和实物图

试件通过螺栓固定在左右两侧夹具和上端夹具上,夹具上有 T 形槽,螺纹柱固定于 T 形槽内,螺纹柱与材料拉伸试验机相接,材料拉伸试验机通过两夹具的相对运动给试件施加剪切载荷。为增大试验时夹具与试件间摩擦力,在夹具与试件接触的内表面设计多条凹槽。夹具的上下端上有 T 形槽,螺纹柱可在 T 形槽内滑动。以矩形试件为例说明剪切模具与试件的装配关系:矩形试件上设有多个通孔用于螺栓固定,通过改变试件长度 a、高度 b 尺寸,以形成多个剪切区域,以分析尺寸对剪切起皱失稳的影响。模具上设置的通孔直径为 $\phi=12$ mm。其余试件的厚度和通孔尺寸与矩形件类似,试件均通过螺栓固定在模具上。

剪应力起皱装置通过变换不同试件尺寸、形状、厚度以探究剪应力起皱失稳机理及其影响规律。试验忽略其厚向应力。同时能够利用在线应变测量系统实时观测剪切起皱失稳过程中多皱纹状态下的起皱区应变场分布特征,为探究板料在剪应力条件下的起皱失稳机理探究提供试验基础。图 8-7 为不同厚度、尺寸下的矩形剪切试样拉伸结果对比图。

由图可观测出试件在材料试验机下拉伸后的起皱形貌,由于剪切试件两侧边与中部局部矩形区域在上下夹具的作用下产生相对运动,导致自有变形区域受到相应的剪切应力,当切应力达到某个极限值时将发生剪切屈曲。

通过试验对比不同厚度下试件的起皱情况,可知板料越厚越不易起皱,在受相同拉力的条件下,观察 $a=190$ mm、$b=160$ mm 尺寸的板料可知,试验时在试件最上方位置的皱纹最先出现,随着变形的进行,板料其他位置逐渐发生起皱现象,皱波近似成正弦形式繁衍。分别分析 $a=190$ mm、$b=160$ mm,$a=190$ mm、$b=180$ mm 及 $a=190$ mm、$b=200$ mm 三种尺寸试验的试件变形情况,发现在同样宽度,高度不同的情况下,试件起皱规律近似相同,并随着试件高度的增加,皱纹数量也递增。试验环节板料皱纹的形成及机理分析将于下文连同有限元软件模拟结果进行对比阐述。

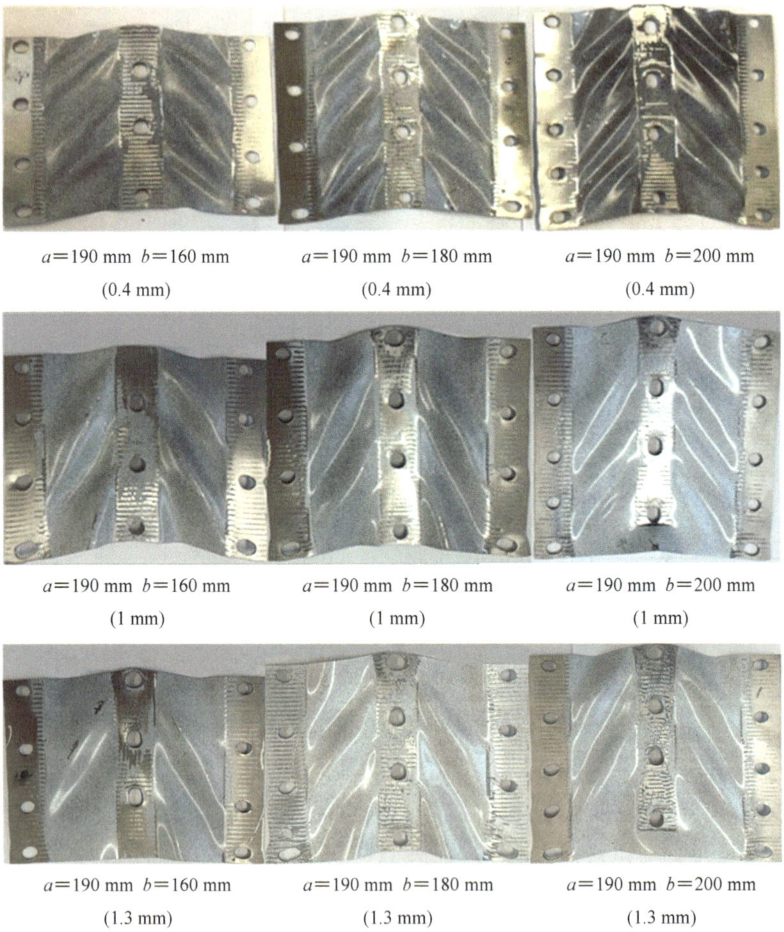

图 8-7 不同尺寸剪切试样试验结果

8.3 有限元数值模拟分析

8.3.1 有限元数值模拟模型建立

为准确模拟剪应力的起皱失稳情况,在有限元软件中建立了如图 8-8 所示的数值模拟模型。

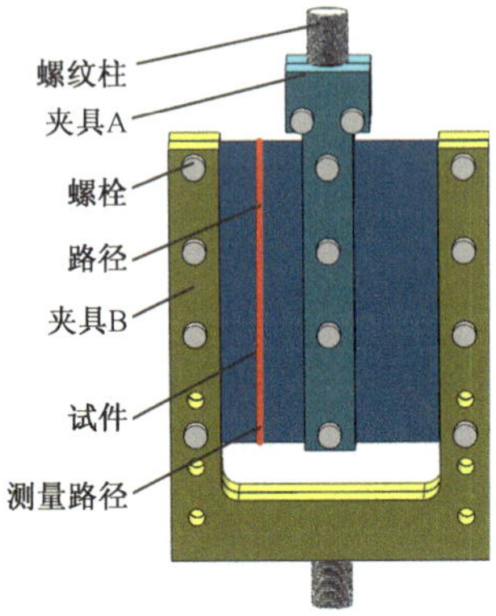

图 8-8 模拟装配模型

将单向拉伸试验所获取的试件材料参数赋予有限元模拟中的板料模型,模拟中的模型设置如下:将试件设置为可变形体,各向异性行为采用 R. Hill 屈服准则以体现材料的各向异性。将夹具 A 与 B、螺纹柱设置为离散刚体,并将螺纹柱分别与夹具 A、夹具 B 设置为固定约束,在螺纹柱上设置参考点,在此参考点上施加与试验时相同的下拉位移,保持试验数值与模拟数值的一致性,试件与模具的接触在法向上采用“Hard”接触方式,切向行为采用“Penalty”函数,且接触类型设置为“Surface of Surface”接触方式，试件与模具件的摩擦系数设置为 0.1。试件网格模型选用四节点减缩积分双曲率壳单元 S4R 划分网格，网格尺寸统一划分为 2 mm。

由于模拟中采用 Buckle-Explicit 算法，提取 Buckle 模拟结果中的一阶至四阶的屈曲模态的厚向位移图，如图 8-9 所示，厚向位移图中特征值为正负交替状态，且特征值大小相同，试件不同阶次形貌差距较大，其中第一阶形貌所示皱纹在两侧繁衍且对称分布，形貌与试件真实失稳时最为相近，因此，将第一阶屈曲模态引入动态分析步中。

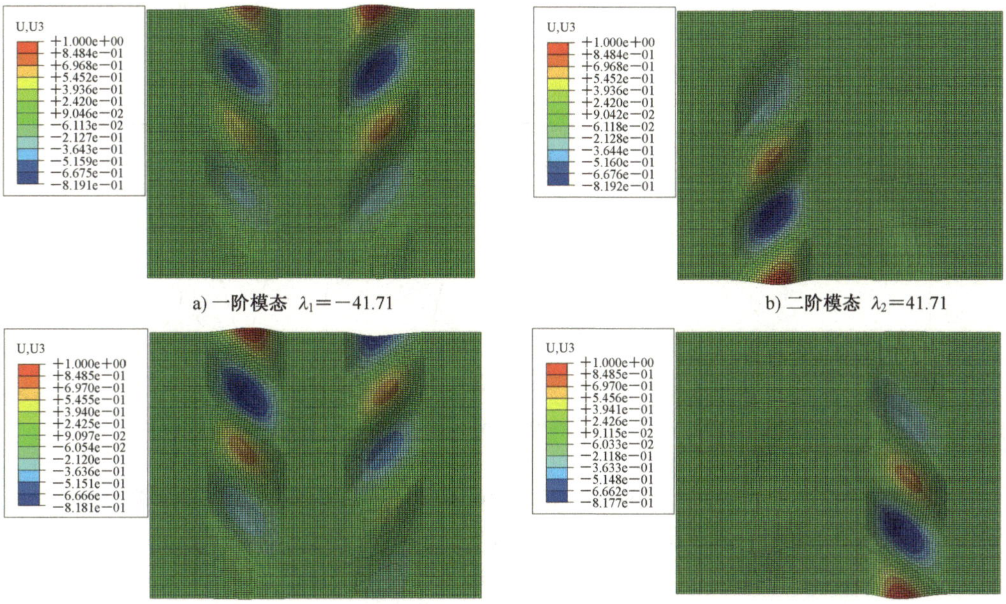

a) 一阶模态　$\lambda_1=-41.71$　　b) 二阶模态　$\lambda_2=41.71$

c) 三阶模态　$\lambda_3=-41.71$　　d) 四阶模态　$\lambda_4=41.71$

图 8-9　屈曲模态厚向位移云图(mm)

8.3.2　模拟试验对比验证

为了证明 Buckle-Explicit 模拟方法可复现剪切件起皱的皱脊形貌，本节以板厚 $t=1$ mm，板宽 $a=190$ mm，板高 $b=160$ mm、180 mm、200 mm 的剪切试件建立数值模拟模型。提取厚度 0.4 mm，190 mm-160 mm 试件的厚向位移，其数值模拟云图与 VIC-3D 云图结果对比如图 8-10 所示。

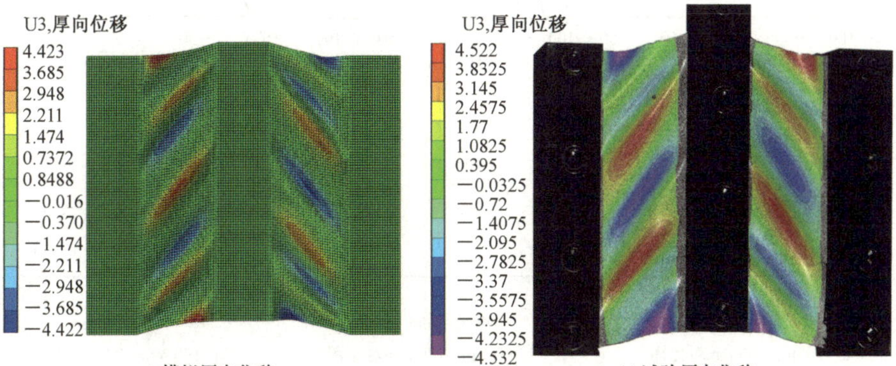

a) 模拟厚向位移　　b) 试验厚向位移

图 8-10　剪切件厚度方向位移云图

通过提取图 8-8 所示路径下试验起皱临界时刻位移形貌并与试验所得位移形貌进行对比，如图 8-11 所示。由图 8-10 和图 8-11 分析可知，剪切起皱数值模拟结果中的厚向位移云图与试验位移云图吻合度较高，试验和数值模拟中皱纹增长临界时刻发展历程基本一致，由此证实 Buckle-Explicit 模拟方法可准确复现剪切件起皱的皱脊形貌。

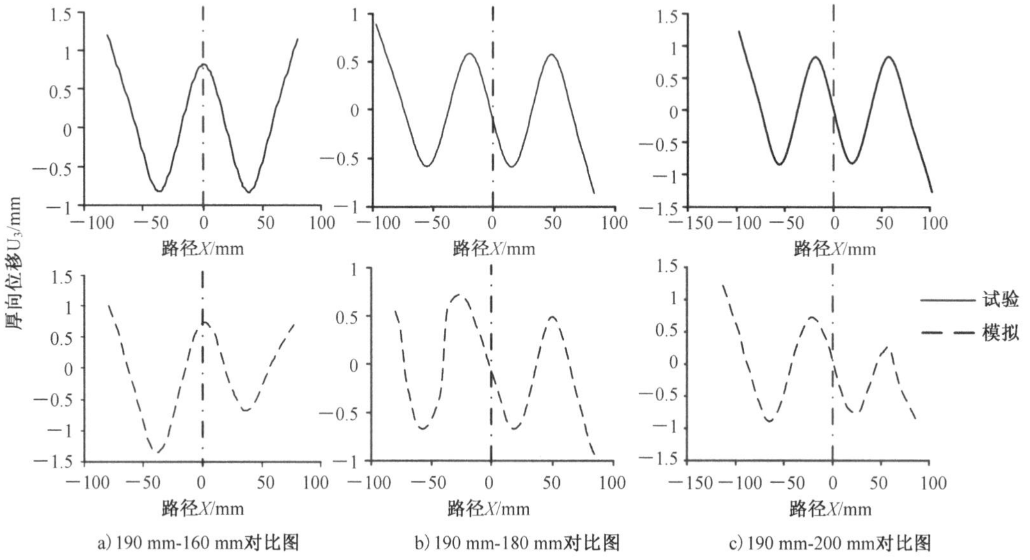

图 8-11　$t=1$，$a=190$ mm，$b=160$ mm、180 mm、200 mm 剪切件模拟与试验位移路径对比

提取面内最大主应变，对比同一路径下模拟与试验的面内主应变分布趋势。如图 8-12 所示，模拟结果与试验结果吻合性较高，因此，证实将第一阶模态作为因子引入动态显示算法分析中能准确反映板料屈曲失稳形貌。对比图 8-11、图 8-12 皱纹数值模拟与试验在位移与应变的结果，发现它们之间的基本趋势一致，但同一路径下起皱变化规律与试验存在一定的差异，主要原因有：

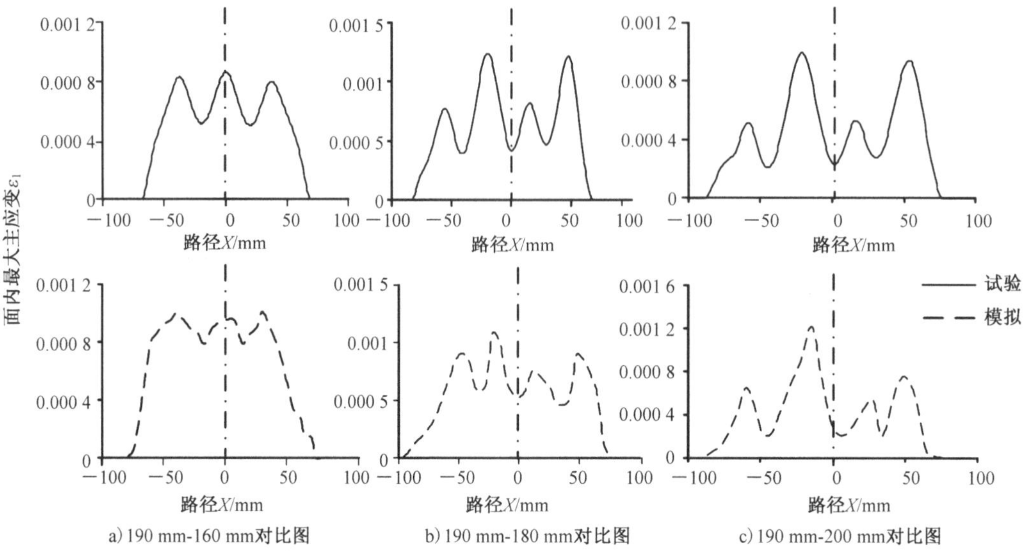

图 8-12　$t=1$，$a=190$ mm，$b=160$ mm、180 mm、200 mm 剪切件模拟与试验应变对比

(1) 由于模具较厚,试验时夹具会遮挡部分 DIC 光源形成阴影,试件表面喷涂散斑质量也会对表面数据的提取造成一定的误差。

(2) 模拟中将模具设置为完全刚性体,模具与试件间的固定是完全理想的情况,但试验中试件和模具之间通过螺栓连接。由于无法对每个螺栓施加相同的预紧力,另外试验过程中还存在模具与螺栓的变形等不可控因素,因此模拟与试验间的皱纹高度及相同位置的凸凹情况均存在差异。

提取图 8-8 所示路径下的厚向位移数据,对剪切件起皱规律及其影响因素进行分析,探究其路径上的起皱发展过程。此路径厚向位移模拟曲线如图 8-13 所示,试件呈现波纹状皱波,试件起皱区域皱纹交错形成。分别对比 1 mm 下三组不同尺寸试件的起皱过程可知,随着皱波逐渐形成,拉伸后起皱高度也基本一致,所形成皱波的频率近似相同。

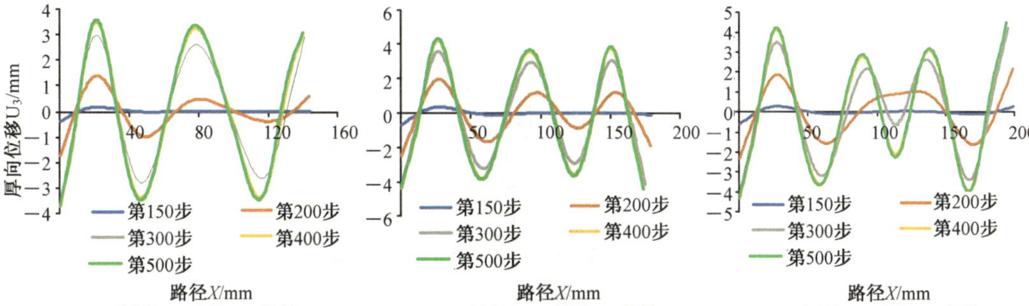

a) 190 mm-160 mm起皱发展过程　b) 190 mm-180 mm起皱发展过程　c) 190 mm-200 mm起皱发展过程

图 8-13　不同尺寸试件起皱发展过程

将模拟与试验结果对比,剪切件起皱时,皱纹呈现正弦分布,皱纹倾斜近似 45°。此外,不同板厚试件的起皱个数均不同,板料厚度与皱波个数呈负相关,如图 8-14 所示。

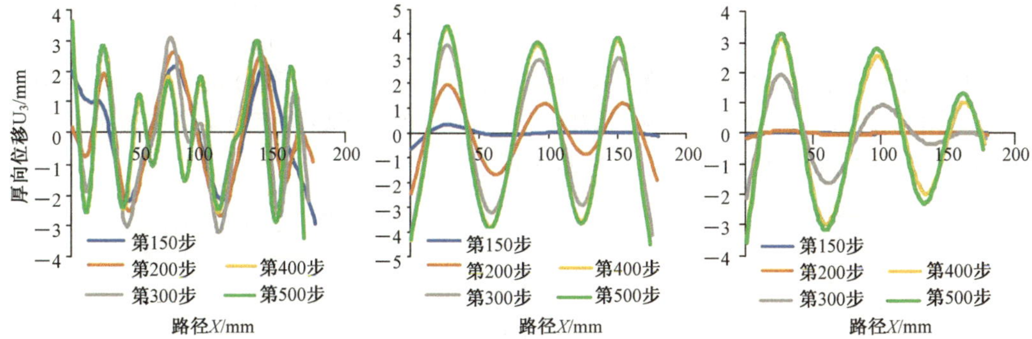

a) 190 mm-180 mm(0.4 mm)起皱发展过程　b) 190 mm-180 mm(1 mm)起皱发展过程　c) 190 mm-180 mm(1.3 mm)起皱发展过程

图 8-14　不同厚度试件起皱发展过程

由上述分析可知,尽管模拟结果与试验结果存在一定的差距,但是皱纹的发展规律基本一致,因此,有限元软件的结合方法能实现对板材起皱失稳形貌的准确预测。

8.3.3　剪切件的起皱规律探究

为了探究剪切起皱的应力应变规律,利用有限元软件对不同尺寸试件模拟结果进行数据分析。首先对试件起皱区节点进行编号以便于后续分析,如图 8-15 所示,在同一皱脊上对不同间距的节点编号 1~5,不同皱脊上最高处节点编号为 6~10。

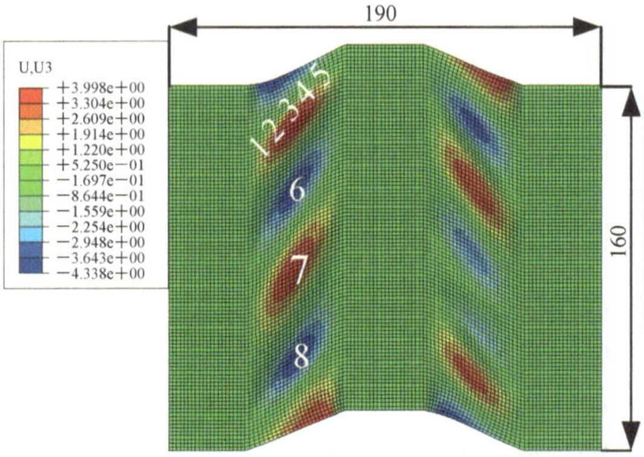

a) a=190 mm b=160 mm

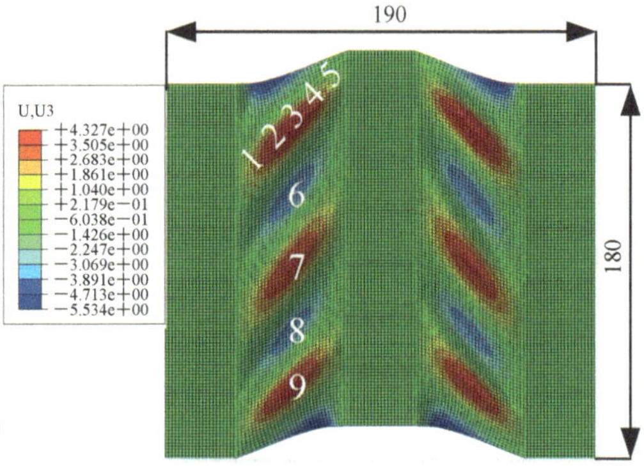

b) a=190 mm b=180 mm

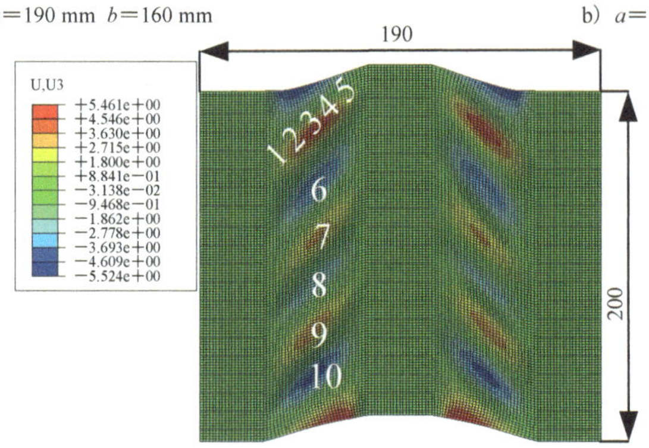

c) a=190 mm b=200 mm

图 8-15　不同长度剪切件不同单元位置编号

通过分叉理论可知，当试件屈曲失稳时，随着外力的作用，试件厚度方向所受力状态将发生变化，当受力状态达到临界起皱状态时，试件将发生屈曲现象，此时，试件应力路径将发生分叉。因此，将此分叉点对应的时刻作为板材临界起皱时刻，即最先屈曲失稳点。

为了探究试件宽度 a 对剪切起皱的影响规律，分别提取尺寸为 190 mm-160 mm、190 mm-180 mm、190 mm-200 mm 的三组试件起皱区不同编号处的临界屈曲面内主应变数据并将其绘制于主应变空间中，如图 8-16、图 8-17、图 8-18 所示。

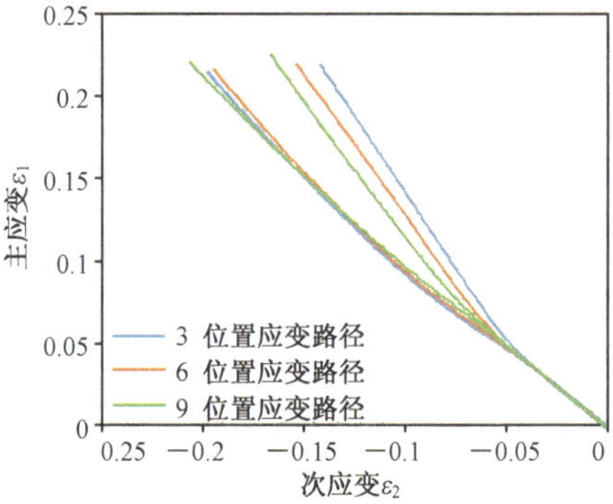

a)

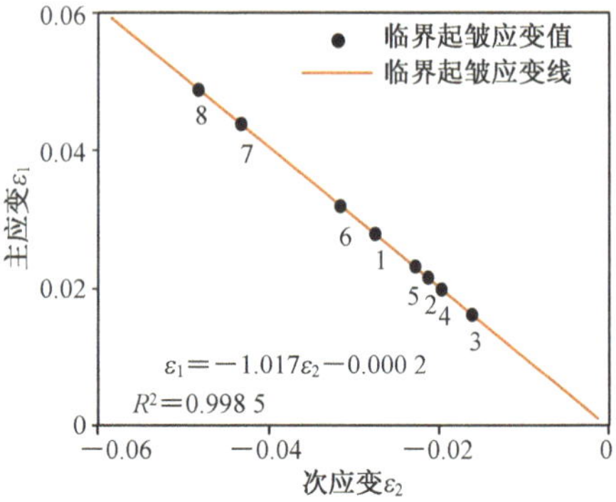

b)

图 8-16　a=190 mm，b=160 mm 屈曲节点应变轨迹与临界起皱分叉点拟合

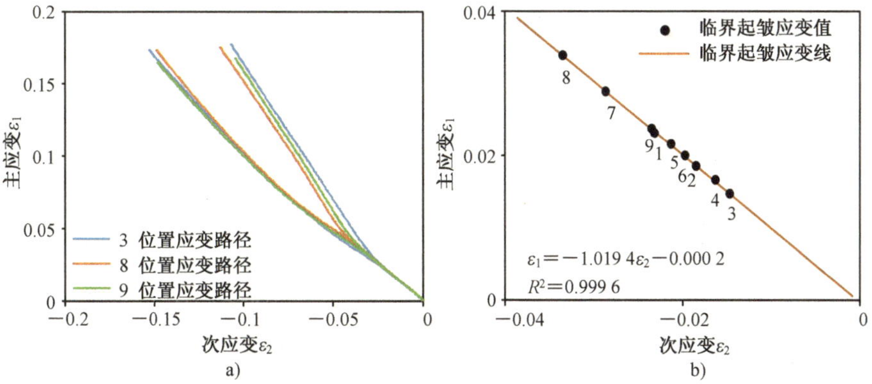

图 8-17　$a=190$ mm，$b=180$ mm 屈曲节点应变轨迹与临界起皱分叉点拟合

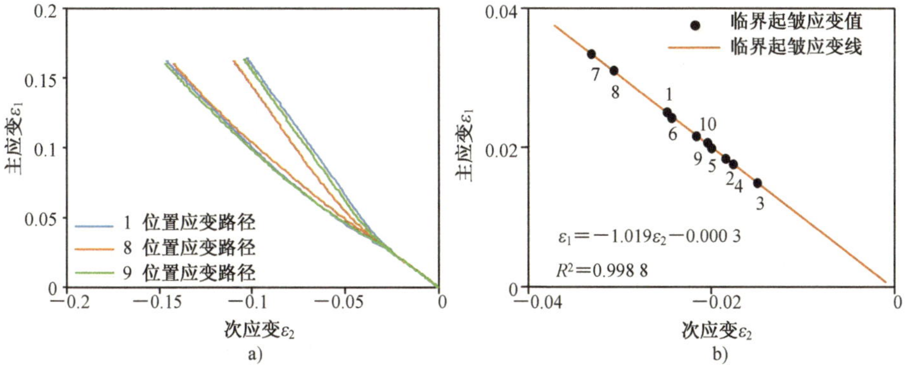

图 8-18　$a=190$ mm，$b=200$ mm 屈曲节点应变轨迹与临界起皱分叉点拟合

对三组试件起皱区临界应变数据进行拟合，三组试件的临界屈曲应变点均可拟合为近似通过坐标原点的直线，斜率分别为-1.019 4、-1.017、-1.019，拟合方程分别为 $\varepsilon_1=-1.019\ 4\varepsilon_2-0.000\ 02$ 、$\varepsilon_1=-1.017\varepsilon_2-0.000\ 02$，$\varepsilon_1=-1.019\varepsilon_2-0.000\ 02$，拟合精度分别为 0.999 6、0.998 5、0.998 8，拟合精度较高。

分析不同宽度下三组试件的临界起皱应变数据的拟合结果可知，应变数据在主应变空间中呈现线性分布特征，且都可拟合为近似通过原点的直线，拟合斜率近似相等。说明剪切区域宽度相同，高度不同时，临界起皱应变比是相同的。由图 8-16a)、8-17a)、8-18a) 不同尺寸下试件不同位置的应变路径可知，不同皱脊处单元的应变加载路径类似，失稳前的路径段基本重合。由图 8-16b)、8-17b)、8-18b) 三种尺寸试件同一皱脊处的临界起皱应变点在主应变空间的位置可知，3 位置是最先失稳的点，同一皱脊单元的起皱顺序均是 3、4、2、5、1，皱纹的发展规律均由皱波中间 3 位置向皱波两侧逐渐衍生，不同皱脊处单元 6、7、8、9、10 在主应变空间中的位置分布无明显特点，故不同皱脊处单元的起皱顺序无统一规律。同一皱脊上不同单元的临界起皱应变比相同，因此在后续建立以应变比作为统一起皱判定图表征参量时可以用皱脊处其他单元的临界起皱应变比来替代临界起皱单元的应变比。

8.4 剪切起皱理论分析——能量法

8.4.1 剪切理论分析

在研究起皱失稳现象时，通常采用能量法、分叉法和数值模拟法。本章采用能量法，以矩形件板材（厚度为 t，长度和宽度分别为 a 与 b ）为例，利用矩形板屈曲外力作功等于应变能这一特点，建立了板料起皱临界剪应力理论计算公式，构建出矩形板剪应力起皱理论分析模型。剪切应力起皱理论模型，如图 8-19 所示，坐标系 X 轴、Y 轴和 Z 轴，分别对应矩形板材的长度、宽度和厚度方向。

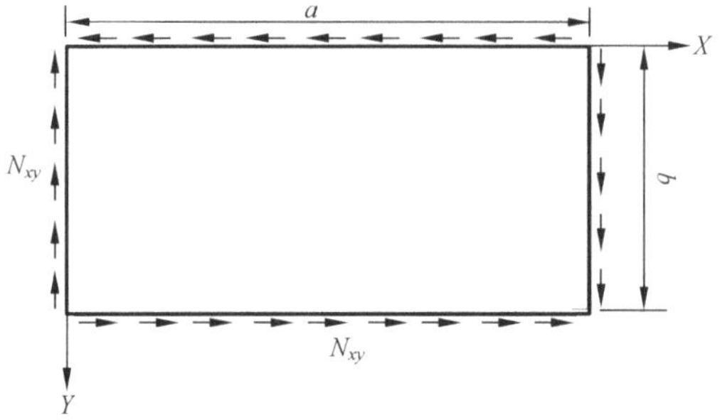

图 8-19 剪切应力起皱理论模型

矩形板材边缘受均匀分布的剪应力 N_{xy} 作用，在剪应力的作用下，矩形板在某一时刻发生起皱失稳，本章基于能量法理论求解矩形板开始起皱时的临界剪切应力 τ。

对于此剪切模型，采用双重级数来构造起皱失稳板材的挠度曲面表达式，即

$$\omega = \sum_{m=1}^{\infty}\sum_{n=1}^{\infty} a_{mn}\sin\frac{m\pi x}{a}\sin\frac{n\pi y}{b} \tag{8-3}$$

式中，a——板料高度（mm）；

b——板料宽度（mm）。

观察式（8-3）可知，对于 $x=0$，$x=a$ 以及 $y=0$，$y=b$ 都可以使双重级数方程的每一项值等于 0。由此可知板材的边界挠度为 0。

令$\partial^2\omega/\partial x^2$ 与$\partial^2\omega/\partial y^2$ 为 0，可求得矩形板在边界 x 与 y 方向的偏导数每一项都为 0，满足简支板的所有条件，于是板材弯曲势能表达式为

$$U = \frac{1}{2}D\int_0^a\int_0^b\left\{\left(\frac{\partial^2\omega}{\partial x^2}+\frac{\partial^2\omega}{\partial y^2}\right)^2 - 2(1-\nu)\left[\frac{\partial^2\omega}{\partial x^2}\frac{\partial^2\omega}{\partial y^2}-\left(\frac{\partial^2\omega}{\partial x^2}\right)^2\right]\right\}\mathrm{d}x\mathrm{d}y \tag{8-4}$$

其中

$$D=\frac{Et^3}{12(1-\nu^2)} \tag{8-5}$$

式中，D——板的抗弯刚度（N · mm）；

t——材料厚度（mm）；

E——弹性模量（MPa）；

v——材料的泊松比。

将矩形板双重级数 ω 代入公式（8-4）中，可得方括号内的积分值为 0，得

$$U = \frac{1}{2}D\int_0^a\int_0^b\left\{\sum_{m=1}^{\infty}\sum_{n=1}^{\infty} a_{mn}\left(\frac{m^2\pi^2}{a^2}+\frac{n^2\pi^2}{b^2}\right)\sin\frac{m\pi x}{a}\sin\frac{n\pi y}{b}\right\}^2\mathrm{d}x\mathrm{d}y \tag{8-6}$$

仅有括号中的无穷级数的项的平方积分不为 0，并由

$$\int_0^a\int_0^b\sin^2\frac{m\pi x}{a}\sin^2\frac{n\pi y}{b}\mathrm{d}x\mathrm{d}y = \frac{ab}{4}$$

解得

$$\Delta U=\frac{ab}{8}D\sum_{m=1}^{\infty}\sum_{n=1}^{\infty}a^2mn\left(\frac{m^2\pi^2}{a^2}+\frac{n^2\pi^2}{b^2}\right)^2 \tag{8-7}$$

外界对板材中面内的力所做的功,可表示为以下形式

$$T=-\frac{1}{2}\iint\left[N_x\left(\frac{\partial\omega}{\partial x}\right)^2+N_y\left(\frac{\partial\omega}{\partial y}\right)^2+2N_{xy}\frac{\partial\omega}{\partial x}\frac{\partial\omega}{\partial y}\right] \tag{8-8}$$

式中,N_x——x 方向应力;

N_y——y 方向应力;

N_{xy}——切应力。

已知矩形板在剪切条件下,N_x 与 N_y 都为 0,因此板材起皱时外力所做的功为

$$\Delta T=-N_{xy}\int_0^a\int_0^b\frac{\partial\omega}{\partial x}\frac{\partial w}{\partial y}\mathrm{d}x\mathrm{d}y \tag{8-9}$$

将公式(8-7)代入表达式(8-9),注意到

$$\begin{cases}\int_0^a\sin\frac{m\pi x}{a}\cos\frac{p\pi x}{a}\mathrm{d}x=0,\text{若 } m\ \pm p\text{ 为偶数;}\\ \int_0^a\sin\frac{m\pi x}{a}\cos\frac{p\pi x}{a}\mathrm{d}x=\frac{2a}{\pi}\frac{m}{m^2-p^2},\text{若 } m\ \pm p\text{ 为奇数。}\end{cases} \tag{8-10}$$

代入可得

$$\Delta T=-8N_{xy}\sum_m\sum_n\sum_p\sum_q a_{mn}a_{pq}\frac{mnpq}{(m^2-p^2)(q^2-n^2)} \tag{8-11}$$

式中,m,n,p,q 为使 $m\pm p$ 及 $n\pm q$ 为奇数的整数。

利用矩形板屈曲外力作功等于板材弯曲势能,即可导出临界剪应力公式为

$$N_{xy}=-\frac{abD}{32}\frac{\sum\limits_{m=1}^{\infty}\sum\limits_{n=1}^{\infty}a_{mn}^2\left(\frac{m^2\pi^2}{a^2}+\frac{n^2\pi^2}{b^2}\right)^2}{\sum\limits_m\sum\limits_n\sum\limits_p\sum\limits_q a_{mn}a_{pq}\frac{mnpq}{(m^2-p^2)(q^2-n^2)}} \tag{8-12}$$

由上述公式可知,若想得到临界剪应力,需要选取一组常数 a_{mn} 及 a_{qp} 使剪应力数值最小,使式(8-12)的每一项系数 $a_{11},a_{12},a_{13},\cdots,a_{mn}$ 的导数为零,可得到每一项的齐次线性方程组,按系数 $m+n$ 的奇偶性分为两组(偶数组编号为 1,奇数组编号为 2),通过计算发现,对于($a/b<2$)的板材,利用第一组方程可计算出剪应力 N_{xy} 的最小值。

$$\text{令 }\beta=\frac{a}{b},\lambda=-\frac{\pi^2}{32\beta b^2h\tau_{cr}}\frac{\pi^2D}{} \tag{8-13}$$

将板材($a/b<2$)理论方程计算写为如表 8-2 所示形式(下列仅写出与第一行乘数相乘的因子)。

取常数 a_{11} 与 a_{22} 两组方程,通过使方程行列式为零,计算得

$$\lambda=\pm\frac{1}{9}\frac{\beta^2}{(1+\beta)^2} \tag{8-14}$$

与公式(8-13)相结合,得

$$\tau_{cr}=\pm\frac{9\pi^2}{32}\frac{(1+\beta^2)^2}{\beta^2}\frac{\pi^2D}{b^2h} \tag{8-15}$$

此公式中正负号表示剪应力临界值,非剪应力方向。

表 8-2　临界剪应力方程行列式形式

a_{11}	a_{22}	a_{13}	a_{31}	a_{33}	a_{42}	
$\frac{\lambda(1+\beta^2)^2}{\beta^2}$	$\frac{4}{9}$	0	0	0	$\frac{8}{45}$	=0
$\frac{4}{9}$	$\frac{\lambda(1+\beta^2)^2}{\beta^2}$	$-\frac{4}{5}$	$-\frac{4}{5}$	$-\frac{36}{25}$	0	=0
0	$-\frac{4}{5}$	$\frac{\lambda(1+\beta^2)^2}{\beta^2}$	0	0	$-\frac{24}{75}$	=0
0	$-\frac{4}{5}$	0	$\frac{\lambda(1+\beta^2)^2}{\beta^2}$	0	$\frac{24}{21}$	=0
0	$\frac{36}{25}$	0	0	$\frac{\lambda(1+\beta^2)^2}{\beta^2}$	$-\frac{72}{35}$	=0
$\frac{8}{45}$	0	$-\frac{24}{75}$	$\frac{24}{21}$	$-\frac{72}{35}$	$\frac{\lambda(1+\beta^2)^2}{\beta^2}$	=0

对公式(8-15)进行验证发现,此公式计算不同尺寸的矩形板中,正方形板的临界剪应力数值误差较大,约为15%左右,并且此误差随着a/b比值的增大而增大,因此,若想得到更准确的公式,需考虑取表8-1中多组方程计算,此处取五组方程计算,令方程行列式为0,可得

$$\lambda^2=\frac{\beta^4}{81(1+\beta^2)^4}\left[1+\frac{81}{625}+\frac{81}{25}\left(\frac{1+\beta^2}{1+9\beta^2}\right)^2+\frac{81}{25}\left(\frac{1+\beta^2}{9+\beta^2}\right)^2\right] \tag{8-16}$$

将公式(8-14)中λ代入上式,得

$$\tau_{cr}=k\frac{\pi^2 D}{b^2 t} \tag{8-17}$$

式中,k——临界应力系数,其值如表8-3所示:

表 8-3　方程中临界应力系数 k

a/b	1.0	1.2	1.4	1.5	1.6	1.8	2.0	2.5	3	4
k	9.34	8.0	7.3	7.1	7.0	6.8	6.6	6.1	5.9	5.7

基于本理论计算方板临界起皱切应力时,若所求得临界剪应力大于剪切屈服强度时,说明方板件进入塑性状态,在此条件下,利用此公式求临界剪应力时,应同时考虑板料起皱塑性变形阶段与弹性变形阶段。此加载过程满足全量理论,既外载荷各分量按比例增加,中途不卸载,加载从原点出发,加载过程中应力主轴方向和应变主轴方向固定不变。变形体不可压缩,泊松比$\nu=1/2$。因此,计算塑性阶段切应力时应将弹性模量变为切线模量E_t进行计算,所求临界剪应力为塑性阶段临界值与剪切屈服值之和。如公式(8-18)所示。

$$\tau_{crt}=k\frac{\pi^2 D_t}{b^2 t}+\sigma_s/2 \tag{8-18}$$

$$D_t = \frac{E_t t^3}{12(1-\nu^2)} \tag{8-19}$$

式中，σ_s——屈服强度；

E_t——塑性模量。

8.4.2 不同尺寸试件与临界剪应力对比

为了探究不同板料尺寸对理论计算的影响，分别计算皱区尺寸为 a = 200 mm，b = 50 mm、60 mm、70 mm、…、200 mm 下矩形件的临界剪应力，其理论计算结果如图 8-20 所示，其横坐标为高宽比，纵坐标为临界剪应力。

由图 8-20 可知，保持试件高度不变，改变剪切试件高宽比，剪切件的临界剪应力值呈增大趋势。由此可知剪切件起皱区域宽度尺寸越小，试件抗皱性越强，临界剪应力数值越大。当 a/b 值等于 1 时，即正方形时，其抗皱性最差。

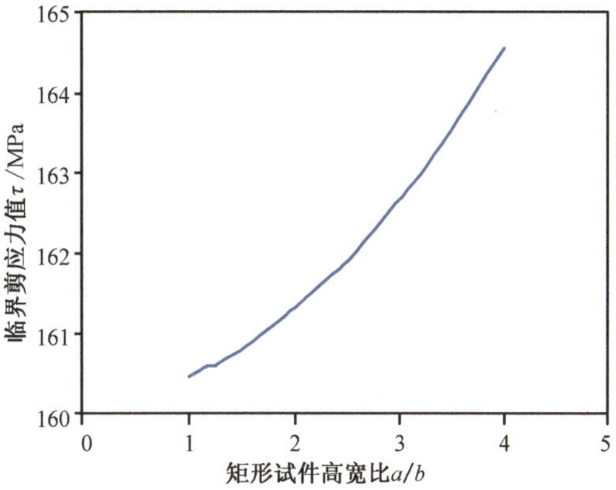

图 8-20 不同高宽比下临界剪应力对比

8.4.3 不同厚度试件与临界剪应力对比

为了探究不为了探究不同板料厚度对理论计算的影响，分别计算皱区厚度 t = 0.3mm、0.4 mm、0.5 mm、…、1.8 mm 下的临界剪应力值，其理论计算结果如图 8-21 所示。随着矩形试件厚度的逐渐增大，其临界剪应力值呈增大趋势。由此可知剪切件厚度越大，板料抗皱性越强，反之，则抗皱性越强。

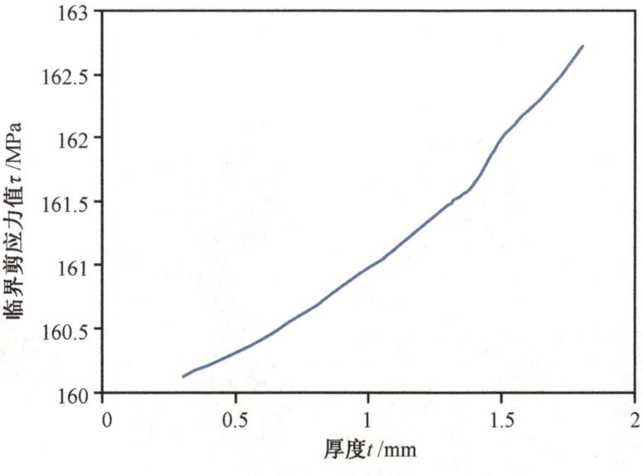

图 8-21 不同厚度下临界剪应力对比

8.5 临界起皱判定线

薄壁件塑性成形中，起皱失稳是主要缺陷之一，金属薄壁件塑性成形中易受材料性能、应力应变状态、摩擦条件及板材几何形状尺寸的影响，导致其加工过程中发生起皱失稳，且不同形状试件或工况下失稳时的应力路径不同，并无统一判定线可以形象客观地对多种因素下的失稳进行判定分析，探究其抗皱性。因此，建立以不同应力路径下的临界起皱判定线（WLD）来预测板料的起皱失稳对板材塑性成形的发展具有重要意义。

基于有限元软件对剪切件的数值模拟方法，首先根据分叉法原理，找到不同尺寸试件的临界起皱点，并基于上文所建立的临界起皱应变线进行分析，分析不同厚度试件的临界应变线与板料起皱间的关系，以及板料起皱单元的应力状态，分析剪应力条件下屈曲节点的皱纹走向趋势与应力状态间的关系，并提取不同应力状态下屈曲单元的应力应变比，建立起不同应力路径下的临界起皱判定线，并分析板料厚度对此临界起皱判定线的影响。

8.5.1 剪切件临界起皱时刻确定及不同尺寸试件失稳规律分析

以板厚 1 mm，长度 $a=190$ mm，宽度 $b=180$ mm 矩形板为例，介绍对起皱区域分叉点的选取原则。剪切件两侧通过螺栓固定于模具上，中部由材料试验机向上施加拉力，在板面内最先发生起皱失稳。试件受拉时，在试件编号 3 位置最先产生皱纹，随后皱纹高度不断增大，并在下端出现新的起皱点并形成规律性皱波。在数值模拟的后处理中，以试件面内最小主应力极值点作为屈曲节点，提取最小主应力极值点的应力路径，由此可获取应力路径分叉点，此分叉点则对应剪切件临界起皱时刻，此临界起皱时刻下的应变线分叉点所相应的为临界起皱应变值，应力路径分叉点则对应临界起皱应力值。在试件厚度方向上选取间距相等的 11 个积分点，如图 8-22 所示。

将 11 个积分点两两一组分为五组，分别是 SP1 与 SP11、SP2 与 SP10、SP3 与 SP9、SP4 与 SP8、SP5 与 SP7。提取各组的应变曲线，对比不同分叉点的分布特征，确定最优积分点组。不同积分点路径如图 8-23 所示。通过分析可知，SP1 与 SP11 积分点分叉最早，分叉时刻由 SP1 与 SP11 积分点到 SP5 与 SP7 积分点依次排列。这是由于最外侧积分点 SP1 与 SP11 所受到应变增量最大，因此最先分叉。若以最外侧的 SP1 与 SP11 作为临界起皱应变点，所得分叉时刻相对偏早，若以最内侧的 SP5 与 SP7 为临界起皱应变点，所得分叉时刻相对偏晚。因此选取 SP3 与 SP9 或 SP4 与 SP8 积分点路径来提取临界起皱应变值较为合适，本书在后续分析中统一选取 SP4 与 SP8 的路径分叉点获取临界起皱应变值。

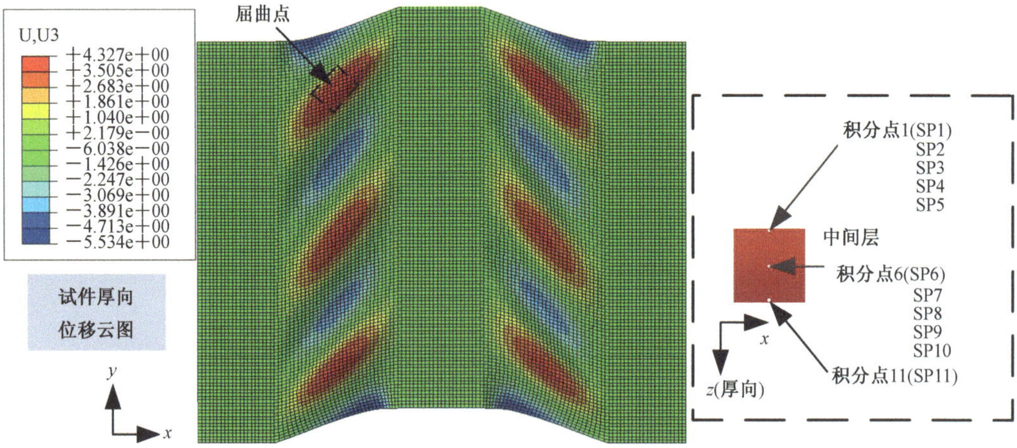

图 8-22 试件波峰处屈曲节点的选取与厚度方向积分点设置

通过以图 8-15 中单元 3 位置为分析对象，提取五组积分点的面内最大主应力与面内最小主应力于主应力空间中，将五组积分点的应力路径与应变路径进行对比分析，如图 8-23 所示。

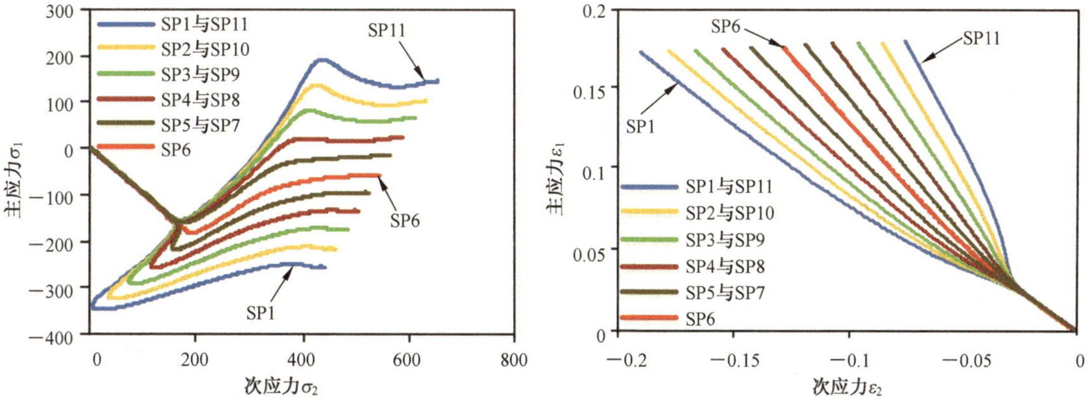

a) 剪切件应力路径　b) 剪切件应变路径

图 8-23　试件起皱节点不同积分点的应力路径与应变路径分叉轨迹

剪切件的应力路径集中分布于第四象限，不同积分点的路径相差较大，SP1 路径下所受压应力较大，拉应力较小。SP11 所受的拉应力较大，压应力较小，单元 3 位置在受力初期，应力路径与应变路径在分叉前几乎一致，且成线性趋势，相比于应变路径，应力路径有更明显的分叉现象，分别对比应力路径分叉点与应变路径分叉点可知，应力路径分叉点时刻早于应变路径分叉点且更易获取，因此，在后续的分析中，采用应力路径分叉点来确定其临界起皱时刻。

基于上述已提取的试件上不同节点位置的应变路径，并将不同路径下的分叉点进行拟合分析，建立临界起皱应变线。分别对比了 190 mm-160 mm、190 mm-180 mm、190 mm-200 mm 三种尺寸试件的起皱规律，发现三种尺寸试件临界应变线斜率基本一致。

为了探讨相同宽度，不同高度剪切件临界起皱点的应力分布规律，提取三组相同宽度，不同高度试件临界起皱点的应力路径与应力数据，如图 8-24、图 8-25、图 8-26 所示。对比发现宽度相同而高度不同的剪切试件，皱脊上应力加载路径相似，板料失稳前路径基本重合，不同失稳位置的应力路径差异不大。越靠近皱脊失稳最高点，应力路径越靠向压应力起皱侧，越远离失稳最高点，应力路径越靠近拉应力皱侧，且临界起皱点的应力分布在主应力空间中无线性关系。

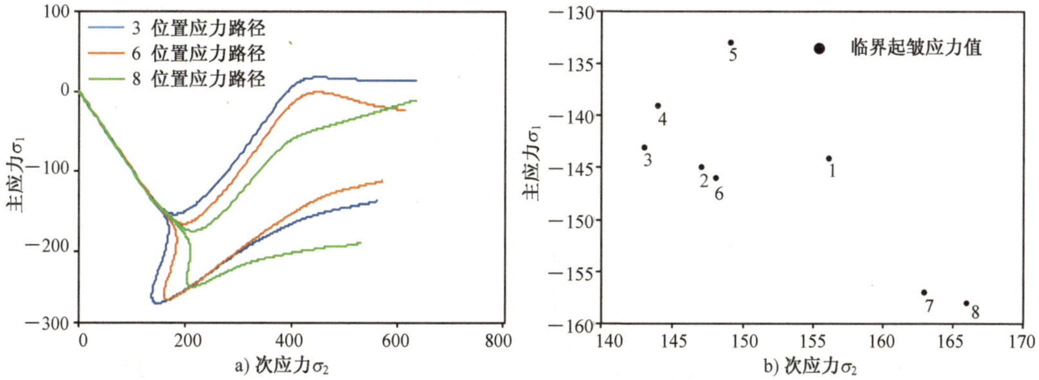

图 8-24　$a=190$ mm，$b=160$ mm 屈曲节点应力轨迹与临界起皱应力分叉点

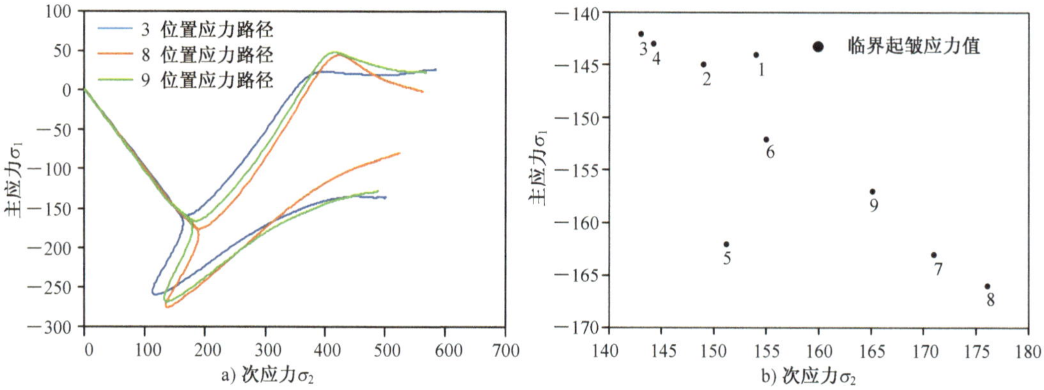

图 8-25　***a*** = 190 mm, ***b*** = 180 mm 屈曲节点应力轨迹与临界起皱应力分叉点

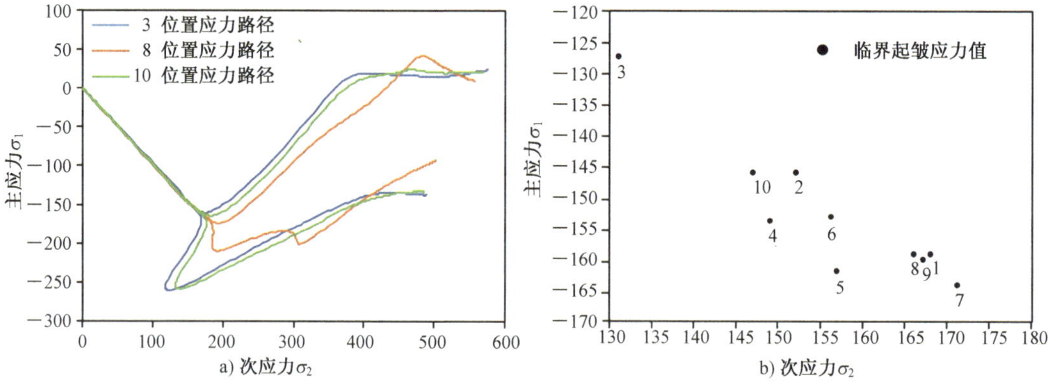

图 8-26　***a*** = 190 mm, ***b*** = 200 mm 屈曲节点应力轨迹与临界起皱应力分叉点

为了探究试件宽度对剪切起皱的影响规律,对不同宽度,相同高度的试件进行分析。提取不同宽度,相同高度试件的应变、应力路径,如图 8-27 所示。不同宽度,相同高度下临界起皱应变分叉时刻与临界起皱应力分叉时刻的尺寸顺序均为 120 mm-200 mm、80 mm-200 mm、50 mm-200 mm、30 mm-200 mm。由此可知,在高度相同的前提下,宽度越大的试件起皱时刻越早。

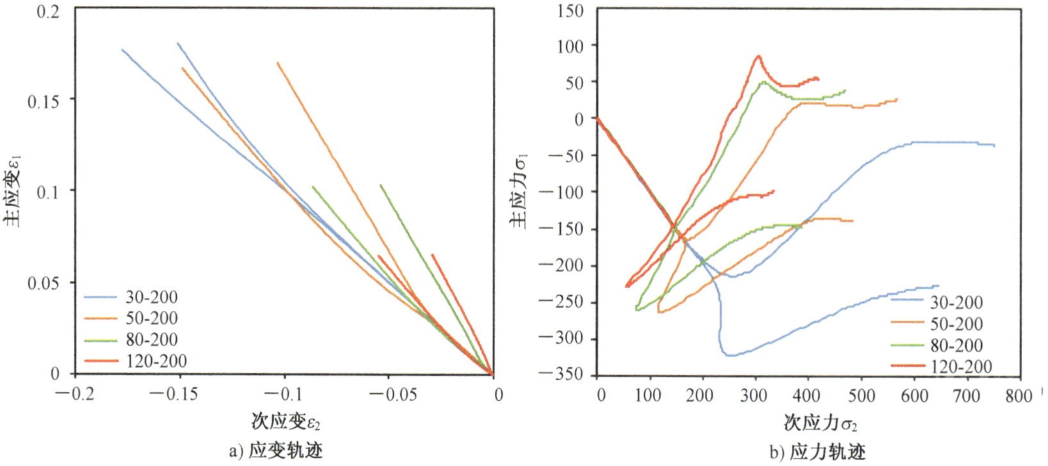

图 8-27　同高不同宽的应变、应力轨迹

为了探究试件宽度对临界应变线的影响,对不同宽度,相同高度试件的临界起皱应变点进行拟合,如图 8-28 所示,其应变点可拟合为斜率等于 -1.0112 的直线,拟合方程为 $\varepsilon_1=-1.0112\varepsilon_2-0.00002$。

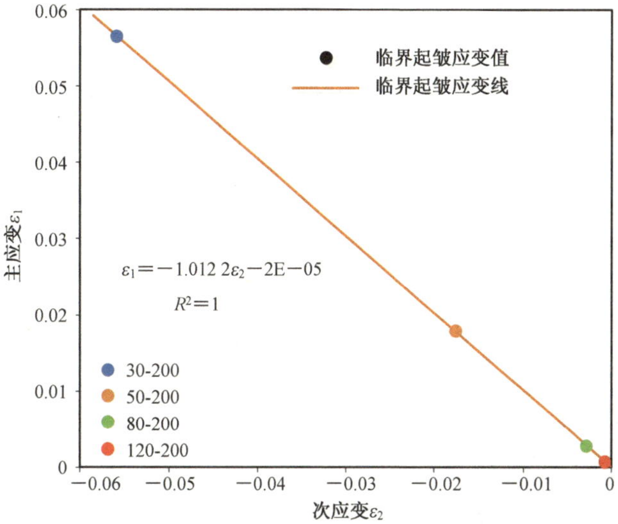

图 8-28　同高不同宽的临界起皱应变点拟合曲线

与前文建立的同宽不同高尺寸下试件的临界起皱应变线进行对比,两者临界起皱应变线的斜率近似相同,应力路径也近似相同。故剪切件的临界起皱应变线不受剪切件尺寸的影响,即不同尺寸下剪切件的临界起皱应变比近似相等。

8.5.2　对比应力路径下临界起皱应力应变关系

1. 不同形状剪切件起皱规律及应力应变关系

通过前文对矩形板的研究可知,不同尺寸下矩形板的应力应变路径类似。因此,为了建立适用于不同应力加载路径的临界起皱判定线,本节通过变换试件形状以获得不同的应力加载路径,利用不同应力加载路径下的应力应变数据建立统一临界起皱判定线。在获取矩形板临界起皱应力应变数据的基础上,增加带孔矩形板、圆形件及上圆下方件这三种形状的试件。提取三种形状试件的应力路径并绘制对应的临界起皱应变线,如图 8-29、图 8-30、图 8-31 所示。

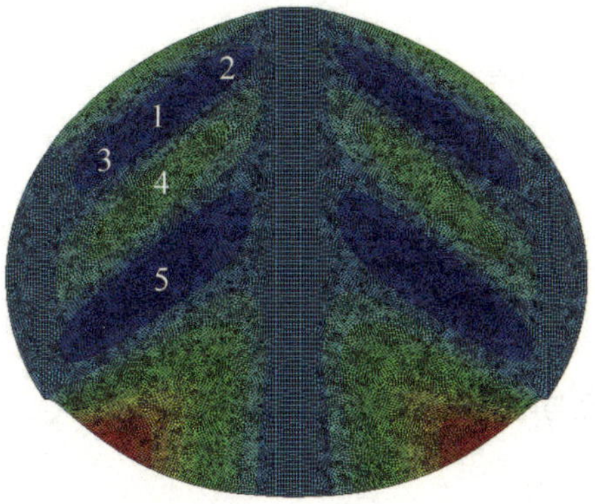

a)

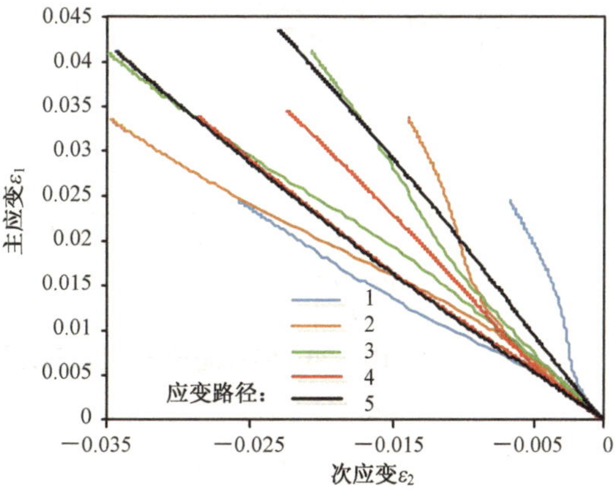

b)

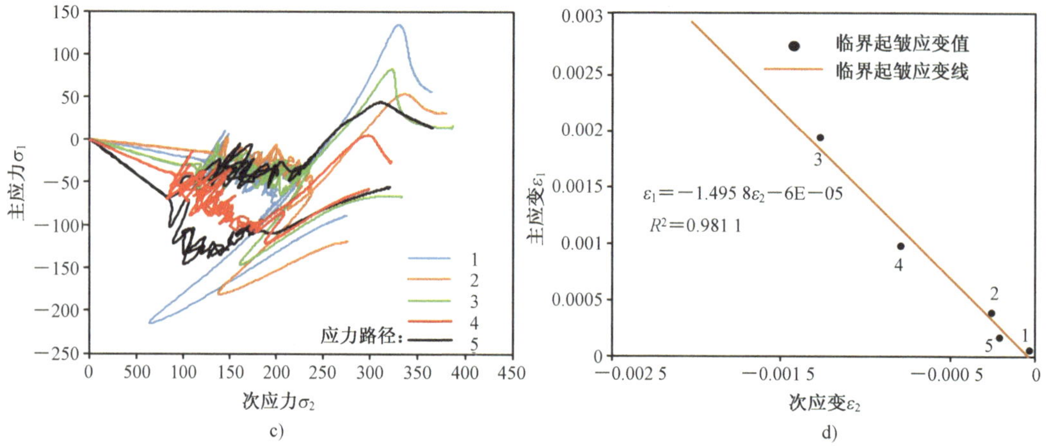

图 8-29　圆形板坯应变、应力路径与临界应变点拟合曲线

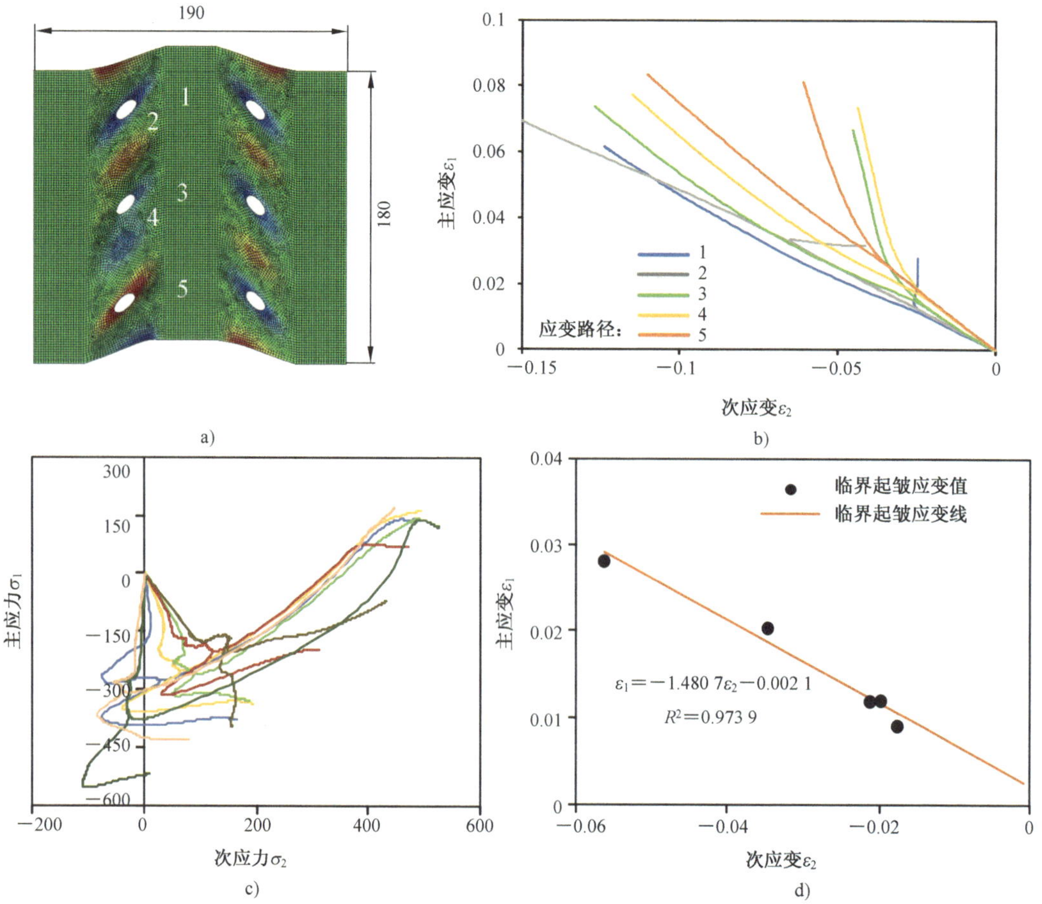

图 8-30　带孔矩形板应变、应力路径与临界应变点拟合曲线

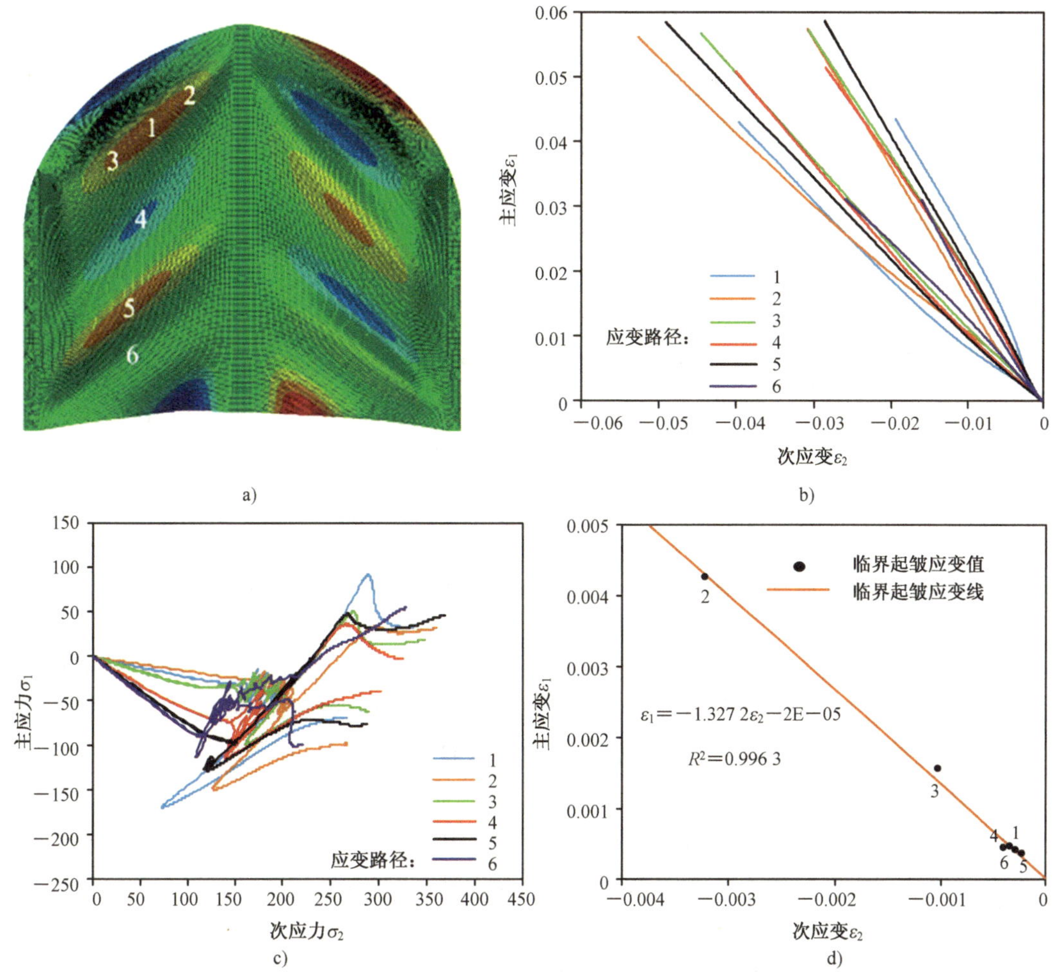

图 8-31 上圆下方板坯应变、应力路径与临界应变点拟合曲线

通过对比方形件、圆形件、上圆下方件的临界起皱应变线可知：不同形状试件下屈曲单元均存在临界起皱应变线，且临界起皱应变线的斜率各不同，可知对于不同形状试件的临界应变线不同，且其所对应的应力路径也不同，所以单一形状试件所拟合的应变线仅能代表此应力状态下的临界情况。

2. 应力路径起皱时刻与板料临界应变线间的关系

由上文可知，不同尺寸试件的临界应变线均为线性关系，但各临界应变线间并无明显规律，若探究不同应力路径与板料抗皱性间的关系，需明确试件的主应变变化规律，结合主压应力的变化与分析步步数，分析起皱失稳的先后次序，以判定板料屈曲难易程度，因此，建立了如图 8-32 所示的不同形状板材屈曲单元应力路径变化曲线。

不同形状试件的应力路径变化趋势基本一致，但各试件达到临界前的应力路径各不同，圆形与上圆下方件的应力路径在主应力空间中趋于 0°~45°范围内，矩形板在应力图中趋于 45°，带孔矩形板应力趋向于 45°~90°范围内。应力路径分布于第四象限，即拉-压应力状态。图中圆形件主压应力增速小于上圆下方件的增速，由分析步可知，圆形件早于上圆下方件起皱，圆形件的应变曲线斜率绝对值大于上圆下方件的应变线斜率绝对值，即 |-1.499 58| 大于

|-1.327 2|。推知上圆下方件抗皱性强于圆形件。

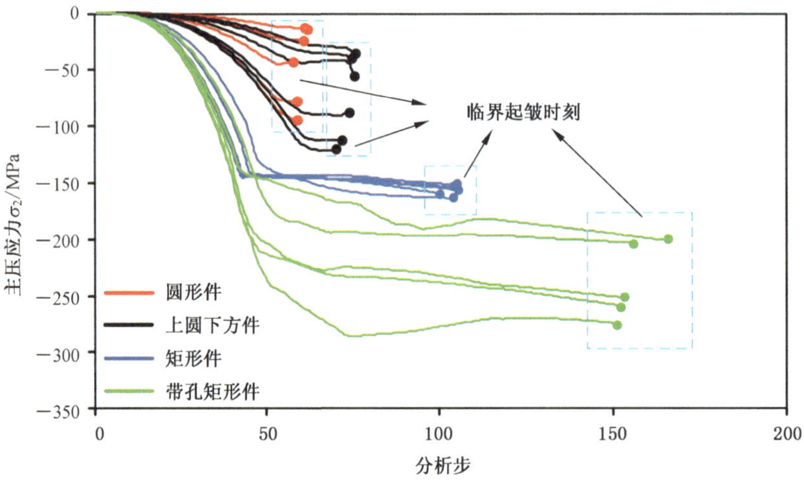

图 8-32　不同形状试件的应力路径

为验证上述结论,对比上圆下方件与矩形件的变形趋势,上圆下方件起皱时刻早于矩形件,因此,圆形件抗皱性能明显强于上圆下方件,通过比较两者的应变线斜率可知,上圆下方件斜率大于矩形件斜率。由于带孔矩形板临界应变线斜率最小,且临界起皱时刻最晚,推知带孔矩形板的抗皱性最强,最不易发生起皱失稳。利用临界应变线斜率来表征板材的抗皱性,即当板材临界应变线斜率的绝对值越大,板材抗皱性就越弱。

3. 不同路径下临界应变比与应力比

为了探究是否可以通过应变比或应力比建立适用于不同应力加载路径的统一起皱判定线,提取上述不同应力路径下临界起皱时刻的应力与应变数据,并在主应力空间和主应变空间中描点,如图 8-33 所示。

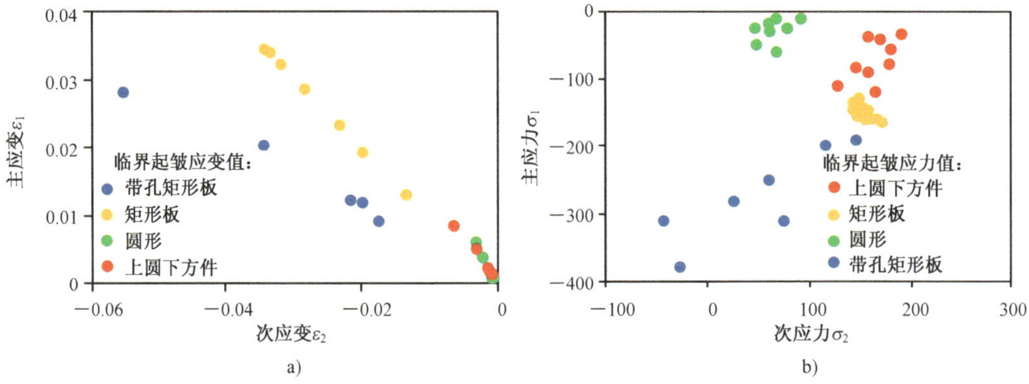

图 8-33　不同形状试件得临界起皱应变值与临界起皱应力值

由图 8-33a)可知,不同应力路径下的临界应变值在主应变空间中呈现线性分布,但其总体并无线性趋势,即不同形状试件下屈曲单元虽存在近似呈线性临界起皱应变线,但试件临界起皱应变线的斜率各不同,所以单一形状试件所拟合的应变线仅能代表此应力状态下的临界情况。由图 8-33b)可知,各个路径下的临界起皱应力值的总体数据零散分布于主应力空间中,未呈现出任何分布规律。

因此，单独用应变比或应力比均无法建立适用于不同应力路径的临界起皱判定线。从应力路径的发展变化上来看，在分叉前的路径都是近似线性的，符合比例加载的特征；而每条应力路径都存在对应的临界起皱应变线，即每条路径对应的临界起皱应变比是特定的。故本书将应变比与应力比结合起来，将表征量提升为 4 个，尝试建立以应力比和应变比表征的统一判定线。

8.5.3　不同应力路径下剪切件 WLD 建立

基于第 7 章所用的最小二乘法原理，对不同形状试件的应力比和应变比数据进行曲线拟合，得到图 8-34 所示的临界起皱判定线。

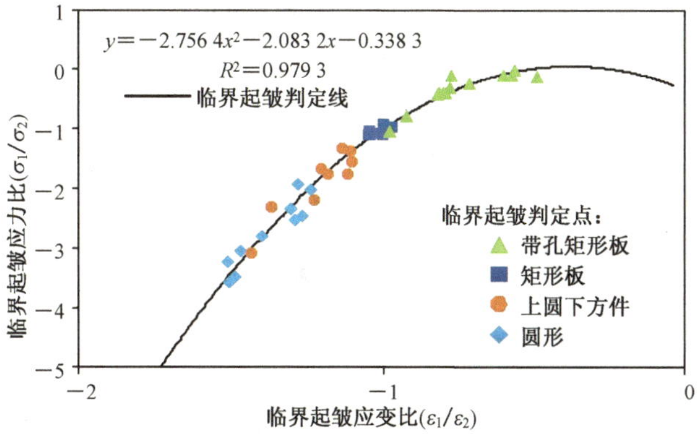

图 8-34　不同应力路径的临界判定线

由图 8-34 可知，不同形状试件的临界判定线斜率按逐渐增大排列，即圆形件>上圆下方件>矩形板>带孔矩形板，随着应变比的增大，应力比也逐渐增大。不同形状试件的拟合精度与临界应变线拟合精度一致 $R^2_{(方板件)}=0.999\,7>R^2_{(上圆下方件)}=0.996\,3>R^2_{(圆形件)}=0.981\,1>R^2_{(带孔矩形板)}=0.973\,9$，由此可知，方板件拟合精度最高，带孔矩形板拟合精度最低。通过对比不同形状试件的应力路径，发现矩形板的应力路径最为集中，而带孔矩形板的应力路径最为分散，由此推知，应力路径会对临界起皱应变比产生影响，也证明临界起皱判定线具有通用性。

为了验证剪应力下不同应力路径所建立的临界起皱应变线是否适用于第 7 章中建立的适用于不同承载工况的临界起皱判定线，将本书所建立的临界起皱判定线与不同工况下的判定线进行对比，如图 8-35 所示。

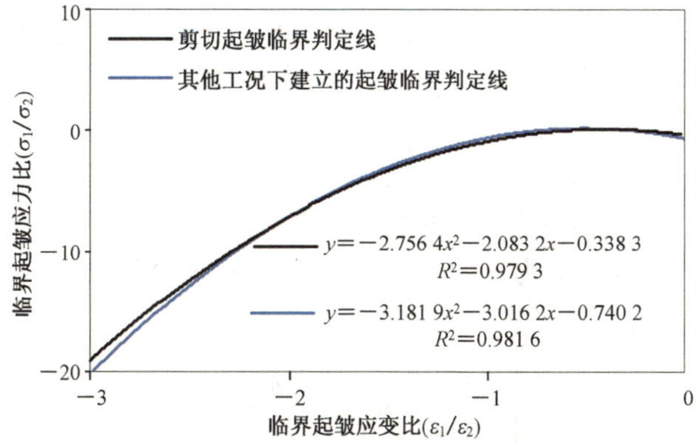

图 8-35　剪切起皱临界判定线与其他工况下建立的临界起皱判定线对比图

由图 8-35 可知,两条曲线均为一元二次方程,且相差较小、重合度较高,由此可验证本书所建立的起皱判定线不仅适用于剪切起皱工况,对其他多种成形工况下试件也具有适用性。且与结合多种不同工况建立的临界起皱判定线相比,剪切条件下通过更换不同试件形状便可获取多种不同应力路径下的起皱数据,且应力路径区间跨度全面,无须设计多套模具进行试验。因此采用本章的方法建立临界起皱判定线更高效、方便。通过已得到的两种曲线进一步说明,以本章的方法建立的临界起皱判定线具有多工况通用性。

8.5.4 板厚对临界判定线的影响

为了探究板料厚度对临界起皱判定线的影响,分别提取了厚度为 0.4 mm、1 mm 及 1.3 mm 的圆形件的应力与应变数据。绘制在本章建立的统一起皱判定线中,如图 8-36 所示。

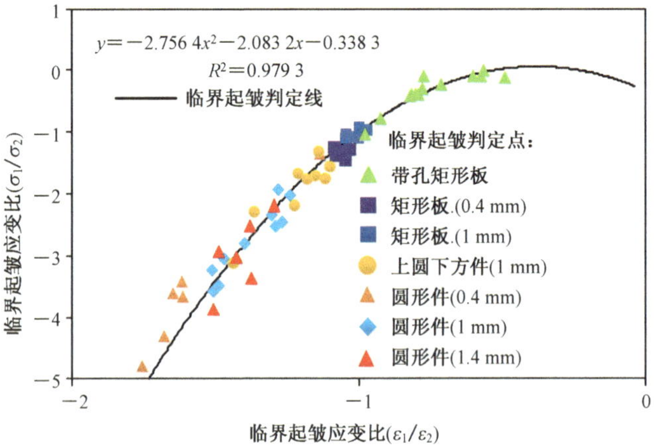

图 8-36 板厚对临界起皱判定线的影响

由图 8-36 可知,三种厚度圆形试件的统一临界判定点均近似分布于统一临界起皱判定线上。由此证明,在板厚为 0.4mm~1.3mm 时不同应力路径下所建立的起皱判定线不受板厚影响。

8.5.5 剪切件起皱区域单元簇受力分析

由数值模拟结果可知,不同形状剪切件的应力路径不同,起皱失稳的先后次序也不一致,由于起皱失稳问题并非由单一单元所导致,而是由多个单元共同作用的失稳行为,因此,对试件屈曲原因的探究也等价于对屈曲单元的应力状态分析,下文对不同形状试件的屈曲单元进行受力分析,首先对试件不同屈曲位置进行编号,编号与上文一致,通过提取不同形状试件屈曲节点单元临界时刻的平面应力及切应力数值,计算屈曲单元的受力状态,探究受力状态对切应力起皱失稳的影响。

为了探究剪切件的不同屈曲单元应力状态对起皱失稳的影响,由以下方法提取分析,通过有限元模拟软件提取试件临界屈曲位置的平面正应力及切应力,平面正应力为 S11、S22、剪切为 S12(其中 S11 即为 σ_x,S22 即为 σ_y,S12 即为 τ_{xy})。根据金属塑性成形理论可由下列公式求解:

$$\left.\begin{matrix}\sigma_1\\ \sigma_2\end{matrix}\right\}=\frac{\sigma_x+\sigma_y}{2}\pm\sqrt{\left(\frac{\sigma_x-\sigma_y}{2}\right)^2+\tau_{xy}{}^2} \tag{8-20}$$

$$\gamma=\frac{1}{2}\arctan\frac{-2\tau_{xy}}{\sigma_x-\sigma_y} \tag{8-21}$$

式中，γ——主应力 σ_1 方向与 x 轴间的夹角。

将 σ_x、σ_y、τ_{xy} 代入式(8-20)与(8-21)中求解，不同形状下的临界屈曲位置单元应力状态如图 8-37、8-38、8-39 所示。对于同宽不同高的矩形试件，试件屈曲单元均受横向的拉应力，其轴向受压应力的作用，如图 8-37 所示，其正应力在数值上大小相差不大，同宽不同高试件均受剪切的作用，且剪切数值大小远大于正应力 σ_x 与 σ_y，而皱纹实际形成的角度近似成 45°。由此证明此单元屈曲现象是由剪切为主所导致的起皱失稳现象，其主应力角度平均值分别为 44.2°、44.07°、43.8°，如表 8-4 所示。

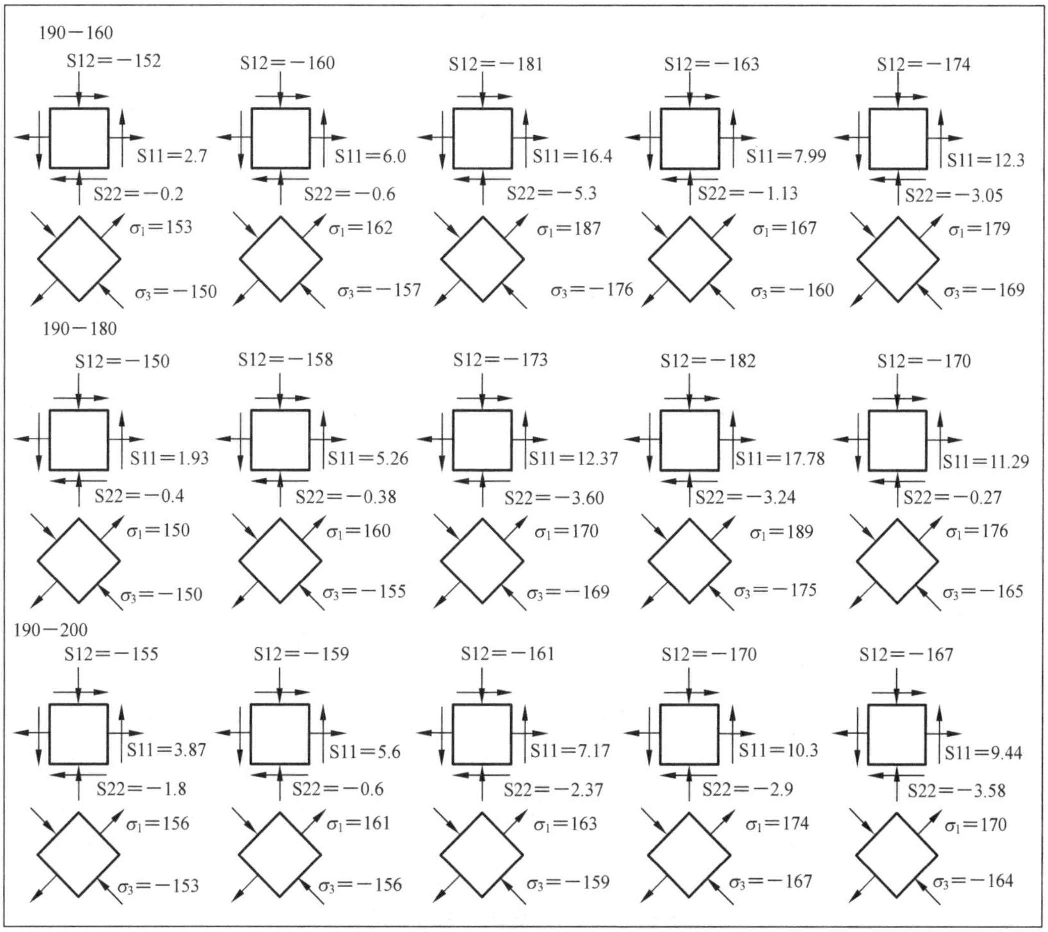

图 8-37　同宽不同高试件屈曲单元应力状态对比

表 8-4　同宽不同高试件主应力角度

屈服单元编号	1	2	3	4	5	平均值
$a=190$ $b=160$ 主应力角度	44. 8°	44. 4°	43. 8°	44. 2°	43. 8°	44. 2°
$a=190$ $b=180$ 主应力角度	44. 8°	44. 5°	43. 7°	43. 3°	44. 1°	44. 08°
$a=190$ $b=200$ 主应力角度	44. 5°	43. 4°	43. 4°	43. 9°	43. 9°	43. 8°

同高不同宽试件屈曲单元的应力状态如图 8-38 所示，其规律与同宽不同高类似，主应力与压应力数值上远小于剪切大小，其主应力角度平均值为 43.8°、44°、44.8°，如表 8-5 所示。

对于圆形件与上圆下方件，其不同屈曲单元应力状态如图 8-39 所示，由于剪切区域形状不同，圆形件与上圆下方件所受剪切比矩形件较小，由圆形件与上圆下方件主应力角度平均值分别为 39.7°及 41.4°，如表 8-6 所示。

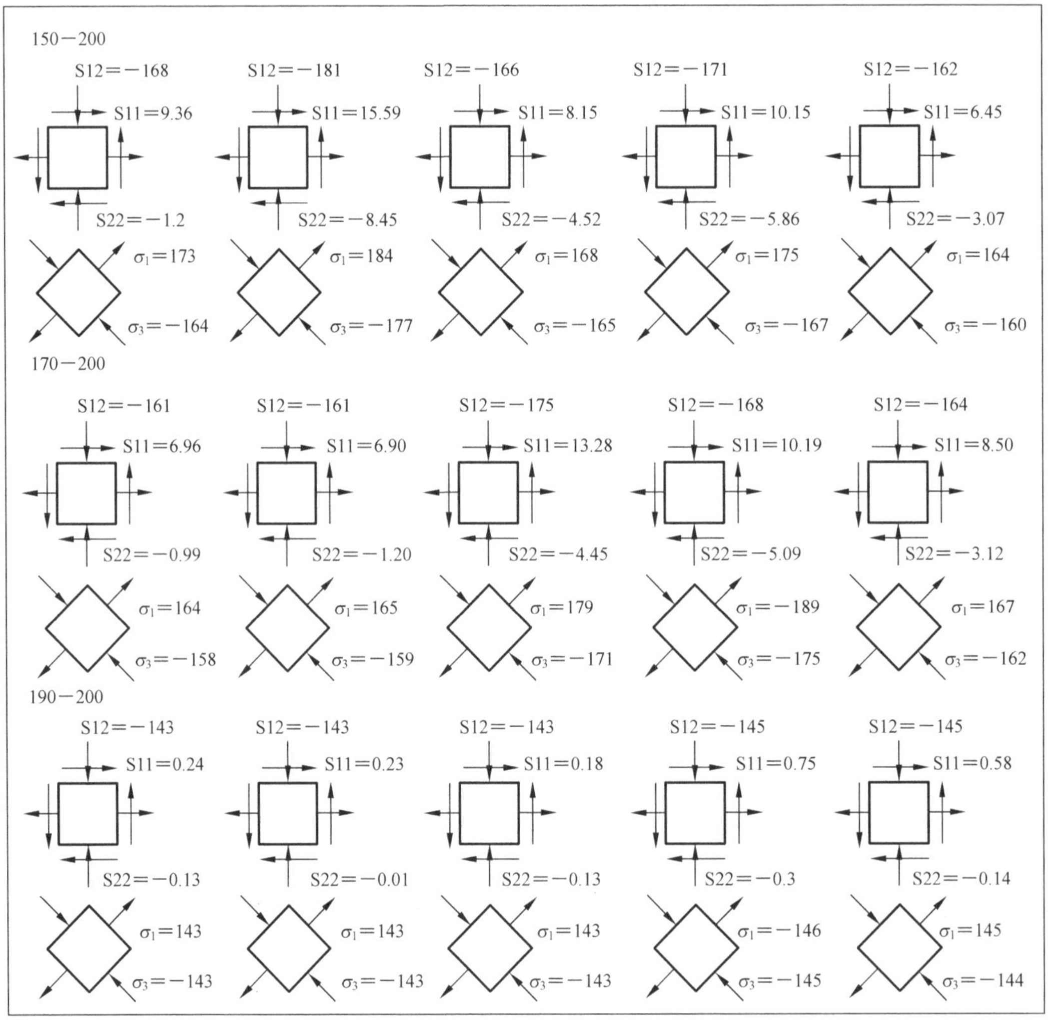

图 8-38 同高不同宽试件屈曲单元应力状态对比

表 8-5 同高不同宽试件主应力角度

屈服单元编号	1	2	3	4	5	平均值
$a=150$ $b=200$ 主应力角度	44°	43.1°	43.9°	43.7°	44.2°	43.8°
$a=170$ $b=200$ 主应力角度	44.3°	44.3°	43.6°	43.7°	44°	44°
$a=190$ $b=200$ 主应力角度	44.6°	44.8°	44.7°	44.8°	44.8°	44.8°

由上述分析可知，随着试件高度的增加，主应力角度平均值逐渐减小，随着宽度的增加，主应力角度平均值逐渐增加。圆形件与上圆下方件主应力角度近似 40°左右。皱波角度平均值与该位置皱纹走向一致。试件左、右两侧的皱屈单元的主应力角度数值存在一定的差异，这是由于各皱屈单元应力加载路径不同。

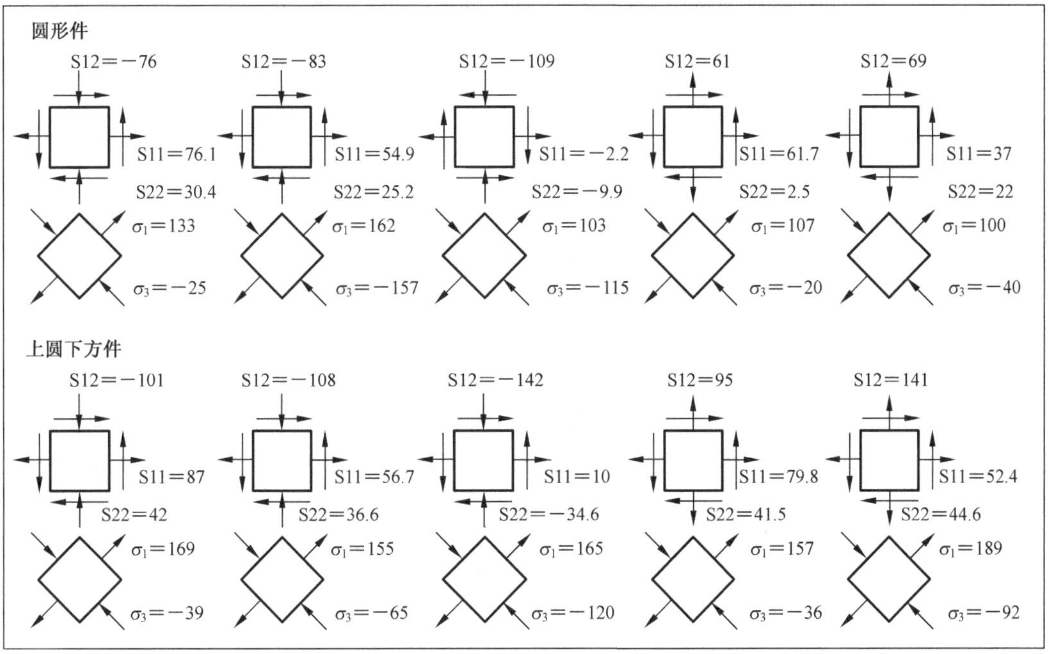

图 8-39　圆形与上圆下方件屈曲单元应力状态对比

表 8-6　圆形件与上圆下方件主应力角度

屈服单元编号	1	2	3	4	5	平均值
圆形件主应力角度	36.5°	39.9°	44°	36.6°	41.9°	39.7°
上圆下方件主应力角度	38.7°	41.3°	42.5°	39.3°	44.2°	41.4°

8.6　本章小结

本章基于剪切起皱试验，利用 ABAQUS 有限元数值模拟平台，分析不同应力路径下的起皱失稳判定线，采用试验与数值模拟相结合的方法，分析结果如下：

（1）基于单向拉伸试验测试 304 不锈钢板的材料性能，得到其各向异性参数及真实应力-应变曲线。为得到剪切条件下的起皱失稳特征，设计了一种剪切试验，并利用 DIC 系统采集剪切试件的应变数据以便后续分析。由试验结果可知，在试件编号 3 位置的皱纹最先出现，随着变形的进行，板料其余位置逐渐发生起皱现象，且形成的皱波近似按照正弦波浪状皱纹形式繁衍。

（2）利用有限元软件的特征值屈曲分析与动态显示算法相结合的方法实现对起皱失稳真实形貌的准确预测，从而建立剪切起皱数值模拟模型，并探究板厚对厚向位移的影响与皱纹发展的关系并对比同一皱脊处与不同皱脊处失稳位置的应变路径，发现同一皱纹皱波由中心向两侧逐渐衍生，临界应变线上同一皱脊处不同单元的临界起皱应变比相同，且板厚越厚，越不易形成皱纹，板料越薄，所形成的皱纹数量越多，皱波间距也越小。

(3) 建立了剪切起皱理论模型。利用理论公式计算试件起皱失稳时临界剪切数值，并对比不同尺寸、不同厚度下数值的差异。结果表明，对于不同尺寸试件，试件形状越接近正方形，其理论计算结果误差越大。剪切件起皱区域宽度尺寸越小，试件抗皱性越强，临界剪切数值越大。板材抗皱性与临界剪切值都随板材厚度的增加而增大。

(4) 提取不同剪切件的应力应变路径，发现不同形状试件的临界起皱主应变数据在各自的主应变空间中呈线性分布，其线性程度为：圆形件>上圆下方件>矩形件>带孔矩形件；不同形状试件起皱单元的应力路径差异显著，临界起皱主应力数据在主应力空间中无任何分布规律。通过改变试件形状获取不同的应力加载路径，并结合最小二乘法建立以应力比和应变比表示的统一起皱判定线。根据有限元分析结果，研究剪切件的起皱失稳机理及临界起皱判定线的建立，证明所建立的临界起皱判定线的准确性。

(5) 利用本章设计的剪切起皱试验模型，仅通过改变试件形状就能获取不同的应力加载路径，进而建立以应力比和应变比表示的统一起皱判定线。且利用该方法建立的统一起皱判定线和基于其他多种薄板变形工况综合建立的起皱判定线近似重合，说明本章的统一判定线能用于其他薄板厚向不受约束的成形起皱预测。此外，采用本章方法所建立的临界起皱判定线更高效、方便，无须设计多套模具进行试验，能够在工程实践中推广应用，为板材起皱失稳预测提供了一种新的技术方案。

第 9 章

薄板起皱理论分析——静力平衡法

9.1 薄板本构关系求解

9.1.1 弹性阶段本构关系求解

为了推导薄板剪切起皱理论,需要作以下假设:

(1) 薄板厚度方向的尺寸较小,厚度方向的应力可以忽略不计,即薄板在变形时处于平面应力状态,板料沿厚度方向的变形是连续的。

(2) 对于剪切起皱失稳而言,厚向屈曲的发生要先于由于塑性变形而产生的显著厚度变化。薄板中变形前垂直于中面的直线段,变形后长度不变,且仍为垂直于中面的直线,该线段长度不变,即 $\varepsilon_z=0$。

由胡克定律可知,弹性薄板板在主轴方向的应力和应变之间存在以下关系:

$$\varepsilon_x=\frac{1}{E}(\sigma_x-\mu\sigma_y) \tag{9-1}$$

$$\varepsilon_y=\frac{1}{E}(\sigma_y-\mu\sigma_x) \tag{9-2}$$

$$\gamma_{xy}=\frac{1}{2G}\tau_{xy} \tag{9-3}$$

式中,E——弹性模量;

G——切变模量。

薄板变形如图 9-1 所示,取板内平行于 yz 面的单元面,如图 9-1a)所示,则该面在 zx 面内的变形如图 9-1b)所示。

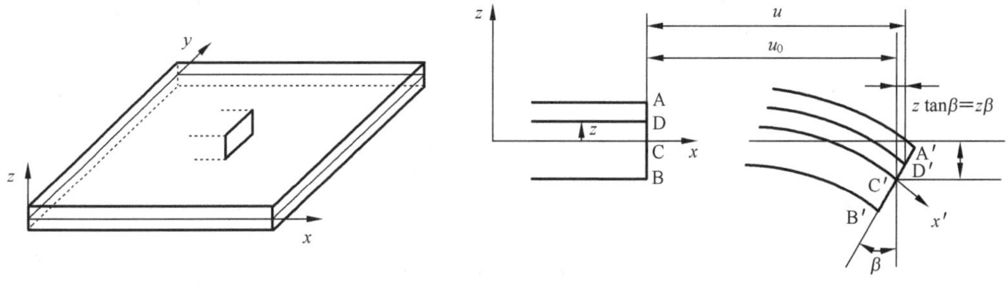

图 9-1 板料变形分析

设板料任意一点的挠度函数为 $w(x,y)$,则由 $\varepsilon_z=0$,即 $\varepsilon_z=\partial w/\partial z=0$ 可知,板料的挠度 w

与 z 无关。设中面的挠度为 $w_0(x_0,y_0)$，则任意一点的挠度为

$$w=w(x,y)=w_0(x_0,y_0) \tag{9-4}$$

任意点沿 x 方向的变形量为

$$u=z\beta=-z\frac{\partial^2 w_0}{\partial x} \tag{9-5}$$

则任意点沿 x 方向的应变为

$$\varepsilon_x=\frac{\partial u}{\partial x}=-z\frac{\partial^2 w_0}{\partial x^2} \tag{9-6}$$

同理可得

$$\varepsilon_y=\frac{\partial v}{\partial y}=-z\frac{\partial^2 w_0}{\partial y^2} \tag{9-7}$$

$$\gamma_{xy}=\frac{\partial u}{\partial y}+\frac{\partial v}{\partial x}=-2z\frac{\partial^2 w_0}{\partial xy} \tag{9-8}$$

代入式(9-1)、(9-2)、(9-3)，薄板的本构关系可以用 w_0 表示，得

$$\sigma_x=\frac{E}{1-\mu^2}(\varepsilon_x+\mu\varepsilon_y)=-\frac{Ez}{1-\mu^2}\left(\frac{\partial^2 w_0}{\partial x^2}+\mu\frac{\partial^2 w_0}{\partial y^2}\right) \tag{9-9}$$

$$\sigma_y=\frac{E}{1-\mu^2}(\varepsilon_y+\mu\varepsilon_x)=-\frac{Ez}{1-\mu^2}\left(\frac{\partial^2 w_0}{\partial y^2}+\mu\frac{\partial^2 w_0}{\partial x^2}\right) \tag{9-10}$$

$$\tau_x=\frac{E}{2(1+\mu)}\gamma_{xy}=-\frac{Ez}{1+\mu}\frac{\partial^2 w_0}{\partial xy} \tag{9-11}$$

9.1.2 塑性阶段本构关系求解

板料在塑性变形阶段出现的屈曲称为弹塑性屈曲或塑性屈曲。这两种称呼代表了研究屈曲问题时不同的处理方法，弹塑性屈曲对板料的应力-应变按弹性阶段与塑性阶段分别处理，塑性屈曲则将材料视为刚塑性模型，对板料的应力-应变关系全部按塑性阶段处理。为了计算结果的准确性，本节将矩形薄板试件按照弹塑性屈曲问题处理。

在塑性阶段，除了弹性阶段提出的假设，还需要提出以下假设：薄板在塑性变形过程中满足全量理论。既外载荷各分量按比例增加，加载从原点出发，中途不卸载，加载过程中应力主轴方向与应变主轴方向固定不变，且应力主轴与应变主轴重合。变形体不可压缩，泊松比 $\mu=1/2$。

由塑性阶段的全量理论：

$$\varepsilon_x=\frac{1}{E'}(\sigma_x-\frac{1}{2}\sigma_y) \tag{9-12}$$

$$\varepsilon_y=\frac{1}{E'}(\sigma_y-\frac{1}{2}\sigma_x) \tag{9-13}$$

$$\gamma_{xy}=\frac{1}{2G'}\tau_{xy} \tag{9-14}$$

式中，E'——塑性模量；

G'——塑性切变模量。

对比弹性阶段的胡克定律与塑性阶段的全量理论可知，两式在表达形式上相同，其中 E'、

G'、1/2 与胡克定律中的 E、G、μ 相当。

9.2 临界屈曲载荷推导

9.2.1 受力平衡方程

板料在面内压力的作用下,将产生面内变形,而其薄膜力平衡了外力的作用。当面内压力载荷达到临界值时,板料将由面内平衡状态转变为弯曲平衡状态。挠度 w 是板料发生失稳现象的变形特征。假设板料在内力作用下发生微小屈曲变形,然后计算保持微小屈曲变形的力的大小,即得到屈曲临界载荷值。一般可用能量法或静力平衡法求解临界屈曲应力,此处利用静力平衡法求解复合板临界屈曲载荷值。

设平板单元体面外受力如图 9-2 所示,单位宽度上的剪力和弯矩分别定义为

$$(Q_x, Q_y) = \int_{-t/2}^{t/2} (\tau_{xy}, \tau_{yx}) \mathrm{d}z \tag{9-15}$$

$$(M_x, M_y, M_{xy}, M_{yx}) = \int_{-t/2}^{t/2} (\sigma_x, \sigma_y, \tau_{xy}, \tau_{yx}) z \mathrm{d}z \tag{9-16}$$

式中,t——板材截面厚度。

由于 $\tau_{xy} = \tau_{yx}$,因此有 $M_{xy} = M_{yx}$,则沿 z 轴方向的平衡条件为

$$\frac{\partial Q_x}{\partial x} + \frac{\partial Q_y}{\partial y} - p = 0 \tag{9-17}$$

式中,p——横向分布载荷。

则绕 x 轴和 y 轴的力矩平衡条件为

$$\frac{\partial M_{xy}}{\partial x} + \frac{\partial M_y}{\partial y} - Q_y = 0 \tag{9-18}$$

$$\frac{\partial M_x}{\partial x} + \frac{\partial M_{yx}}{\partial y} - Q_x = 0 \tag{9-19}$$

用力矩表示的平衡方程为

$$\frac{\partial^2 M_x}{\partial x^2} + \frac{\partial^2 M_y}{\partial y^2} + 2\frac{\partial^2 M_{yx}}{\partial x \partial y} = p \tag{9-20}$$

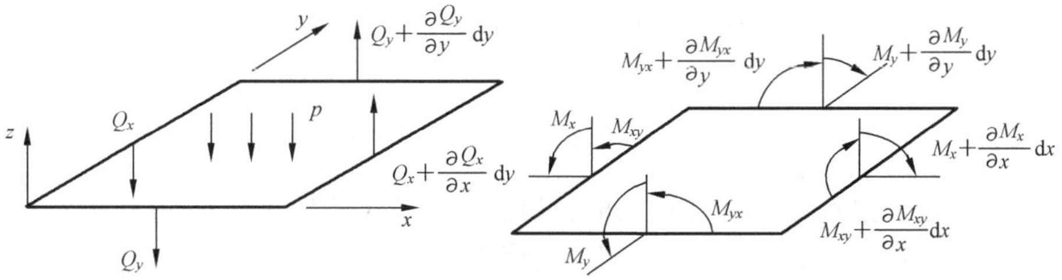

图 9-2　平板单元受力示意图

9.2.2 临界屈曲状态平衡方程

考虑主轴方向作用面内载荷 N_x,N_y,N_{xy} 的屈曲问题,单元受力如图 9-3 所示。屈曲变形后,面内力 N_x 的方向发生偏移,在 z 方向的投影分量为 $N_x \dfrac{\partial^2 w}{\partial x^2}\mathrm{d}x$,则屈曲变形后三个载荷 N_x,

N_y, N_{xy} 在 z 方向产生的载荷为

$$N_x \frac{\partial^2 w}{\partial x^2}+N_y \frac{\partial^2 w}{\partial y^2}+2N_{xy} \frac{\partial^2 w}{\partial x \partial y} \tag{9-21}$$

带入弯曲力矩平衡表达式(9-20)可得

$$\frac{\partial^2 M_x}{\partial x^2}+\frac{\partial^2 M_y}{\partial y^2}+2 \frac{\partial^2 M_{yx}}{\partial x \partial y}=N_x \frac{\partial^2 w}{\partial x^2}+N_y \frac{\partial^2 w}{\partial y^2}+2N_{xy} \frac{\partial^2 w}{\partial x \partial y} \tag{9-22}$$

将挠度函数 $w=w(x,y)$ 代入上式,则

$$D(\frac{\partial^4 w}{\partial x^4}+2 \frac{\partial^4 w}{\partial x^2 \partial y^2}+\frac{\partial^4 w}{\partial y^4})=N_x \frac{\partial^2 w}{\partial x^2}+N_y \frac{\partial^2 w}{\partial y^2}+2N_{xy} \frac{\partial^2 w}{\partial x \partial y} \tag{9-23}$$

其中 D 为弯曲刚度

$$D=\frac{Et^3}{12(1-\mu^2)} \tag{9-24}$$

设矩形板在变形过程中的挠度满足下列形式:

$$\omega=a_{mn}\sin(m\pi x/a)\sin(n\pi y/b) \tag{9-25}$$

其中,m 和 n 分别为沿着 x 方向和沿着 y 方向的屈曲半波数。将挠度函数代入屈曲方程中可得特定边界条件下的临界屈曲应力值。

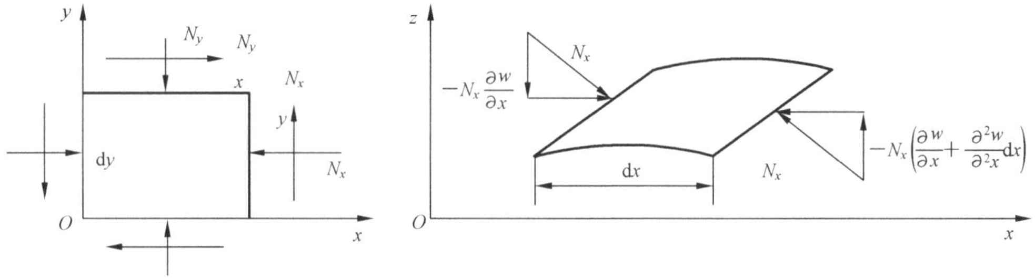

图 9-3 板料屈曲受力分析

9.2.3 剪切状态下临界屈曲主应力的计算

在主应力空间中,$\tau_{xy}=\tau_{xy}=0$,那么 $N_{xy}=N_{yx}=0$,则式(9-25)可简化为

$$D\left(\frac{\partial^4 w}{\partial x^4}+2 \frac{\partial^4 w}{\partial x^2 \partial y^2}+\frac{\partial^4 w}{\partial y^4}\right)=N_x \frac{\partial^2 w}{\partial x^2}+N_y \frac{\partial^2 w}{\partial y^2} \tag{9-26}$$

代入挠度函数表达式,可得

$$D\pi^2\left[\left(\frac{m}{a}\right)^4+2\left(\frac{mn}{ab}\right)^2+\left(\frac{n}{b}\right)^4\right]=N_x\left(\frac{m}{a}\right)^2+N_y\left(\frac{n}{b}\right)^2 \tag{9-27}$$

当矩形板在变形过程中受纯切应力时,其两向主应力值大小相等,符号相反,因此可由式(9-27)求得纯剪应力状态下的临界薄膜力的值为

$$N(m,n)=\frac{\pi^2 D(m^4b^4+n^4a^4)}{a^2b^2(m^2b^2+n^2a^2)} \tag{9-28}$$

则临界屈曲主应力为

$$\sigma(m,n)=\frac{\pi^2 D(m^4b^4+n^4a^4)}{ta^2b^2(m^2b^2+n^2a^2)} \tag{9-29}$$

由主应力表达式可知,纯剪切条件下材料的主应力值与试件的尺寸参数 a、b,弯曲刚度 D,以

及沿着 x 方向和 y 方向的屈曲半波数相关。由屈曲的物理现象指出,屈曲波形必须是整数的半波,即 m 应为正整数而不是连续的变量。由纯剪切状态下的临界屈曲主应力表达式可知,临界屈曲主应力随 m、n 单调递增,显然当 $m=1$ 且 $n=1$ 时,临界屈曲主应力 $\sigma(m,n)$ 取最小值:

$$\sigma_{cr}=\frac{\pi^2 D(b^4+a^4)}{ta^2b^2(b^2+a^2)} \tag{9-30}$$

在塑性阶段,根据屈雷斯加屈服准则可得,当材料的主应力值满足以下关系时材料达到屈服状态:

$$\bar{\sigma}=\frac{1}{\sqrt{2}}\sqrt{(\sigma_1-\sigma_2)^2+(\sigma_2-\sigma_3)^2+(\sigma_3-\sigma_1)^2}=\sigma_s \tag{9-31}$$

平面应力状态下 $\sigma_3=0$,而纯剪切状态下 $\sigma_1=-\sigma_2$,因此上式计算结果为

$$\sigma_1=-\sigma_2=\frac{\sigma_s}{\sqrt{3}} \tag{9-32}$$

$$\sigma_{cr}{}'=\frac{1}{\sqrt{3}}\sigma_s+\frac{\pi^2 D'(b^4+a^4)}{ta^2b^2(b^2+a^2)} \tag{9-33}$$

9.3　剪切件抗皱性影响因素研究

9.3.1　板料厚度对临界屈曲应力的影响

由上述计算结果可知,剪应力状态下的临界屈曲应力与弯曲刚度相关,由弯曲刚度的计算表达式(9-24)可知,剪切件的弯曲刚度仅与材料本身性质及板料厚度相关,弯曲刚度 D 随板料厚度及弹性模量变化情况如图 9-4 所示,在纯剪切的情况下,临界起皱主应力值与弯曲刚度成正比。因此,在尺寸不变的情况下,薄板临界起皱应力随厚度的变化趋势与弯曲刚度随厚度的变化趋势趋于一致。计算试件在不同厚度下的临界屈曲应力值,绘制于图 9-5,进而探讨厚度对剪切件临界屈曲应力的影响。对照 8.2 节中的试验结果,试件尺寸及拉伸位移相同的情况下,厚度越大的试件,临界屈曲应力越大,最终形成的皱纹高度越小,与理论分析的趋势一致。

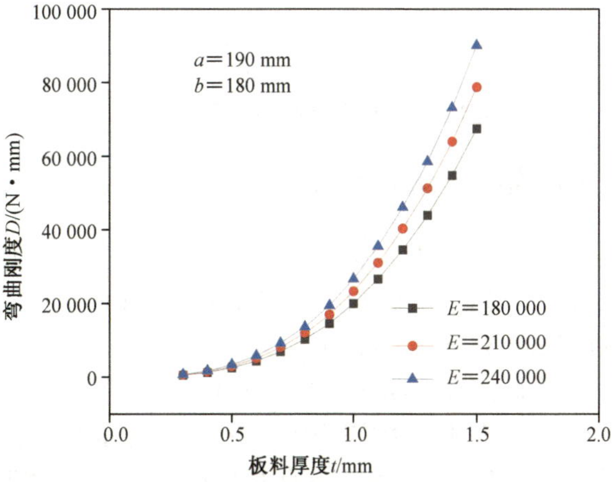

图 9-4　弯曲刚度随板料厚度的变化

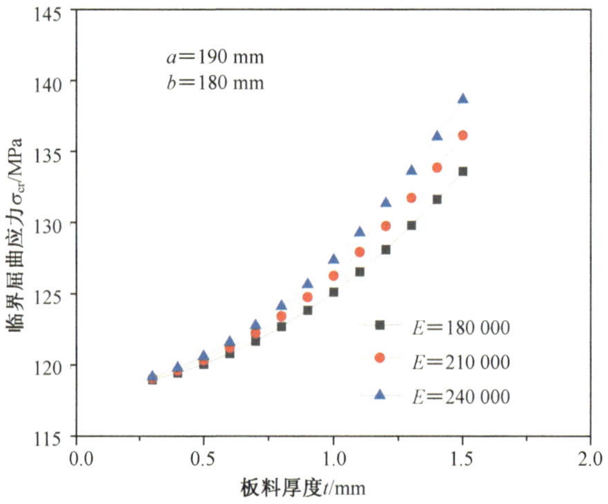

图 9-5 临界屈曲应力随板料厚度的变化

9.3.2 板料尺寸对临界屈曲应力的影响

由临界屈曲应力的计算表达式可知,试件尺寸会影响板料的临界屈曲应力。计算板料相同厚度、不同尺寸下的临界屈曲应力大小,由图 9-6 可知,试件临界屈曲应力会随着试件长度 a 和高度 b 的增大而减小,上述现象表明,板料形状也会影响到板料成形的抗皱性。

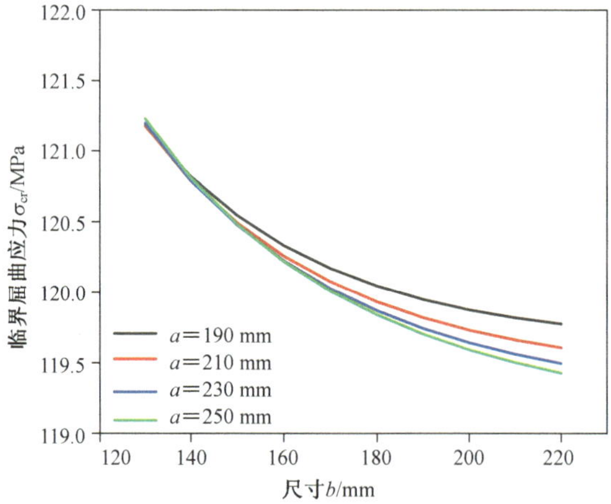

图 9-6 临界屈曲应力随尺寸的变化

9.4 一般应力状态下的临界起皱判定线

由于解析式的复杂性,只有板料在单向受压($\sigma_1=0$)、正方形板双向受压($\sigma_1=\sigma_2$)或纯剪切($\sigma_1=\sigma_2$)等简单载荷状态下才能通过理论分析求解临界屈曲载荷。而对于一般复杂应力状况,很难直接通过解析方法求解其临界屈曲应力的大小。

在主应力空间中,试件在临界屈曲状态满足力矩平衡等式(9-34)时,即面内两向主应力满足该表达式时,试件发生起皱。在主应力空间中,若随机给出其中一个主应力的值,则可利用力矩平衡方程求解达到临界起皱条件时另一主应力的大小。临界起皱时刻两向主应力满足下列等式:

$$D\pi^2\left[\left(\frac{m}{a}\right)^4+2\left(\frac{mn}{ab}\right)^2+\left(\frac{n}{b}\right)^4\right]=-\left[\sigma_1 t\left(\frac{m}{a}\right)^2+\sigma_2 t\left(\frac{n}{b}\right)^2\right] \tag{9-34}$$

$$\sigma_2=\left\{-D\pi^2\left[\left(\frac{m}{a}\right)^4+2\left(\frac{mn}{ab}\right)^2+\left(\frac{n}{b}\right)^4\right]-\sigma_1 t\left(\frac{m}{a}\right)^2\right\}\frac{1}{t}\left(\frac{b}{n}\right)^2 \tag{9-35}$$

那么此处可将相关理论结合平衡法求解薄板的理论临界起皱判定线。随机给定第一主应力的值,利用平衡法即式(9-35)求解第二主应力的值,然后利用塑性阶段的全量理论即式(9-12)和(9-13)求解此时的两向主应变值,可以得到多种加载条件下试件的临界起皱应力比和应变比,进而得到薄板的理论临界起皱判定线。如图 9-7 所示,提取 $t=1$ mm,$a=190$ mm,$b=180$ mm 的 304 薄板试件的应力比和应变比,通过与模拟获得的适用于不同工况下的临界起皱判定线对比发现,两者均为一元二次方程,且相差较小、重合度较高,但仍存在一些差异,主要原因有:

(1) 基于试验数据建立的数值模拟模型易受试验条件和环境的影响,而理论模型的建立基于一些基本假设和针对剪切工况的假设,两者之间的误差不可避免。

(2) 数值模拟周期较长,过程烦琐,通过模拟获得的样本量较少,拟合精度受到影响。

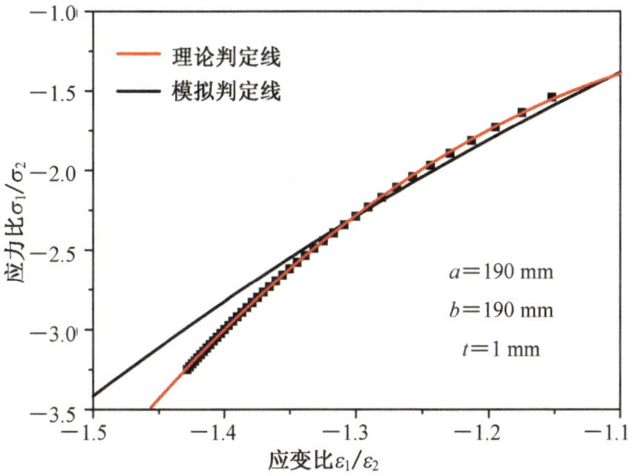

图 9-7　304 不锈钢板理论临界起皱判定线

9.5　本章小结

本章结合材料力学相关理论及薄板起皱理论推导了在弹性阶段和塑性阶段的本构关系,根据屈曲平衡方程求出试件在纯剪切应力条件下的临界屈曲主应力的表达式。在此基础上绘制了试件的理论统一临界起皱判定线,通过与模拟获得的判定线进行对比,发现两者相差较小,重合度较高,验证了通过模拟获取的唯象型统一起皱判定曲线拟合函数形式的准确性。

参 考 文 献

[1]　王可,毛志伋. 基于 Matlab 实现最小二乘曲线拟合[J]. 北京广播学院学报(自然科学版),2005,50(2):52-56.

[2]　崔令江,杨玉英,李硕本. 薄板冲压成形中剪切起皱的试验研究[J]. 锻压技术,2002(2):27-30.

第四篇

工艺应用篇

第 10 章

盒形件单道次拉深法兰起皱

10.1 盒形件简介

随着科学技术的不断发展,汽车、军工、船舶、日常五金等制造领域对产品轻量化、外观、精度要求不断提高,薄壁零件的成形工艺优化逐渐引起该领域内专家的注意。不锈钢材料具有良好的延展性、耐高温、耐腐蚀等特点,在薄板成形中被广泛应用,但在拉伸时存在屈服点高、硬度高等特点,导致在拉深过程中容易出现起皱失稳现象,影响产品质量及模具寿命[1],另外薄壁零件具有较大的宽厚,在成形过程中受到面内压应力影响较大,导致其抗弯刚度较小,使起皱失稳现象更普遍[2,3]。因此预测板料成形过程中的起皱失稳发展趋势,并以此控制皱纹向着有利方向发展成为该领域的研究热点之一。

目前计算机以及有限元技术的快速发展,数值模拟已经成为设计加工工艺的必不可少的手段。ABAQUS 软件建立的金属薄壁板件有限元模型对实际工艺的预测作用已得到充分的实验证明,但由于数值模拟模型的准确性依赖于对有限元中关键问题的处理,例如运算方法、求解模块、单元类型、网格划分密度等参数的设置,因此可靠的有限元模型的建立需要以实验验证作为前提和保证,在此基础上分别改变单个工艺参数,系统地研究压边力、坯料几何尺寸、板料厚度等因素对薄壁盒形件拉深成形过程中起皱的影响规律,可以为薄壁盒形件的成形工艺设计提供参考依据。

盒形件在拉深过程中具有典型的非轴对称结构特点,使其受力状态较为复杂,盒形件各个区域的应力状态如图 10-1 所示,由图可知法兰区(A 区和 E 区)的金属主要受到径向拉应力、周向压应力以及压边圈施加的厚向压应力的作用。侧壁(B 区)在冲头的作用下,主要受到拉深方向的单向拉应力作用,同时也受法兰以及相邻侧壁变形影响,导致侧壁的受力状态复杂。盒形件底部(C 区)主要受到双向拉应力作用。侧壁与底部的过渡区(D 区)主要受到侧壁传来的拉应力和冲头在厚底方向上的压应力作用。因此盒形件在拉深过程中主要的变形区有法兰区、侧壁、盒形件底部以及侧壁与底部的过渡区。由于矩形盒形件的长边与短边不同,法兰区需细分为圆角区、长边区和短边区。

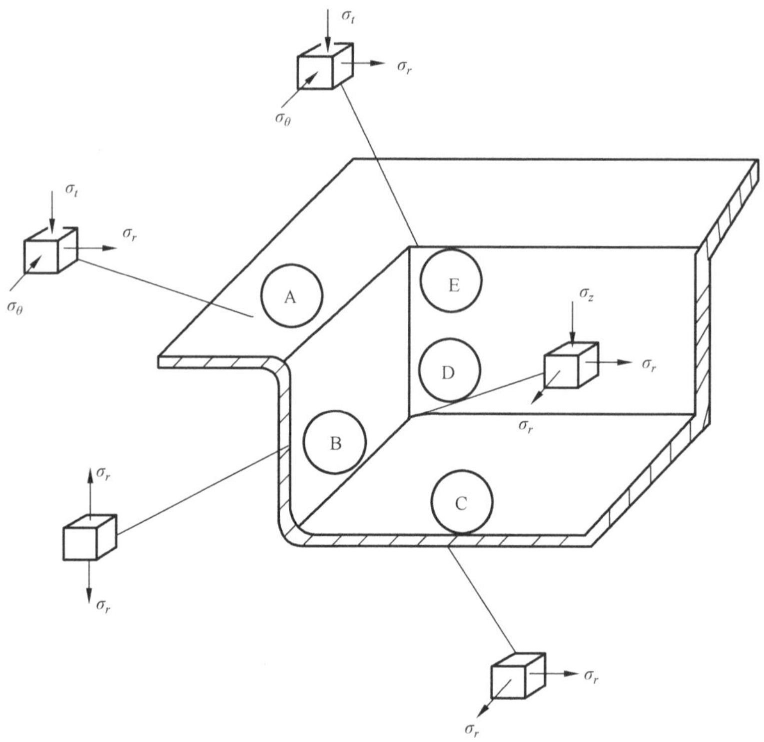

图 10-1　盒形件拉深时的应力状态

法兰区在拉深过程中，容易出现起皱失稳现象，如图 10-2a）所示，这是因为在冲头的作用下，法兰区受到径向拉应力 σ_r 和切向压应力 σ_θ，直边区和圆角区受到的应力状态相同，如图 10-1 所示，王银芝[4]在研究方盒形件拉深工艺中发现，圆角区受到的切向压应力和径向拉应力大于直边区，导致圆角区变形程度最大，但因为圆角区的金属会流向直边区，使其抗皱性增大。郎利辉[5]等人在研究铝合金盒形件充液拉深过程中，研究了长边区和短边区变形特征，短边区由于面积较小，圆角区金属流入短边时产生的切向压应力大于长边区，同时导致短边区比长边区的厚度增加速度更快，最终使短边区比长边区抗皱性能强，长边区比短边区更容易出现起皱失稳现象。

侧壁主要起到传力的作用，在拉深过程中主要受到凸模引起的单向拉应力作用，使侧壁厚度不断减薄。当压边间隙过大时，侧壁的圆角部分会因为受到不均匀拉应力而引发起皱失稳，如图 10-2b）所示。

盒形件底部以及侧壁与底部之间的过渡圆角区，一般不会出现起皱失稳现象，因为这两个区域主要受到拉应力的作用而出现壁厚减薄的现象，当壁厚减薄严重时，容易出现拉深破裂现象，如图 10-2c）所示。

综上所述，盒形件在拉深过程中容易出现起皱失稳现象的区域主要为法兰区，因此在本研究中主要将法兰区作为研究对象研究盒形件的起皱失稳缺陷。

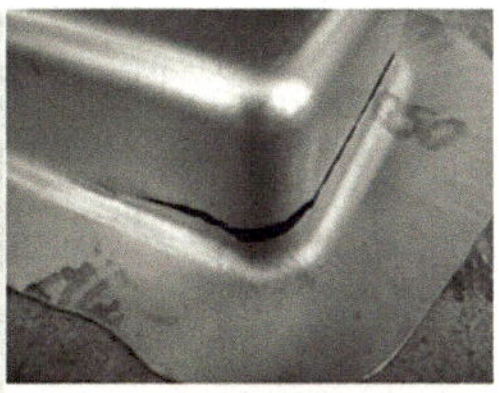

b) 凹模圆角处拉裂

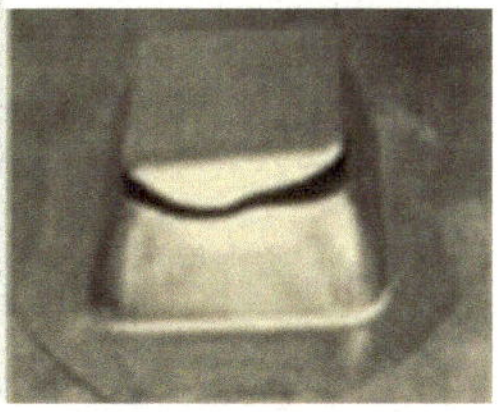

a) 盒形件法兰和侧壁区起皱

c) 侧壁与底部之间过渡区破裂

图 10-2　盒形件拉深起皱破裂示意图

10.2　盒形件拉深试验研究

盒形件作为日常生活中被广泛使用的拉深产品，由于在成形过程中复杂的变形与受力状态成为该领域研究的难点。盒形件与桶形件的拉深原理类似，主要是侧壁受到拉应力以及法兰受到压应力，但由于盒形件法兰处直边区和圆角区结构特点，使拉深过程中法兰的应力分布不均匀，导致盒形件侧壁与法兰各处金属的变形速度各不相同，然而影响上述不均匀变形的因素较多，本研究主要考虑压边力、板料厚度以及板料尺寸对成形的影响。

为研究压边力、板料厚度、板料尺寸三个因素对盒形件拉深过程中法兰区起皱失稳的影响，本章在总结前人的经验后，设计出盒形件拉深模具，并采用控制变量法对上述三种因素进行了试验，为后文研究多种因素下盒形件法兰起皱规律提供了试验基础。同时，通过拉深试验获取有效的材料属性参数，为建立模拟模型时构建与试验材料一致的属性参数提供有效的数据支撑。

10.2.1　材料性能研究

本研究选用的材料为 304 不锈钢轧制钢板，为获得材料的性能参数，根据《金属材料 拉伸试验》GB/T 228.1—2010 设计单向拉伸试验。以 GB/T 228.1—2010 为标准设置单向拉伸试件尺寸，如图 10-3 所示，在此基础上对厚度为 0.4 mm、0.5 mm、0.7 mm 的试件进行试验。

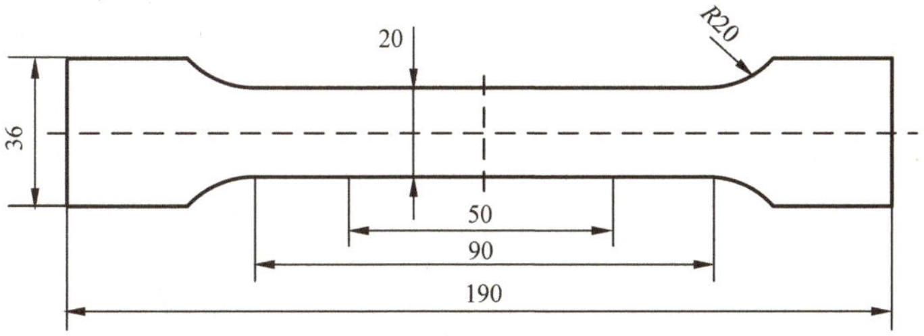

图 10-3　单向拉伸试件尺寸(mm)

考虑到板料在成形实验中，板料受到的厚向应力对实验结果影响较大，设置 304 不锈钢板材与轧制方向成0°、45°、90°的拉伸试件，测量板料各向异性系数。在拉伸试验中，主要使用WDW-100KN高低温微机控制电子万能材料实验机对试件施加拉应力，通过DIC应变拍摄系统保证数据提取的准确性。试验测得304不锈钢材料的弹性模量E为196 000 MPa，泊松比μ为0.3，0.4 mm、0.5 mm、0.7 mm厚度下的屈服应力σ_0分别为333.42 MPa、331.72 MPa、522.41 MPa。强度系数K分别为1 576 MPa、1 846.5 MPa、2 387.5 MPa。以0.4 mm厚度下的试件为例，绘制真实应力应变曲线和本构方程$\sigma=1\ 576\varepsilon+333.42$，两者拟合度均方差$R^2$为0.994 6，如图10-4所示。

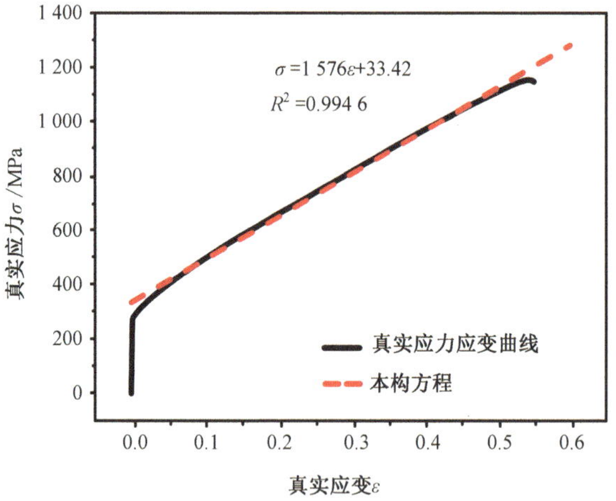

图10-4 真实应力-应变曲线

10.2.2 材料厚向异性

在ABAQUS有限元模拟中，常用的屈服准则有Mises和Hill48，考虑到盒形件拉深过程中可能受到板料各向异性的影响，因此通过单向拉伸试验测得工程应力、应变，并计算304不锈钢的各向异性系数。根据R. Hill的面内同向厚向异性模型，绘制各向异性系数R_n与试件长度方向工程应变平均值ε之间的曲线如图10-5所示，其中$t=0.4$ mm板料的各向异性参数：$R_0=0.765\ 2$，$R_{45}=1.413\ 8$和$R_{90}=0.917\ 7$，$t=0.5$ mm板料的各向异性参数：$R_0=0.781\ 9$，$R_{45}=1.460\ 6$和$R_{90}=0.907\ 5$，$t=0.7$ mm板料的各向异性参数：$R_0=0.789\ 2$，$R_{45}=1.273\ 3$和$R_{90}=0.904\ 6$。

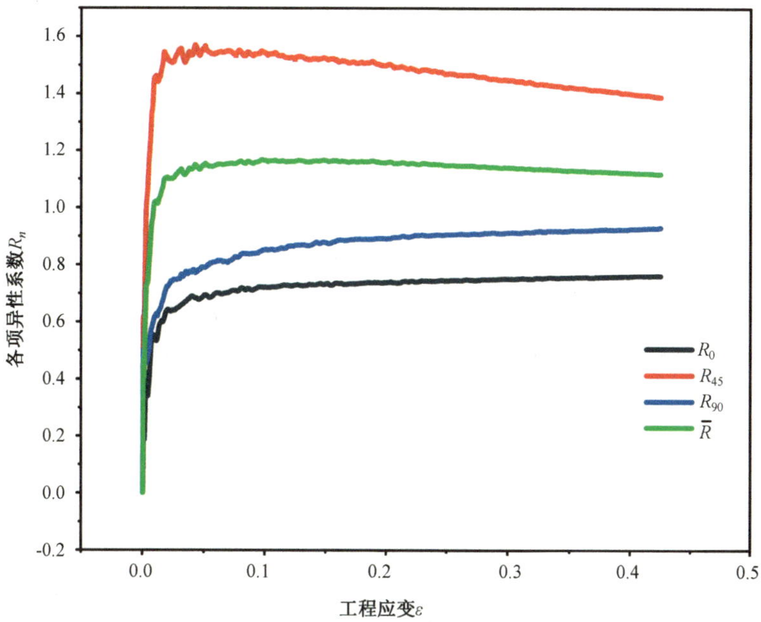

图 10-5　$t=0.4$ mm 板料的各向异性参数 R_n 工程应变 ε 曲线

若把各向异性主轴作为 x,y,z，在平面应力情况下，Hill48 屈服函数可写成：

$$f=\frac{1}{2(F+G+H)}\left[(G+H)\sigma_x^2+(F+H)\sigma_y^2-2H\sigma_x\sigma_y+2\sigma_{xy}^2\right]-\frac{1}{3}\bar{\sigma}^2=0 \tag{10-1}$$

式中，F、G、H、N——和材料屈服性能有关的各向异性常数；

σ_x、σ_y——正应力，σ_{xy} 为剪应力。不失一般性，令 $H=1$，因此：

$$G=\frac{1}{r_0},F=\frac{1}{R_{90}},N=\left(R_{45}+\frac{1}{2}\right)\left(\frac{1}{R_0}+\frac{1}{R_{90}}\right) \tag{10-2}$$

将式(10-2)代入式(10-1)，可得

$$f=\frac{R_{90}(1+R_0)}{2(R_0+R_{90}+R_0R_{90})}\{\sigma_x\ \sigma_y\ \sigma_{xy}\}\cdot$$

$$\begin{bmatrix}1 & -\dfrac{R_0}{1+R_0} & 0\\ -\dfrac{R_0}{1+R_0} & \dfrac{R_0(1+R_{90})}{R_{90}(1+R_0)} & 0\\ 0 & 0 & \dfrac{(1+2R_{45})(R_0+R_{90})}{R_{90}(1+R_0)}\end{bmatrix}\cdot\begin{Bmatrix}\sigma_x\\ \sigma_y\\ \sigma_{xy}\end{Bmatrix}-\frac{1}{3}\bar{\sigma}^2 \tag{10-3}$$

令

$$f=(\{\sigma\}^{\mathrm{T}}[P]\{\sigma\})-\bar{\sigma}^2=0 \tag{10-4}$$

则上式中[P]是一个关于各向异性系数的矩阵，$\bar{\sigma}$ 为等效应力。根据式(10-3)、(10-4)可以推得

$$[P]=\frac{3R_{90}(1+R_0)}{2(R_0+R_{90}+R_0R_{90})}\{\sigma_x\ \sigma_y\ \sigma_{xy}\}\cdot\begin{bmatrix}1 & -\frac{R_0}{1+R_0} & 0\\ -\frac{R_0}{1+R_0} & \frac{R_0(1+R_{90})}{R_{90}(1+R_0)} & 0\\ 0 & 0 & \frac{(1+2R_{45})(R_0+R_{90})}{R_{90}(1+R_0)}\end{bmatrix}\tag{10-5}$$

在金属薄板成形过程当中，通常假设为平面应力状态；x 为轧制方向，y 的方向垂直于轧制方向。采用厚向各向异性系数的平均值来描述板料的厚向异性：

$$\bar{R}=\frac{(R_0+2R_{45}+R_{90})}{4}\tag{10-6}$$

10.3　盒形件拉深成形试验

10.3.1　试验装置基本组成

盒形件拉深试验装置如图 10-6 所示，本试验使用的液压机为单动液压机，为方便施加压边力并且增加操作空间，将压边圈装配在压边底座上。由于产品为非对称的矩形盒形件，因此在合模时利用螺柱和校正环保证凸凹模正确装配。因为碟形弹簧具有以小变形承受大载荷的特点，因此利用碟形弹簧和螺柱螺母装配提供稳定初始压边力。在本试验中使用三组均匀分布的碟形弹簧进行试验，以保证压边力均匀稳定。

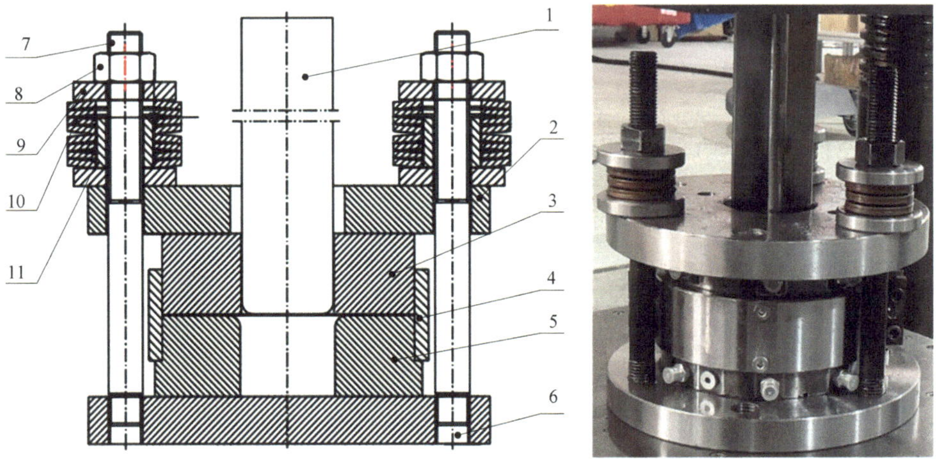

a) 拉深试验模具装配图　　　　b) 试验实物图

1. 冲头；2. 压边底座；3. 压边圈；4. 校正环；5. 凹模；
6. 凹模底座；7. 螺柱；8. 螺母；9. 垫圈；10. 蝶型弹簧；11. 套筒

图 10-6　盒形件拉深模具结构

10.3.2　盒形件尺寸模型

本书研究的盒形件模型如图 10-7 所示，盒形件长为 80 mm，宽度为 60 mm，底部圆角为 10 mm，侧壁圆角为 13 mm，最大拉深高度为 30 mm，法兰区域并未在图 10-7 中标识。本书主要研究的是盒形件在拉深过程中法兰区域起皱规律及建立抵抗法兰区起皱失稳的补偿压边力计算方法。

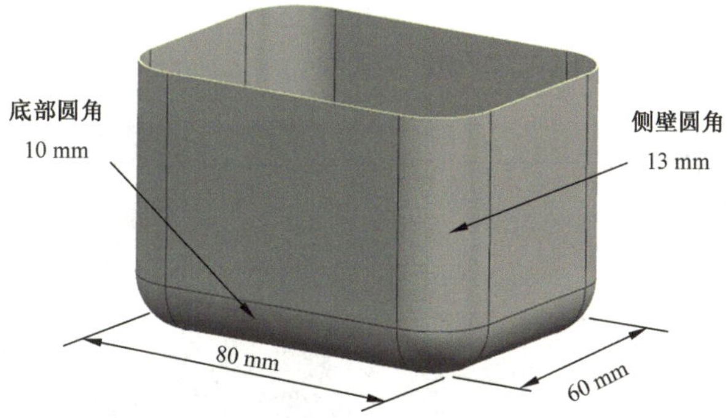

图 10-7　盒形件 CAD 模型示意尺寸图

10.3.3　盒形件初始毛坯制备

在试件制备环节,考虑到板料厚度较薄容易变形,为了保证试件具有形状规范、厚度均匀的特点,利用轧制薄板线切割机制作试件。分别制备板料厚度 t 为 0.4 mm、0.5 mm、0.7 mm,板料直径 D 为 185 mm、195 mm、205 mm 的试件。

考虑到本试验无法直接观察盒形件变形过程,因此使用手持式网格应变测量仪对拉深后应变数据进行采集分析。试验前需在板料上印刷标准网格。印制网格的设备有电腐蚀打标机、印刷滚筒和网格纸。根据导线颜色,将打标机与印刷滚筒、板料分别连接,如图 10-8a)所示。印刷前,将网格纸与板料之间的气泡排除干净,使网格纸与板料紧密贴合,保证在印刷时网格纸不会因为局部偏移而导致网格质量下降。做好准备工作后,利用打标液将印刷滚筒完全浸湿印刷滚筒,调整打标机的工作电压 U 至 30 V,推动印刷滚筒匀速缓慢地通过板料区域完成网格印制,如图 10-8b)所示。

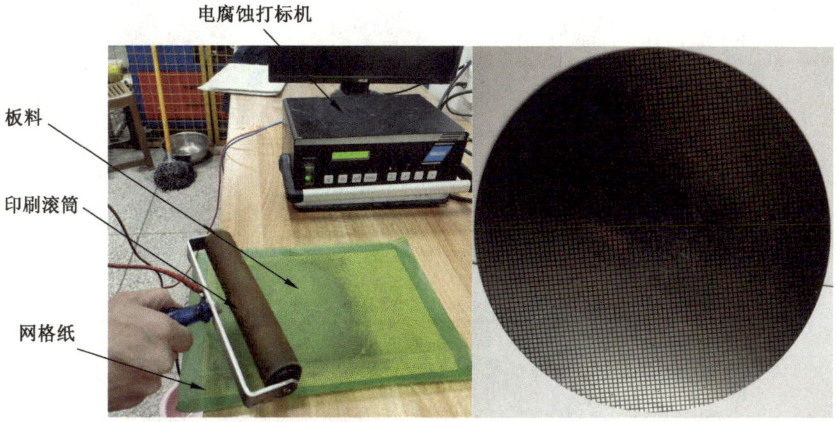

a) 网格印刷设备　　b) 网格印刷效果示意图

图 10-8　试件网格印制

10.3.4　盒形件拉深成形试验过程

盒形件拉深成形模具及装置主要包括:拉深模具,移动工作台,500 吨液压机和液压控制系统。其中液压控制系统主要由数据监测软件、回流阀开关和进油阀三部分组成,如图 10-9

所示。在进行盒形件拉深过程中,首先需要在压机的移动工作台上组装模具并推入液压机内部,降低横梁,使其与冲头处于接触不挤压状态,转动进油阀控制工作台向上运动,并通过观察电脑上数据监测软件的位移判断拉深位移,当位移达到 30 mm 时,转动回油阀,关闭进油阀,使工作台下降并与轨道接触,推出工作台更换试件。

a) 液压机控制系统　　b) 拉深成形现场

图 10-9　成形试验设备

在拉深试验中,为了准确模拟生产中实际条件需在板料上施加初始压边力 F,主要有 10 kN、25 kN、40 kN。本试验装置中主要通过碟簧施加初始压边力,但当法兰起皱时碟簧压缩,压边力增大,一定程度的抑制法兰起皱程度。

10.3.5　试验结果

不同因素条件下的试验结果如图 10-10 所示。由图 10-10 可知,压边力和板料厚度对皱脊的影响较大,随着压边力的提升,皱脊高度减小,皱纹数量增加。而且板料厚度越大,板料抗皱性增强,皱脊高度减小,皱纹数量减少,但板料尺寸对起皱失稳的影响无法直接判断。

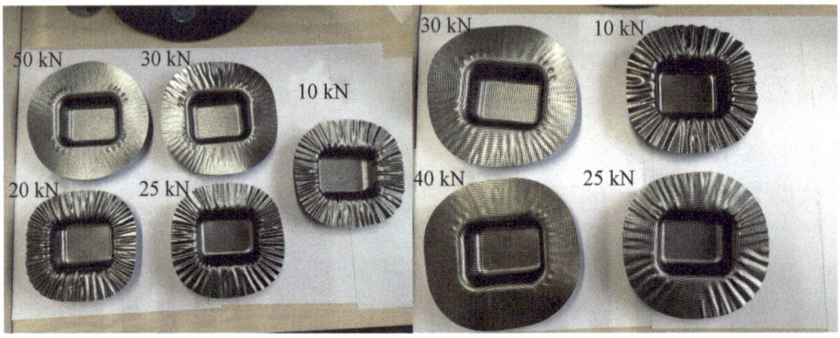

a) t=0.4 mm, D=185 mm　　b) t=0.5 mm, D=185 mm

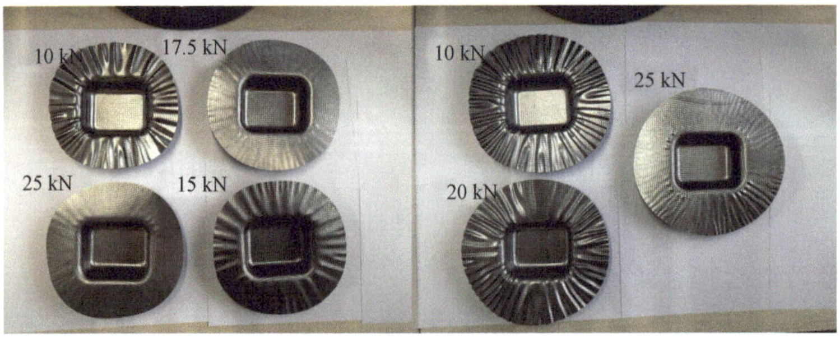

c) t=0.7 mm, D=185 mm　　d) t=0.4 mm, D=205 mm

e) t=0.4 mm, D=195 mm

图 10-10　不同压边力下的最终成形试件

因为本书主要研究的是板料在临界起皱时刻的应力应变,但由于试验条件的约束,模具处于完全封闭状态,无法观察板料在拉深过程中的临界起皱时刻,只能在拉深结束之后,使用网格应变测量仪计算最终时刻盒形件法兰区的应变值,并以此为依据,修正有限元数值模拟模型。

10.3.6　成形件应变测量

在进行拉深试验后,需要利用网格应变测量仪对成形件进行应变测量,从而为后续分析盒形件起皱机理提供试验基础。网格应变测量仪使用方法为:首先需打开 AutoGrid 软件,在新建项目选项卡中,网格尺寸选择 2.5 mm 标准网格尺寸。网格颜色选择黑色,并填入相应的板料厚度。当网格应变测量仪与电脑蓝牙连接后,便可开始拍摄试件。

在拍照过程中为了能够拍到清楚的照片,屏幕中间的红色圆点需要处于两条白线中间,如图 10-11a)所示,保证相机焦距在试件上。拍摄完成后,进入网格辅助识别点设定界面,根据网格中的辅助定位点,建立 3D 网格测量起始点,并以 Z 形顺序依次添加该网格中的相邻点。设置完成之后进入识别网格界面开始智能识别盒形件法兰区上的网格并进行计算得到法兰区应变,如图 10-11b)所示。在后处理界面分别提取法兰区上的长边区,圆角区和短边区上如图 10-11b)所示箭头所代表路径上的应变值,为后续研究中与模拟结果对比提供可靠应变数据。在与后续的研究中,通过与压边力为 25 kN 的试件进行对比,验证模拟的准确性。但是网格应变测量仪具有一定的局限性,当皱脊密度或者高度较高时,因无法识别法兰区的网格而无法获得相应的应变值。

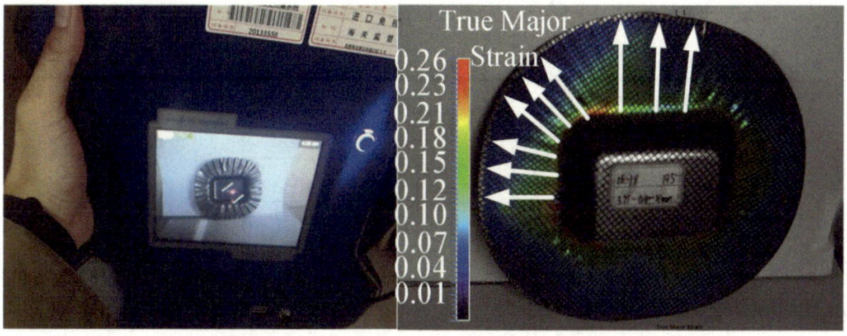

a) 网格应变测量仪　　b) 后处理应变云图及应变提取路径

图 10-11　网格应变测量设备及测量结果

10.4 盒形件拉深有限元模拟模型建立

10.4.1 几何模型的建立

在有限元分析中,零部件模型包含各种信息,如模具尺寸、重要零部件的分布以及零件之间的相对位置关系,在软件内创建零部件或导入零部件是建立有限元模型的必经之路。根据真实模具尺寸创建三维模型,创建盒形件拉深有限元模型。盒形拉深有限元模型由凸模、压边圈、凹模、弹簧、弹簧压板以及板料组成。由于在模拟过程中无须考虑模具的外形,可将模具简化,只构建出主要的接触界面,使其能够达到预期的模拟结果即可。凸模、压边圈、凹模设置为离散刚体,弹簧压板设置为可变形体,弹簧以线单元的形式建立,装配完成后,如图 10-12 所示。由于在 ABAQUS 软件中,两个刚体之间无法建立接触,因此将弹簧压板设置为可变形体,并在材料属性中只设置弹性,且设置一个较大的弹性模量将该模型等效为刚体。

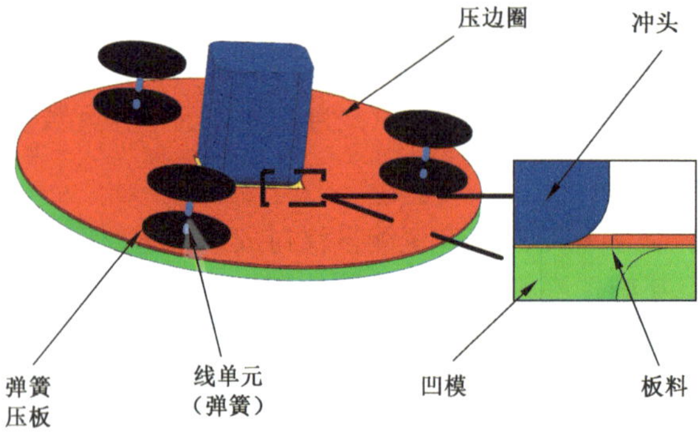

图 10-12 盒形件拉深有限元模拟装配示意图

10.4.2 材料属性的定义

为保证模拟的准确性,需考虑材料的各向异性,在 ABAQUS 中含有 Hill48 各向异性屈服准则模型,但需要对试验获得的 R_0、R_{45} 和 R_{90} 进行处理,从而得到交互界面所需的参数 R_{11}、R_{22}、R_{33}、R_{12} 和 R_{13}[6]。

相关公式如下:

$$R_{11} = R_{13} = R_{23} = 1 \tag{10-7}$$

$$R_{22} = \sqrt{\frac{R_{90}(R_0 + 1)}{R_0(R_{90} + 1)}} \tag{10-8}$$

$$R_{33} = \sqrt{\frac{R_{90}(R_0 + 1)}{R_0 + R_{90}}} \tag{10-9}$$

$$R_{12} = \sqrt{\frac{3(R_0 + 1)R_{90}}{(2R_{45} + 1)(R_0 + R_{90})}} \tag{10-10}$$

结合单向拉伸试验并根据式(10-7)、(10-8)、(10-9)、(10-10)获得 ABAQUS 有限元软件所需的各向异性参数汇总于表 10-1。值得注意的是,在设置材料的各向异性除了需要上述参数,还需要在材料方向选项卡中重新定义材料方向以保证模拟的准确性。

表 10-1　304 不锈钢性能参数

厚度 t/mm	密度 ρ/(g/cm^3)	杨氏模量 E/MPa	泊松比 μ	R_{11}	R_{22}	R_{33}	R_{12}	R_{23}	R_{13}	$\bar{R}$
0.4	7.93	196 000	0.3	1	1.050 7	0.981 1	0.868 6	1	1	1.127 6
0.5				1	1.041 3	0.978 4	0.855 7	1	1	
0.7				1	1.037 7	0.977 5	0.899 0	1	1	

10.4.3　分析步的设置

由前文在起皱失稳模拟方面的研究可知，在分析步设置中，仅使用动态显式的 Dynamic 算法不能计算板料有效的起皱失稳形貌，需要叠加特征值屈曲分析(Buckle)算法，使用较低阶的屈曲模态计算结果进行缩放，并将其引入 Dynamic 运算中，最终的模拟结果即可符合实际起皱失稳形貌。

此外，由于在进行盒形件拉深模拟需要实现弹簧加压以及冲头拉深两个过程，因此需要设置两个分析步。由于弹簧加压过程比较简单，在本研究中将第一个分析步的目标时间增量设置为 1E-3(如果时间增量过大，可能会导致模拟在拉深过程不收敛)。为了保证能够提取更多拉深过程中的数据，将第二个分析步的目标时间增量设置为 1E-5。在场输出选项卡中增加拉深过程中提取的数据个数。

10.4.4　载荷与边界条件

弹簧以线单元的形式建立。进入相互作用界面，首先在弹簧压板的两个相邻面中心分别建立一个作用点，并以这两个作用点为基础创建线条模型。使用耦合功能，将线单元两端的作用点分别耦合弹簧压板，使弹簧能够作用在两个弹簧压板上。在线单元截面属性模块下，选择基础、轴向运动并在弹出的界面中调出弹性属性卡，输入弹簧的刚度系数 3 253 N/mm。在创建线单元选项中选择建立的线单元，在坐标系选项卡中新建局部坐标使局部坐标的 x 轴方向与线单元平行。保证在后续的研究中能够提取弹簧的弹力 F_f，完成弹簧模型的设置。为了能够在后处理结果中输出弹簧的作用力，还需要在分析步界面的历史输出选项卡中，将域改为单元，并选中上述的线单元，提取总力 CTF。

同时，在相互作用界面分别设置模具与板料之间的接触，即凹模、压边圈、冲头分别与板料以及弹簧压板与压边圈之间的接触，并将零件之间的接触类型设置为面面接触，采用库伦摩擦模型，摩擦系数设置为 0.125。

进入载荷界面，调出边界条件管理器，先将所有零件的初试阶段设置为全约束，即固定六个方向的自由度。在后续的两个分析步中，凹模依然完全固定。压边圈受到弹簧以及板料的作用，因此固定除厚度方向以外的自由度，并设置压边圈的质量。冲头在第二分析步中拉深 30 mm，固定其他方向自由度。与压边圈接触的弹簧压板在板料起皱时会发生厚度方向上的位移，因此在两个分析步中固定除厚度方向以外的自由度，并设置弹簧压板的质量。由于试验使用的液压机为单动液压机，因此根据试验受力状态，将弹簧上方的弹簧压板仅在第一分析步中向下位移，以达到施加相应的压边力的目的，完成载荷的设置。

10.4.5　网格划分

在有限元模拟中，单元类型的选择直接决定了有限元分析的准确度，而根据工艺设计中的各种问题，还需要综合考虑结构、总体在求解域的特征、求解的准确度以及计算机的存储容量等。目前使用最普遍的单元类型包括实体单元、薄膜单元和壳单元三种。

实体单元是以连续介质理论为依据，对实体几何模型的离散获得的体积单元，结构形式简单。在模拟精度上表现优秀，它能够很好地表现出材料成形过程中的起皱失稳特征。目前塑性成形分析最常用的实体单元有四面体单元和八节点六面体单元。当板料厚度较小时，使用实体单元建立模型，则对网格密度要求较高，从而导致模拟运算所需要的时间更长，同时增加电脑内存的负担，因此在薄板冲压成形的模拟分析中极少用到。

壳体单元常用于模拟具有较小厚径比和较大宽厚比特点的结构，但是在模拟分析过程中，受到的厚向应力不对运算结果产生显著影响。在 ABAQUS 软件中存在的壳单元分为两类，一种是类似于三维实体单元的连续壳体单元，另一种是常规壳体单元。前者在分析模型和本构行为时与后者有一定区别。在动态显示算法中，设置的壳单元以一般性目的的壳单元为主，其中包括有限膜应变公式以及小膜应变公式。该软件即能够提供具有线性插值的三角和四边形单元，又能设置线性轴对称性壳单元。当分析中的膜应变较小或者转动量较大时，适合采用小应变壳体单元，对于其他情况，则可以选择大应变壳体单元。

为了研究实体单元和壳体单元对模拟的影响，为实体单元与壳体单元的板料划分网格，如图 10-13 所示，在实体单元的模拟模型中，单元划分设置为八节点六面体单元，并在厚度上划分 5 层。在壳体单元的模拟模型中，单元划分以四边形单元为主，保证面上网格分布与实体单元一致，由于壳体单元的特性，无法通过网格划分实现厚度方向的网格划分，设置厚度方向的积分点时，需要在材料的截面设置中设置三、五、七不同的积分点数量，厚度积分规则用 Simpson，单元类型为 S4R 单元。

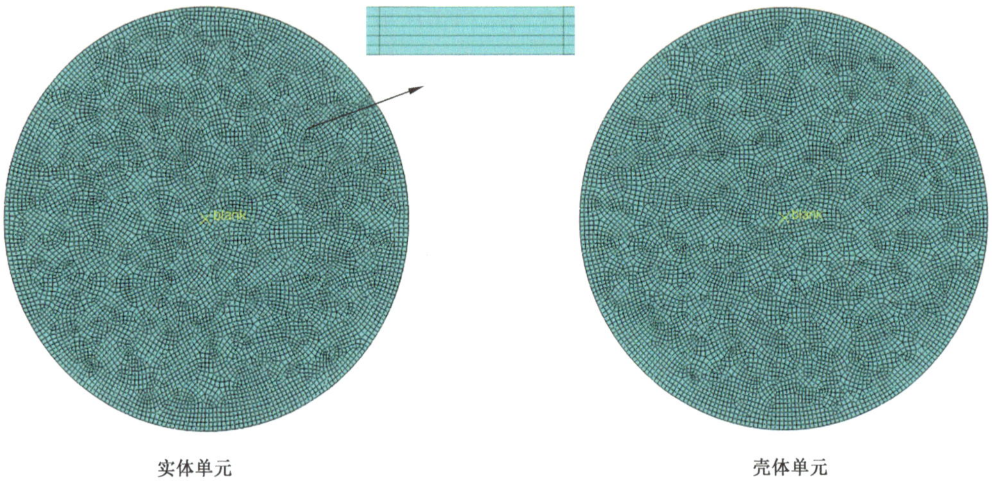

实体单元　　　　壳体单元

图 10-13　单元网格的划分

10.5　盒形件拉深有限元模拟分析

10.5.1　实体单元 Buckle-Dynamic 和 Dynamic 两种方法适用性判定

根据上述建模方法，研究发现，上述方法不适用实体单元的模拟。针对实体单元，Buckle-Dynamic 和 Dynamic 两种方法的模拟结果对比图如图 10-14 所示。由图 10-14 可知，皱脊的数量、位置、高度基本相同。因此在后续研究中壳体单元使用 Buckle-Dynamic 算法，实体单元直接使用 Dynamic 算法。

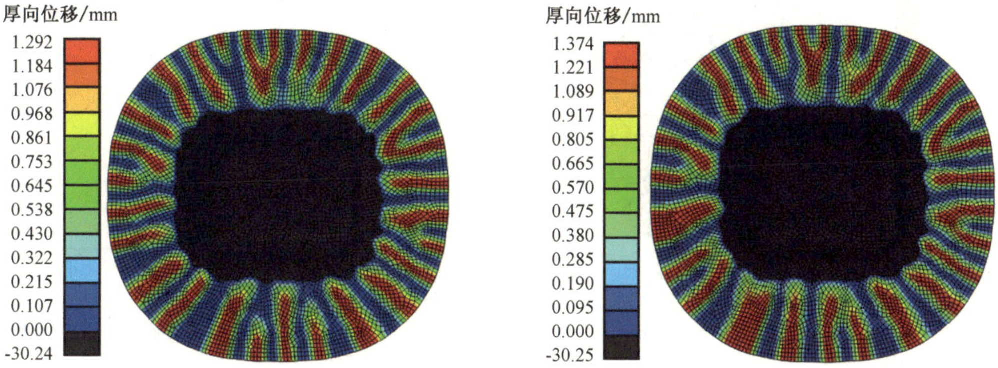

a) Buckle-Dynamic模拟结果　　b) Dynamic模拟结果

图 10-14　实体单元有无 Buckle 分析环节的模拟结果对比

10.5.2　实体单元与壳体单元应力应变路径发展规律

根据应力应变分叉理论，板料在拉深成形过程中发生起皱失稳时，以中性层为分界，其一侧的板料由于褶皱的隆起被挤压受到压应力，另一侧被拉伸受到拉应力，即盒形件在拉深过程中进入临界起皱状态后，皱脊两侧对应的应力和应变加载路径会发生分叉。为了便于提取中性层两侧的应力应变，由壳体单元构建的板料模型在截面属性选项卡中，设置厚度方向积分点个数。实体单元在截面属性中无法直接设置厚度积分点，可通过网格选项，在板料厚度方向上划分为数层网格。

为了确定积分点设置的适宜个数，本节分别研究了实体和壳体单元分别在三个、五个、七个积分点情况下的应力应变路径发展规律。以板料厚度 $t=0.5$ mm，板料直径 $D=185$ mm，压边力 $F=5$ kN 的成形工况为例。

对于壳体单元，提取有限元模拟的后处理结果中法兰长边区中间皱脊外缘单元(c1-1)的应力应变路径进行说明，如图 10-15a)所示。当厚度方向设置三个积分点时，在拉深开始阶段受压积分点与受拉积分点的应变路径基本重合，且具有相同的趋势，如图 10-15b)所示，当最小应变(压应变)达到 0.021 左右时，两曲线出现分叉点。

当设置为五个积分点时，先根据积分点的位置进行编号：1、2、3、4、5，其中 3 为中性层，1 和 5，2 和 4 各为一组绘制应变路径，如图 10-15c)所示，1 和 5 的应变路径与三个积分点的应变路径相似，2 和 4 的分叉趋势没有 1 和 5 的明显，且处于 1 和 5 曲线的范围内，2 和 3 的应变路径分叉点稍晚于 1 和 5。这是因为外层积分点的变形程度大于内层，当外层金属发生弯曲时，内层还未达到起皱条件，当内层金属进入起皱失稳状态后，整个板料完全进入起皱失稳状态，因此将使用内层积分点的分叉点判断临界起皱时刻。

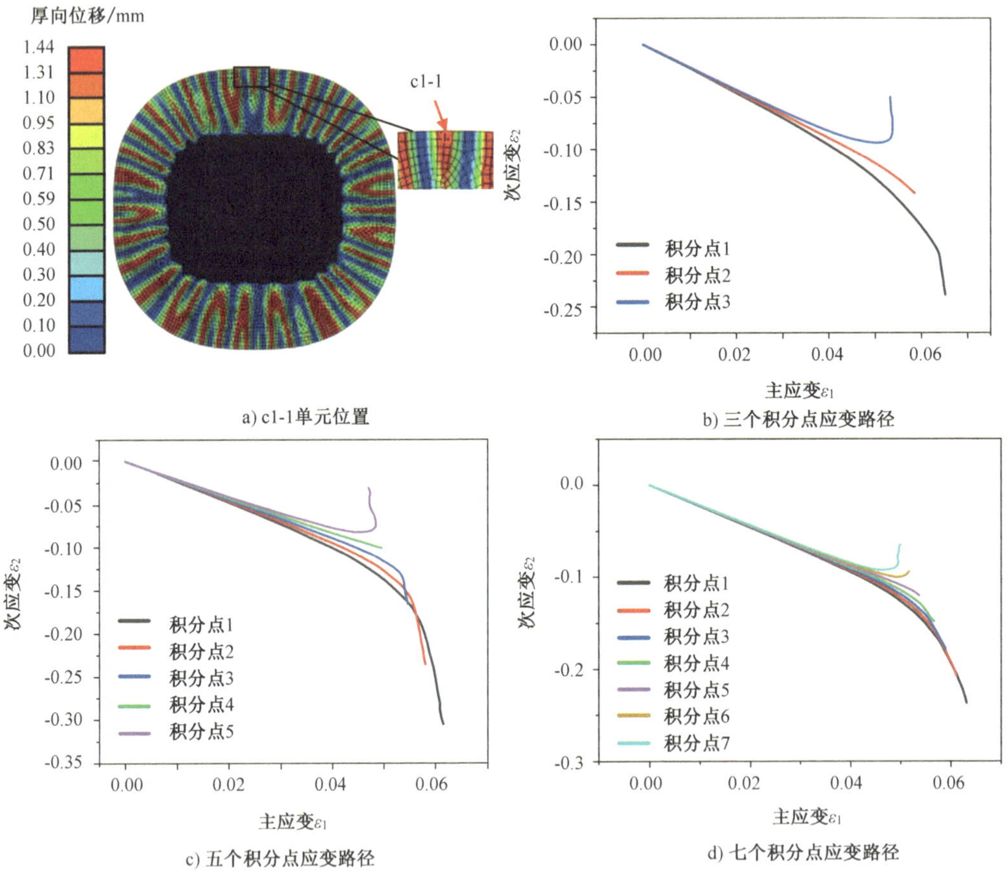

a) c1-1单元位置　　b) 三个积分点应变路径

c) 五个积分点应变路径　　d) 七个积分点应变路径

图 10-15　壳体单元各积分点应变路径曲线

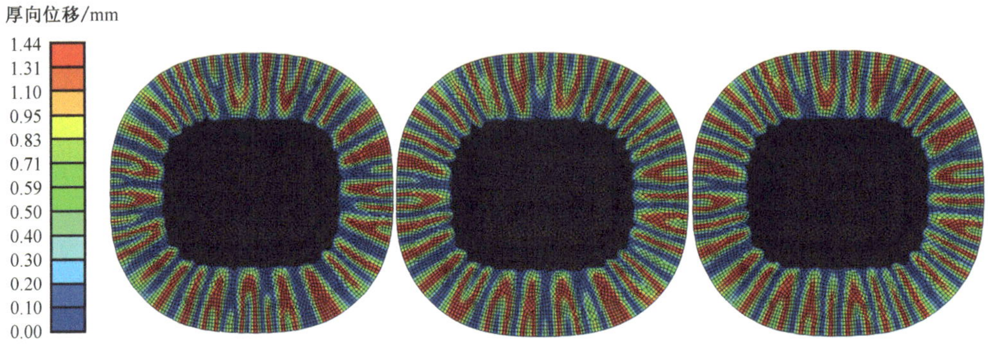

a) 三个积分点　　b) 五个积分点　　c) 七个积分点

图 10-16　三、五、七个积分点的厚向位移云图

当设置七个积分点时,以同样的方法对厚度积分点进行编号,绘制的应变路径如图 10-15d)所示,各曲线发展规律同厚度方向五个积分点时相同,但模拟运算的时间增加。提取三种积分点数量下的厚向位移云图如图 10-16 所示。发现不同积分点数量对起皱形貌影响较小。因此在本研究中壳体单元将五个积分点作为研究对象。

对于实体单元,提取与上述 c1-1 所在相同位置单元的应变路径,如图 10-17a)所示。当压应变达到-0.067 时,两曲线开始出现分叉点,但分叉程度不明显,且分叉后保持平行发展。根据厚向位移云图分析皱脊形貌,如图 10-18b)所示,皱脊的数量以及高度与试验差异较大,模拟结果不准确。但当厚度方向为一层网格时,皱脊形貌与试验结果相似,如图 10-17c)所示。但考虑到一层网格无法提取受拉和受压面的应变,导致不能通过分叉理论判断板料的临界起皱时刻,因此本研究不以实体单元为研究对象。

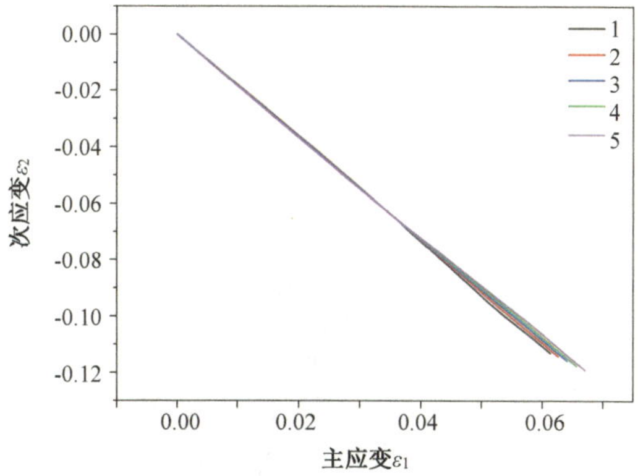

a) 实体单元c1-1的应变路径

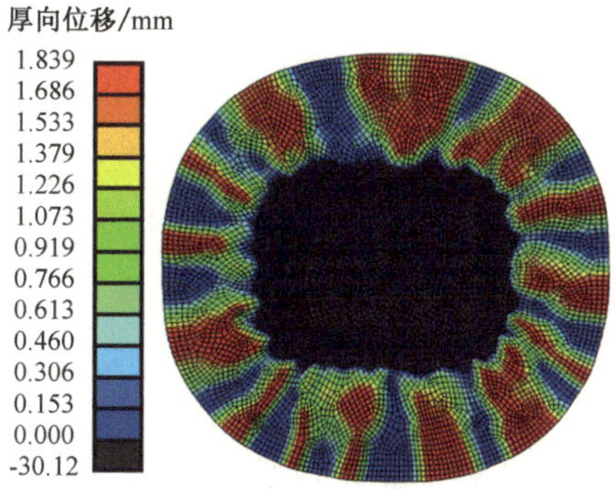

b) 五层网格的厚度方向位移云图

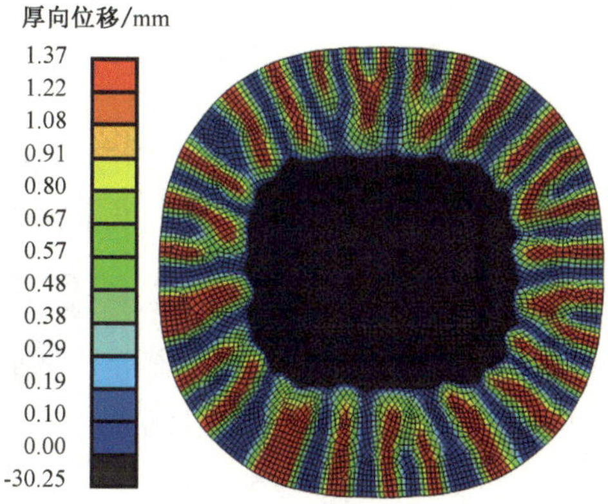

c) 一层网格的厚度方向位移云图

图 10-17　实体单元模拟结果示意图

10.5.3　临界起皱时刻分叉点定位准则

在上述案例中,通过 ABAQUS 有限元数值模拟的后处理结果分析皱脊的发展规律。绘制压边圈在厚度方向上的位移与时间关系曲线,如图 10-18a)所示。提取如图 10-18 b)所示路径上各个时刻的厚向位移。如图 10-18c)所示,当 step 为 35 时,法兰直边区开始从外缘向内缘,圆角区开始从内缘向外缘逐渐形成比较宽的皱脊,此时皱脊高度较小为 0.007 mm。随着拉深的进行,当 step 为 50 时,直边区的外缘以及圆角区内缘的宽皱脊中线处衍生出新的皱脊,此时的皱脊高度为 0.017 mm,如图 10-19d)所示。当 step 为 92 时,皱脊再次以相同方式开始衍生,逐渐形成更多新的细小皱脊,此时皱脊高度为 0.03 mm,如图 10-18e)所示。当 step 达到 210 之前,皱脊处于衍生阶段,该阶段下的皱脊高度增长缓慢。当 step 为 210 时,皱脊数量开始稳定,皱脊高度为 0.09 mm,且皱脊高度开始快速增长,如图 10-18f)所示;最终的皱脊的形貌如图 10-18g) 所示，此时的皱脊高度为 1.43 mm。

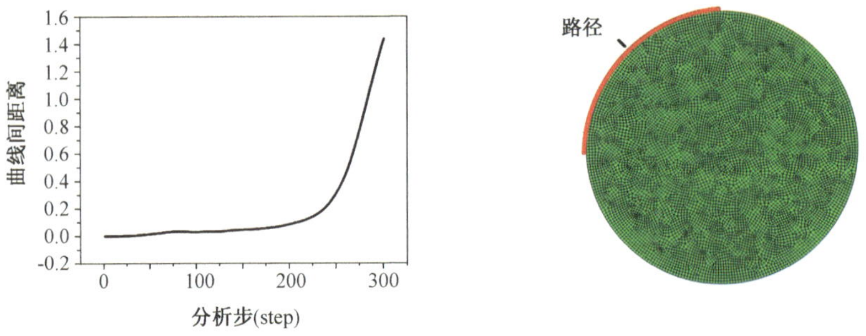

a) 压边圈位移与时间关系曲线

b) 路径示意图

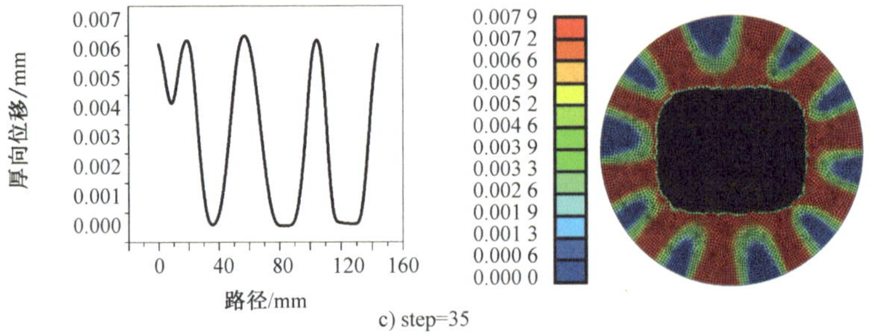

c) step=35

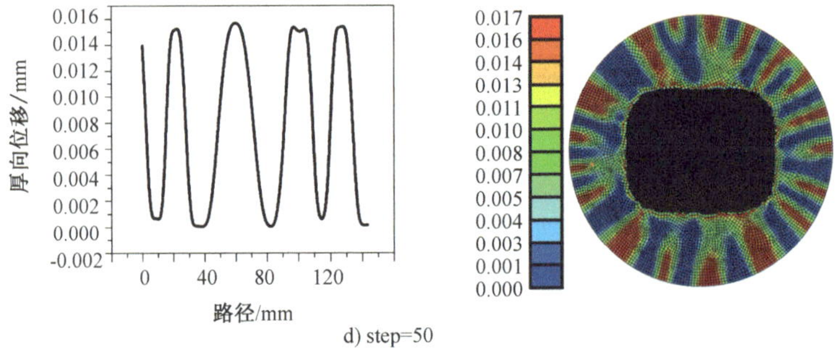

d) step=50

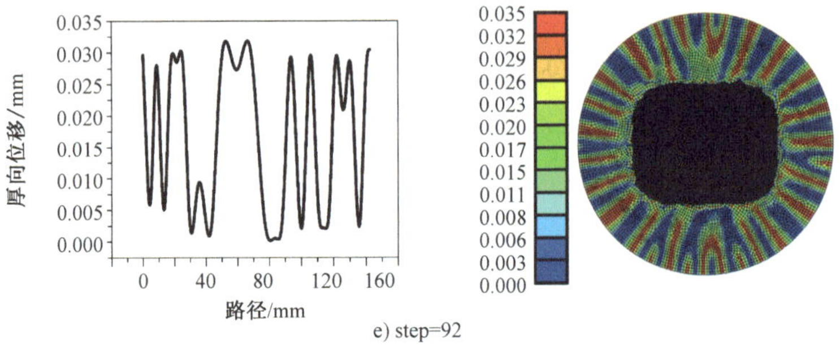

e) step=92

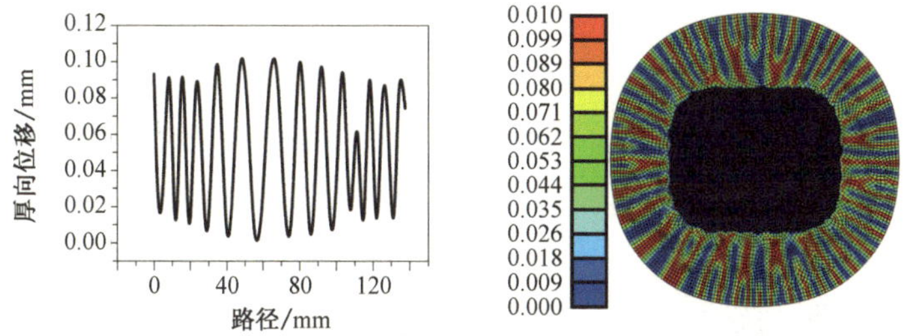

f) step=210

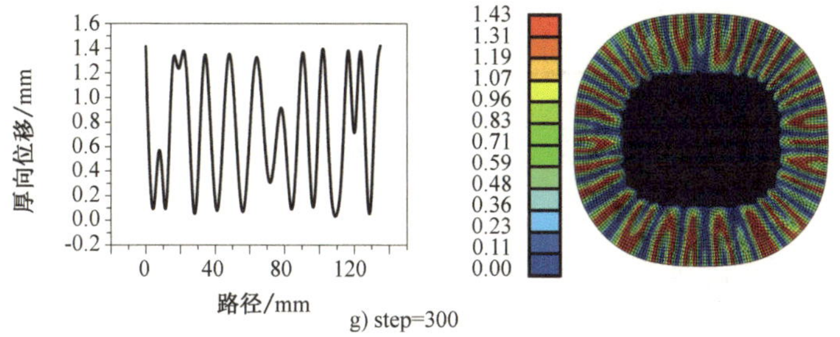

g) step=300

图 10-18　法兰起皱失稳过程

上述通过肉眼判断起皱时刻的方法存在一定的误差，在应变路径曲线中虽然可以观察到分叉现象，但两曲线的分叉程度不明显，无法判断分叉点的准确位置。为了能够更精确地判断临界起皱时刻，根据图 10-15c)，利用勾股定理计算两应变路径曲线在相同时刻下的距离，如图 10-19 所示。在拉深开始阶段，两曲线距离基本为零，当 step 到达 50 时，两曲线之间的距离仅为 3.75×10^{-5}，这是由于该时刻的皱脊曲率较大，皱脊中线上的单元变形量较小，导致积分点 2 和 4 的应变路径曲线距离较小。当 step 为 92 时，能从图中看出曲线开始增大，此时两曲线之间的距离为 4×10^{-4}。虽然两曲线在 92 开始分叉，但是在 step 为 92 到 210 之间时，两曲线之间距离变化较小，基本保持平行，当 step 到达 210 时，两曲线分叉程度开始明显增大。

另外，通过提取相应积分点的应力加载路径对分叉点的位置辅助判断，如图 10-20a) 所示，当 step = 32 时，两曲线与屈服椭圆相交，该单元由弹性阶段进入塑性阶段，但在 step = 35 时，依然无法观察到分叉现象。当 step = 50 时，应力加载曲线出现第一个分叉点，但分叉程度较小，这可能是衍生出新皱脊时导致的分叉点，但由于皱脊高度较小曲率较大，使分叉程度不明显；当 step = 92 时，出现第二个分叉点，该时刻之后，虽然两曲线之间有一定距离，但距离较小。如图 10-20b)，当 step = 222 时，应力路径曲线间的距离开始明显增大。2 号积分点进入两向受压的应力状态，而 4 号积分点受到的拉应力逐渐增大，从起皱时的拉-压应力状态逐渐过渡为双向受拉应力状态。

考虑到皱脊在衍生过程中(即 step 为 35 至 222)，皱脊高度较小，对产品质量影响较小，当皱脊数量基本稳定之后，皱脊高度增加速率大幅度增加，此时对产品质量影响较大。因此本书将皱脊高度开始快速增大时刻定义为临界起皱时刻。

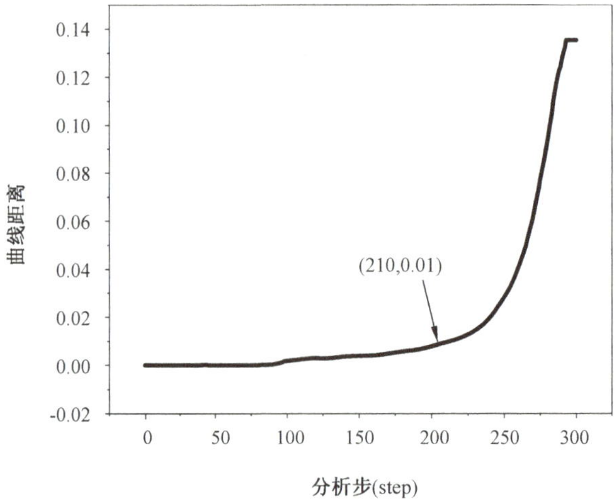

图 10-19　c1-1 单元应变路径曲线距离与时间关系曲线

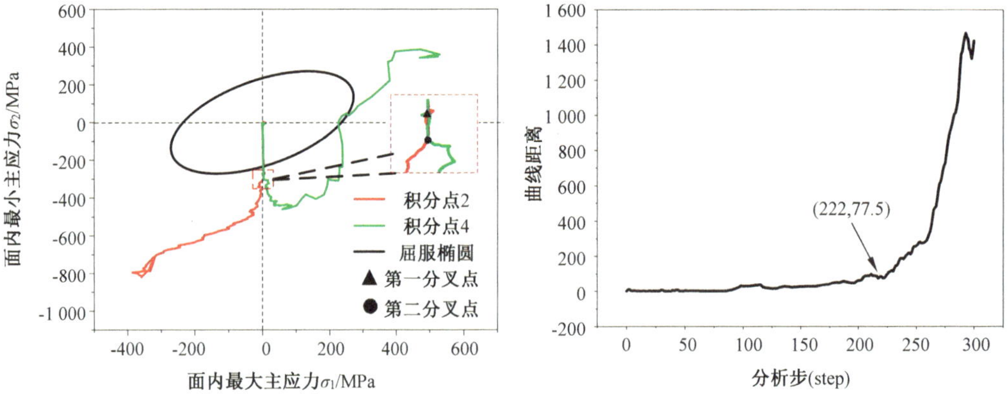

a) 应力加载路径　　a) 应力加径曲线之间距离

图 10-20　c1-1 单元的应力加载路径

10.5.4　模拟结果与试验结果对比

为了判断模拟结果的准确性，对比分析有限元模拟结果与试验结果，这对后续研究的开展起到重要作用。通过试验的检测装置，可以提取冲头在拉深过程中的支反力，因此本研究分别对比了实体单元和壳体单元模拟中冲头在拉深过程中的支反力，并绘制三者的支反力与时间关系曲线，如图 10-21 所示。实体单元和壳体单元冲头支反力的发展趋势与试验支反力相同，但实体单元的支反力曲线相对较大，壳体单元的支反力曲线偏差较小。提取实体单元和壳体单元在模拟最终时刻的主应变和次应变云图并与试验对比，如图 10-22 所示，发现三者的最大真实应变和最小真实应变云图基本一致。

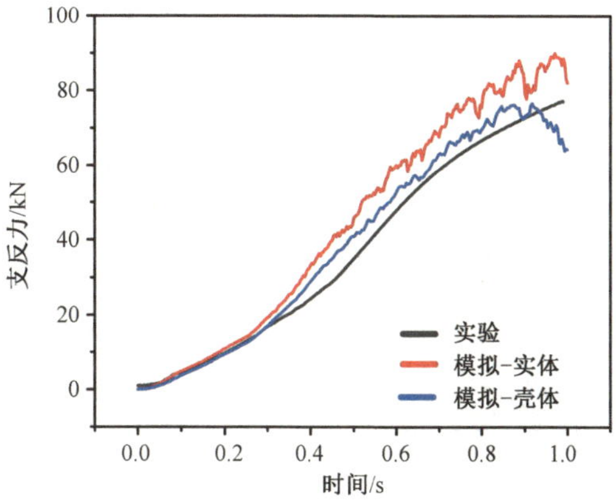

图 10-21　试验与模拟的冲头支反力与时间关系曲线

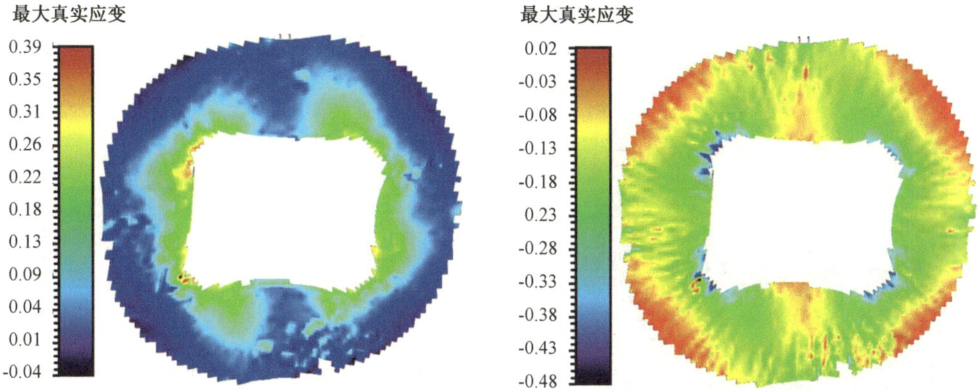

a) 实验最大真实应变云图　　b) 实验最小真实应变云图

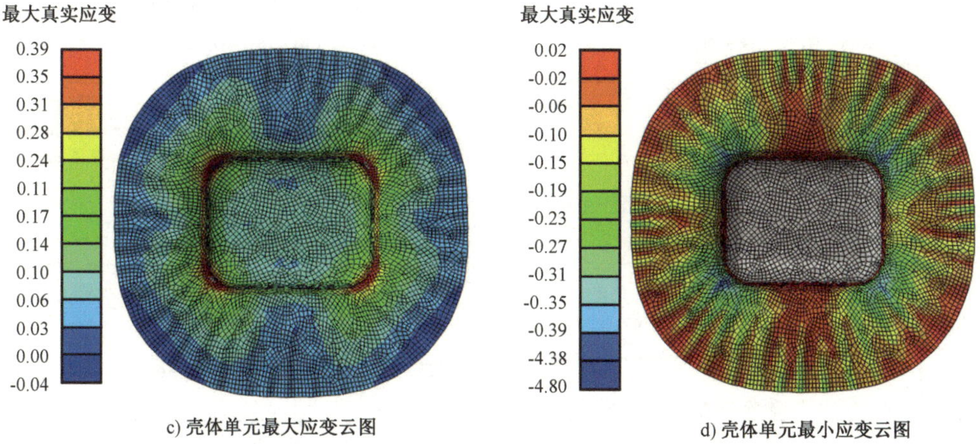

c) 壳体单元最大应变云图　　d) 壳体单元最小应变云图

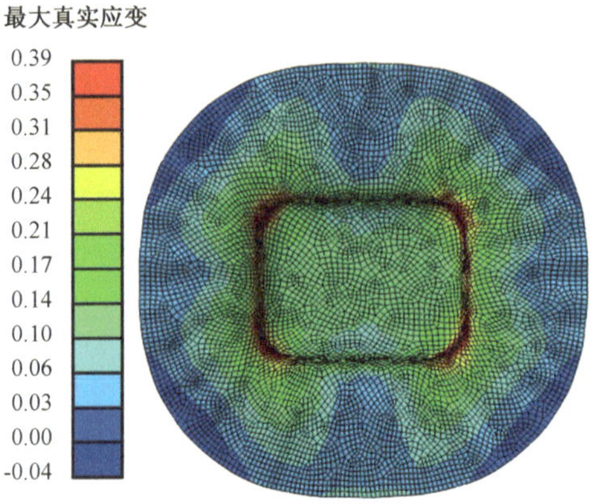

e) 实体单元最大应变云图

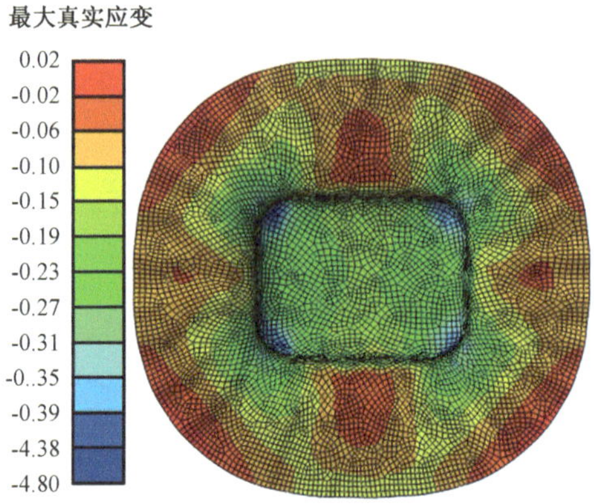

f) 实体单元最小应变云图

图 10-22　试验与模拟的真实主应变和次应变云图

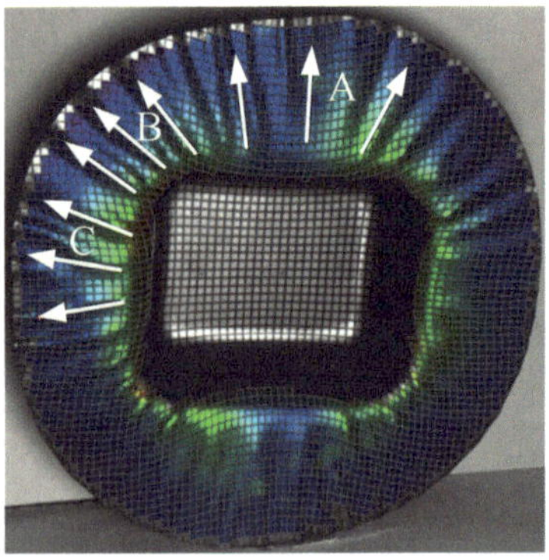

a) A、B、C三条示意图

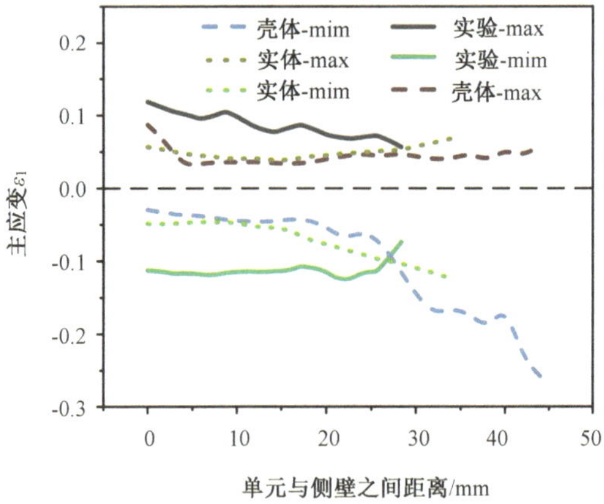

b) A路径主应变

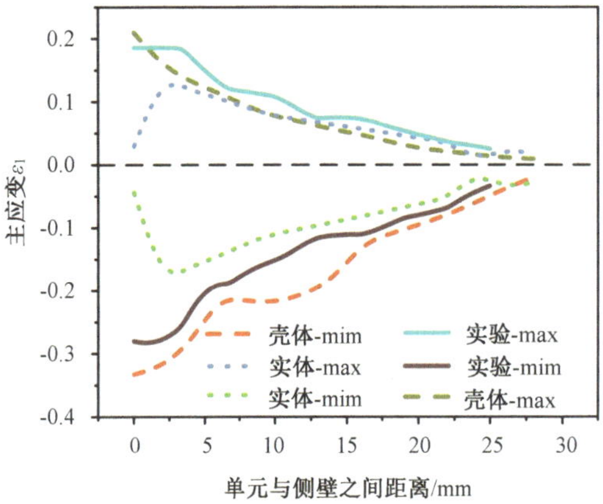

c) B路径主应变

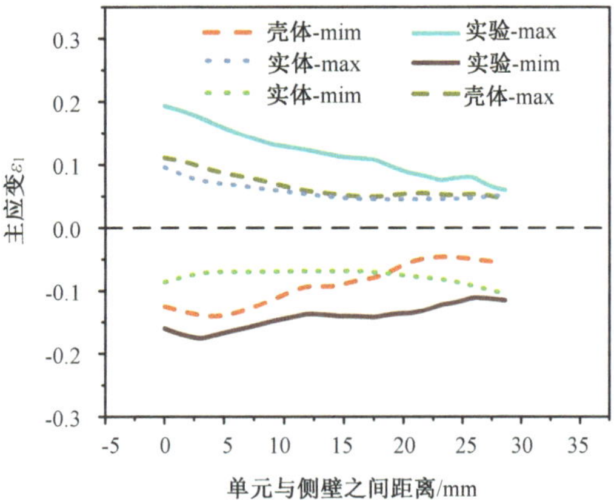

d) C路径主应变

图 10-23　法兰上 A、B、C 三条路径的应变与距离曲线

在试验和模拟的法兰区上提取图 10-23 a）所示三条路径（A、B、C）上的主应变和次应变，由图 10-23 b）可知，其中圆角区的 B 路径上试验和模拟之间拟合度最高，由图 10-23 ）和图 10-

23 c)所示,在长边区和短边区,模拟的实体单位和壳体单元之间拟合度较高,虽然两者与试验存在一定偏差,但是曲线发展趋势一致。

提取实体单元和壳体单元的厚度位移云图,如图 10-24 所示,三者的皱脊数量分别为:试验 43 个、实体单元 27 个、壳体单元 42 个,三者皱脊数量基本一致,三者之间的皱脊最大高度分别为:试验 1. 34 mm、实体单元 1. 37 mm、壳体单元 1. 44 mm。根据上述对比,试验与模拟的皱脊形貌基本吻合。

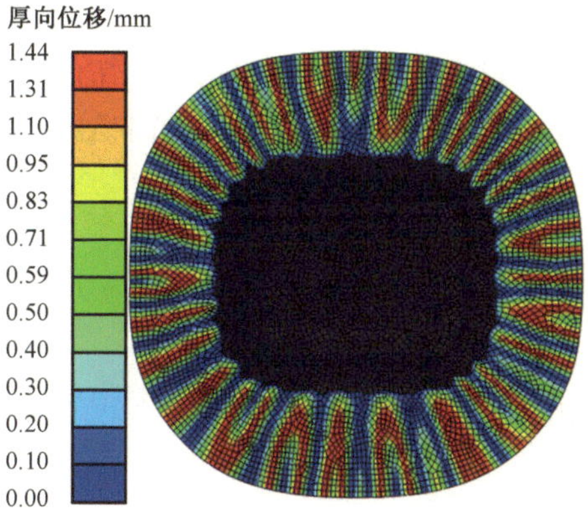

a) 壳体单元厚向位移云图

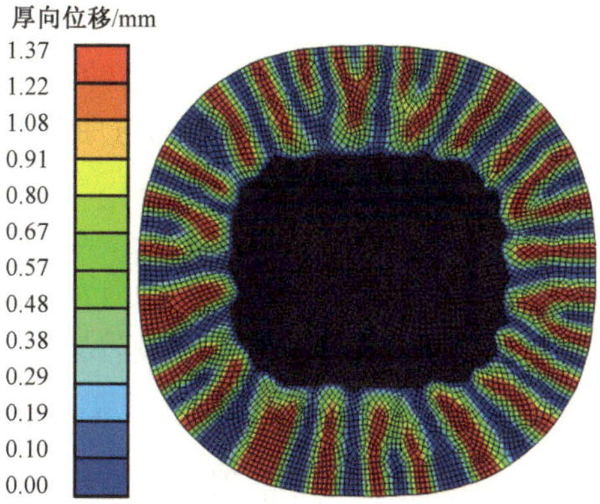

b) 实体单元厚向位移云图

c) 实验法兰皱脊图

图 10-24　试验与模拟的厚度位移云图

结合冲头支反力、应变云图以及皱脊形貌综合判断,研究中五个积分点下的壳体单元的模拟结果在与试验均具有较好的一致性,一层网格下的实体单元模拟结果皱脊数量相差较大,且无法分别提取中性层两侧的应力应变,不利于后续研究中通过分叉理论确定临界起皱时刻,无法利用能量法确定压边力提供的抵抗板料起皱失稳能量的大小。而壳体单元的具有提取相应积分点数据的特点,因此在后续的研究中,本研究以壳体单元且厚度方向五个积分点的模拟模型探究盒形件拉深过程中补偿压边力计算方法。

10.6　盒形件单道次拉深法兰起皱补偿压边力计算方法探究

在盒形件拉深过程中,压边力、板料厚度、板料尺寸都对法兰区起皱失稳程度有影响。但在 ABAQUS 模拟中,若对所有参数都进行模拟分析,则会大大影响工作效率。因此本章以能量法为理论支撑,利用数值模拟中可以提取的皱脊上单元的应力应变数据,分析了法兰长边区、短边区、圆角区中单个皱脊的补偿压边力,探究了单个皱脊的补偿压边力变化规律。通过分析各个区域相邻皱脊的补偿压边力,探究了不同区域内补偿压边力发展趋势,以及整个法兰的补偿压边力在拉深过程中的变化规律。对于整体固定压边力的压边方式,可以根据各个皱脊最大补偿压边力预估出能够抵抗起皱失稳所需的压边力。本章还根据单个皱脊的补偿压边力变化规律,分析了皱脊中间位置的单元代替提取皱脊上所有单元的可能性,减少了补偿压边力计算方法的工作量。以上述能量法预测压边力的方法为基础,探究了不同板料厚度和板料尺寸对补偿压边力的影响。

10.6.1 补偿压边力计算方法的建立

在盒形件拉深过程中,主要考虑因冲头施加在板料上的拉应力诱发的周向压应力,导致法兰周长缩短而释放的能量 u_θ,板料的弯曲起皱能 u_w,以及压边力提供的抵抗起皱失稳的能量 u_Q,三者之间的关系如式(10-11)所示:

$$u_\theta = u_w + u_Q \tag{10-11}$$

法兰上的金属主要受到径向拉应力 σ_r,周向压应力 σ_θ 以及厚度方向的压应力 σ_Z,因此法兰周向收缩释放的能量 u_θ,如式(10-12)所示:

$$u_\theta = \iint \sigma_\theta \mathrm{d}\varepsilon_\theta \mathrm{d}V \tag{10-12}$$

式中, u_θ ——法兰受到的周向应力(MPa);

$\mathrm{d}\varepsilon_\theta$——法兰的周向应变增量;

$\mathrm{d}V$——法兰体积(mm^3)。

在板料未被拉深时,法兰内应力应变以及各个方向的位移皆为零,因此 u_θ 等于零。随着拉深的进行,法兰处各个位置的应力应变开始发生变化,此时应变增量 $\mathrm{d}\varepsilon_{ij}$ 的数值等于该时刻的应变值。如式所示(10-13):

$$u_\theta = \int \sigma_\theta \varepsilon_\theta \mathrm{d}V \tag{10-13}$$

提取一个单元厚度方向上不同积分点的周向应力 σ_θ,周向应变 ε_θ,并根据式(10-13)求出各积分点的 u_θ,如图 10-25 所示。由图可知,不同积分点求出的 u_θ 不同,这是各积分点所在位置受到的压应力不同导致的。另外发现五个积分点 u_θ 的平均值与 3 号积分点基本重合,因此在后续的研究中在计算周向压应力产生的能量 u_θ 时,通过 3 号积分点的数据进行研究。

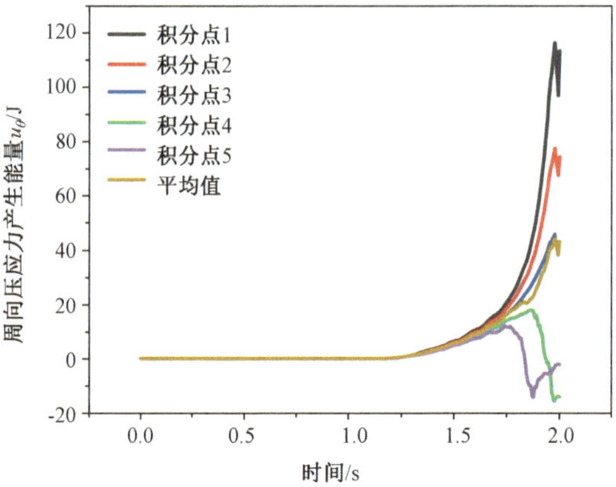

图 10-25　一个单元中五个积分点的周向压应力产生的能量

对于压边力提供的抵抗起皱失稳的能量 u_Q,无法通过简单的力乘以位移得到,因为这样得到的压边力做功是在板料已经出现皱脊时，迫使压边力做的功，并不是抵抗板料起皱失稳的所有能量。例如：不考虑板料拉裂的状况，当压边力足够大时，板料没有出现起皱失稳现象，即板料上的金属在厚度方向上位移为 0 mm，此时压边力乘以位移得到的压边力做功一定为 0 J，但板料在拉深过程中没有起皱失稳，一定是受到了压边力的作用。因此能量转化如图 10-26 所示。

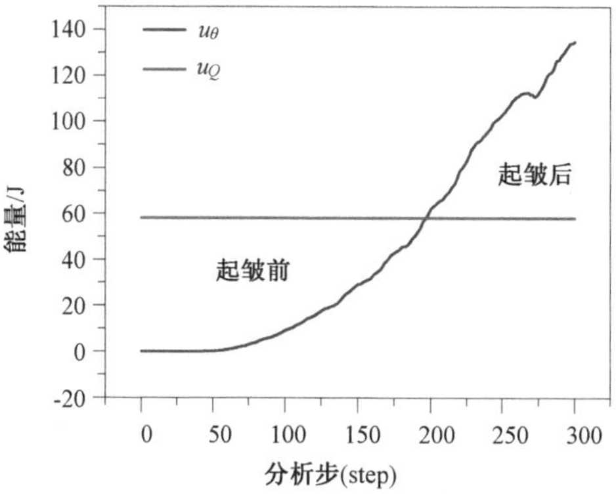

图 10-26　周向压应力产生的能量与压应力提供的能量关系图

在板料未出现起皱失稳状态时，周向压应力产生的能量 u_θ 小于压边力提供的抵抗起皱失稳的能量 u_Q。当 $u_Q>u_\theta$，根据式(10-11)，周向压应力产生的多余的能量转化为板料的弯曲起皱能 u_w。板料开始起皱失稳。因此本研究将压边力能够提供的抵抗起皱失稳能量的极限值 u_Q 等效为临界起皱时刻的周向压应力释放能量 u'_θ。

综上，求出法兰上在已有一定的压边力工况下，单个单元抵抗板料弯曲起皱的补偿压应力 F_B 为

$$F_B = \frac{\sigma_\theta \varepsilon_\theta V_t - u'_\theta}{U_Z} \tag{10-14}$$

式中，U_Z ——单元在厚度方向上的位移(mm)；

V_t ——单元体积(mm^3)。

10.6.2　单个皱脊起皱能与补偿压边力的变化规律

以直径 $D=185$ mm，板料厚度 $t=0.5$ mm，压边力 $F=5$ kN 为例，为了探究单个皱脊的弯曲起皱能及补偿压边力变化规律，在模拟的后处理结果中提取长边区中线处的皱脊 c1 上各个单元的积分点 2 和 4 的主次应力和主次应变，绘制各个单元的应变路径和应力加载路径曲线，如图 10-27 所示。

由图 10-27a)可知，两个曲线之间分叉时间较早，但两曲线间的距离相差较小，当板料拉深高度达到 17.94 mm 时，应变路径曲线间的距离开始明显增大。由图 10-27b)可知，在应力加载路径中，同样也是分叉时刻较早，但是分叉程度较小，当拉深高度在 17.94 mm 时，两曲线分叉程度快速增大。因此将拉深高度达到 17.94 mm 时定为该单元的临界起皱时刻。

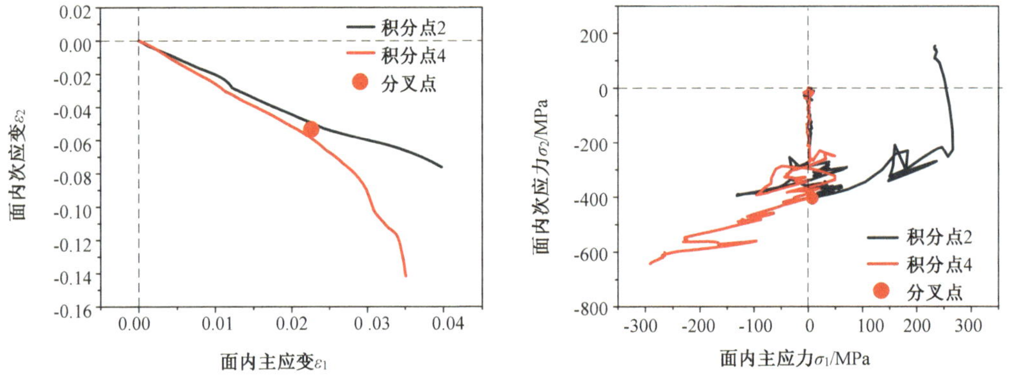

a) 单元c1-1的应变路径　　b) 单元c1-1的应力加载路径

图 10-27　单元 c1-1 应变路径和应力加载路径曲线

提取的积分点 3 的周向应力 σ_θ、周向应变 ε_θ 以及在厚度方向上的位移 U_3。根据式(10-13),计算并绘制各个单元在临界起皱时刻之后的弯曲起皱能 u_w 与拉深高度 h 关系曲线,如图 10-28a)所示。在拉深开始阶段,各个单元在压边力的作用下,起皱能为零。随着拉深的进行,当施加在板料上的压边力无法抵抗板料起皱时,板料的弯曲起皱能开始增加,且呈现递增趋势。观察皱脊上的所有单元,在法兰外缘附近处的单元,起皱能在拉深高度达到 30 mm 时达到最大值 64. 74 J;在法兰内缘处的单元,起皱能最小,在拉深到 28. 98 mm 时仅达到最大值 24. 71 J。在拉深过程中,整个皱脊上,起皱能随拉深高度的发展是自外缘向内缘呈逐渐减小的趋势,这是因为在法兰长边区,随着单元与外缘的距离减小,单元受到的周向压应力和压应变逐渐增大,导致起皱能不断增大。

根据公式(10-14),计算得到 c1 皱脊上各个单元的补偿压边力 F_B,并绘制其与拉深高度 h 的关系曲线,如图 10-28b)所示。处于外缘处的单元,在拉深高度达 23. 16 mm 时,补偿压边力达到最大值 112. 65 N,内缘附近的单元,补偿压边力在增大阶段时的速率较快。处于内缘处的单元,补偿压边力最大仅达到 18. 9 N,且拉深过程中补偿压边力整体变化幅度较小。

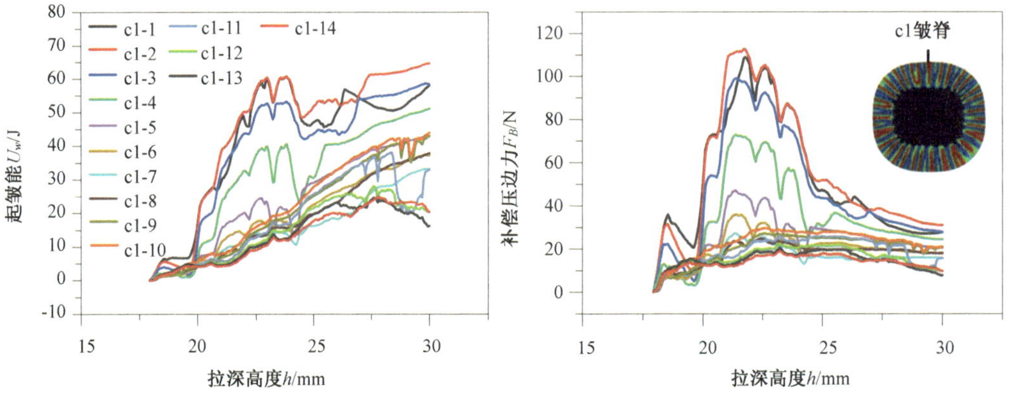

a) c1皱脊起皱能与拉深高度　　b) c1皱脊补偿压边与拉深高度

图 10-28　t=0. 5 mm,F=5 kN,D=185 mm 工况下 c1 皱脊各个单元起皱能与补偿压边力曲线

由式(10-14)可知,补偿压边力与弯曲起皱能成正比,而与皱脊高度成反比。外缘处单元的补偿压边力增大速率较快,主要是因为外缘处的弯曲起皱能增大速率较快。但弯曲起皱能在拉深到一定高度之后，增大速率减小，而此时皱脊高度增大速率更快，如图 10-29 皱脊高度发展曲线所示，因此导致补偿压边力在达到最大值后开始减小。

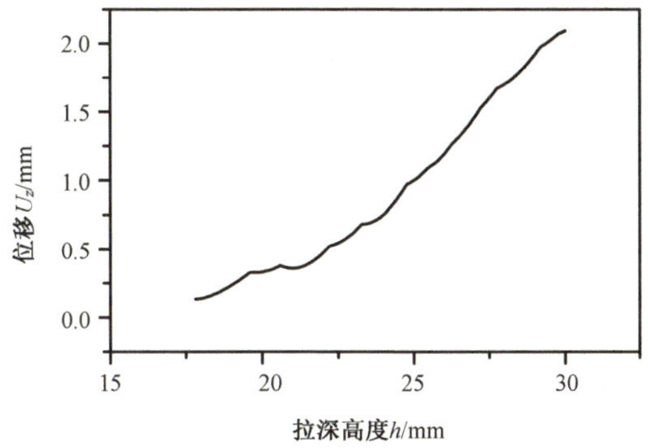

图 10-29　压边圈位移曲线

短边区与长边区都属于直边区的范畴，理论上来说，两者之间存在一定的相似性。同样提取短边区中线处的皱脊 d1 上的各个单元，绘制相应的弯曲起皱能、补偿压边力与拉深高度的关系曲线，如图 10-30 所示。

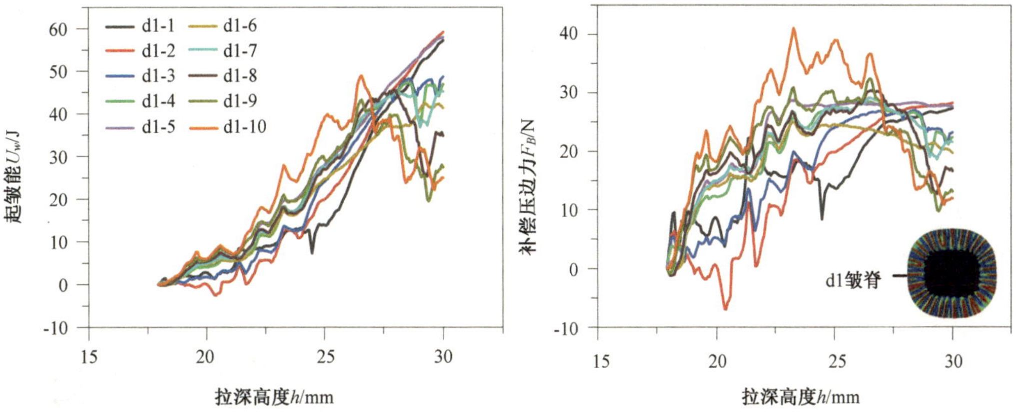

a) d1皱脊起皱能与拉深高度　　b) d1皱脊补偿压边力与拉深高度

图 10-30　t=0.5 mm，F=5 kN，D=185 mm 工况下 d1 皱脊各个单元起皱能与补偿压边力曲线

由图 10-30a）可知，d1 皱脊上各个单元的弯曲起皱能和补偿压边力曲线的发展规律与长边区相反，即从外缘到内缘，皱脊上单元的弯曲起皱能和补偿压边力逐渐增大，各个曲线之间差异较小，在外缘处的最大补偿压边力为 27.358 N，内缘处的最大补偿压边力为 41.15 N。这可能是因为短边区面积较小，皱脊数量较少，该皱脊与相邻区域连接位置处皱脊的距离较短，导致各个单元间的差异较小。而在板料厚度 t = 0.4 mm，压边力 F = 5 kN，板料直径 D = 185 mm 的工况中，短边区中线处的起皱能和补偿压边力曲线如图 10-31 所示。

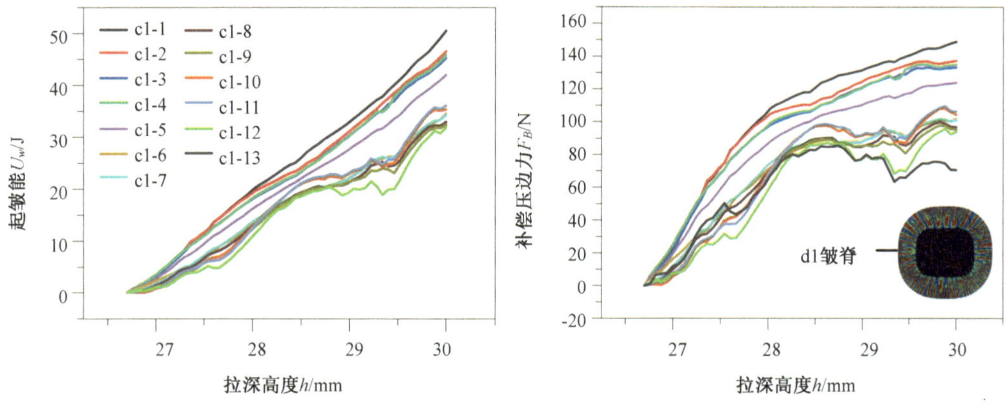

a) d1皱脊起皱能与拉深高度　　b) d1皱脊补偿压边与拉深高度

图 10-31　$t=0.4$ mm,$F=5$ kN,$D=185$ mm 短边中线处弯曲起皱能和补偿压边力曲线

在该工况下,短边中线上的皱脊,外缘处单元的起皱能和补偿压边力最大,而内缘处的起皱能和补偿压边力最小,这可能是因为该工况短边区皱脊数量较多导致的。根据两种工况的对比,短边区皱脊上各个单元的大小关系是存在不确定性的。提取圆角区中线处的皱脊 r1 上的各个单元,绘制如图 10-32 所示的起皱能和补偿压边力曲线。

由图 10-32a)可知,与长边区相反,圆角区法兰内缘处单元的弯曲起皱能最大为 163 J,外缘处的单元的弯曲起皱能基本为 0 J。这是因为圆角区外缘附近的金属在拉深过程中基本没有流动,主要以刚性移动为主[7],因此该处金属受到压应力的数值较小,导致弯曲起皱能数值较小。内缘处切应力和切应变的绝对值最大,说明该处金属变形量最大,导致其弯曲起皱能比直边区大。由图 10-32b)可知,法兰内缘处的单元 r1-14,在拉深高度为 26.28 mm 时,法兰内缘处的补偿压边力达到 146 N。

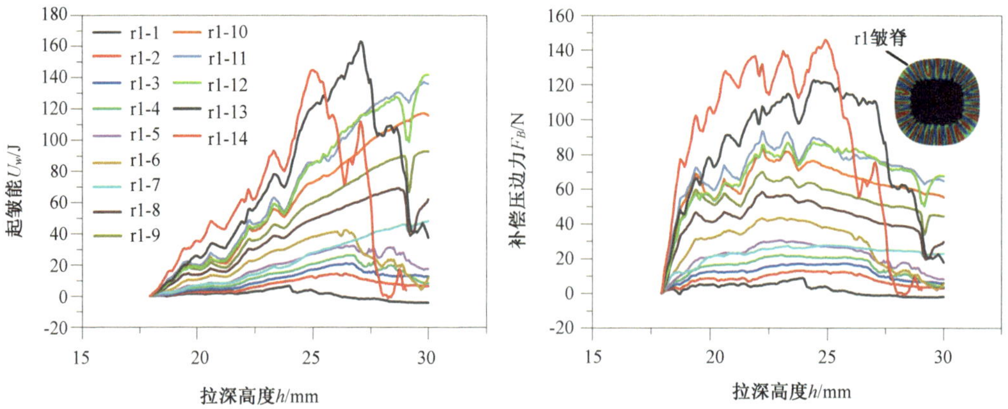

a) r1皱脊起皱能与拉深高度　　b) r1皱脊补偿压边与拉深高度

图 10-32　$t=0.5$ mm,$F=5$ kN,$D=185$ mm 工况下 r1 皱脊各个单元起皱能与补偿压边力曲线

通过对比三个区域中线处皱脊上的补偿压边力曲线,法兰长边区上皱脊上的单元越靠近外缘,补偿压边力越大。法兰圆角皱脊上的单元越靠近内缘补偿压边力越大。但短边区上皱脊的发展趋势存在不确定性。

10.6.3　相邻皱脊之间补偿压边力的变化规律

为了明确法兰相同区域中相邻皱脊之间的弯曲起皱能和补偿压边力变化规律，本节对相同区域中的皱脊进行分析。由于板料处于凹模与压边圈之间，在板料进入临界起皱时刻后，一部分皱脊与压边圈接触，并对压边圈产生一定的作用力，但由于凹模与压边圈分离且完全固定，与凹模接触的皱脊不会对压边圈产生作用，因此仅对与压边圈接触的皱脊进行编号，如图 10-33a）所示。提取法兰区不同皱脊在拉深过程中补偿压边力的最大值，并绘制最大补偿压边力 F_B 和皱脊上的单元与法兰外缘距离 L 的关系曲线，如图 10-33b）所示。

在长边区，不同皱脊之间最大补偿压边力曲线的变化趋势基本一致，即曲线斜率均为负值，随着单元与法兰外缘的距离增大，最大补偿压边力随之减小。当皱脊的位置靠近圆角区时，内缘处单元的最大补偿压边力增大，外缘处单元的最大补偿压边力减小。当皱脊位于长边区与圆角区连接处时（即 c3 皱脊），曲线斜率接近零，该皱脊上各个单元的最大补偿压边力近似相等。

圆角区各个皱脊的最大补偿压边力曲线如图 10-33c）所示，相邻皱脊之间的补偿压边力曲线发展规律一致，所有皱脊在内缘处补偿压边力最大，外缘处补偿压边力最小。另外，圆角中线处的皱脊（r1 皱脊）最大补偿压边力最大，与 r1 相邻的两个皱脊的最大补偿压边力较小，且随着皱脊靠近圆角区和直边区连接处，最大补偿压边力逐渐增大。同长边区相同的是，当皱脊处于圆角区与直边区连接处时，曲线斜率有减小趋势（即 r5 皱脊）。

在短边区，如图 10-33d）所示，根据上文所说，短边区面积较小，皱脊的最大补偿压边力与区域连接处的皱脊发展规律相似，即在该工况下，短边区中线处的整个皱脊，最大补偿压边力基本相同。

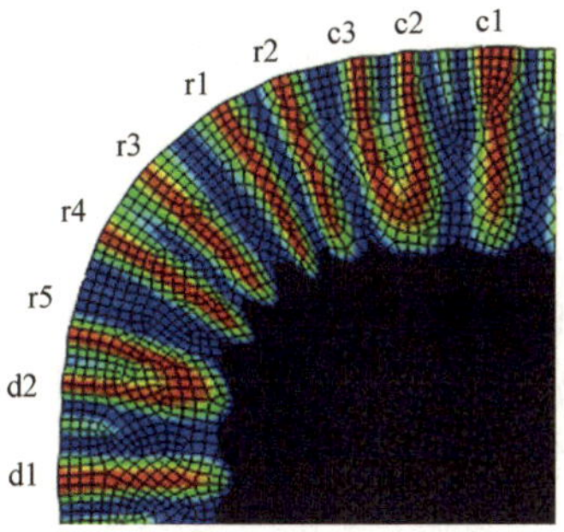

a）各区域皱脊编号分布

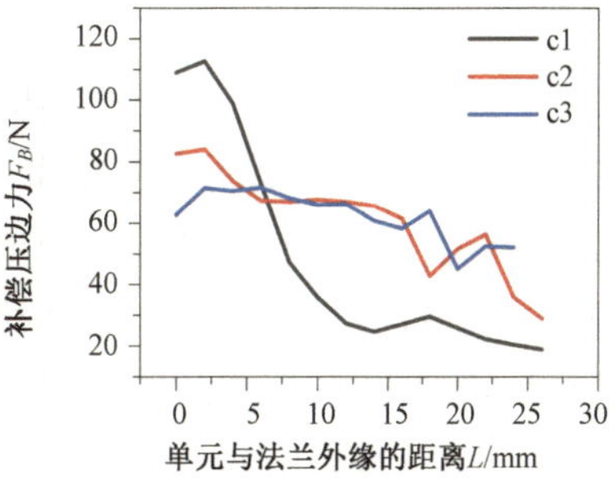

b）长边区域各皱脊补偿压边力

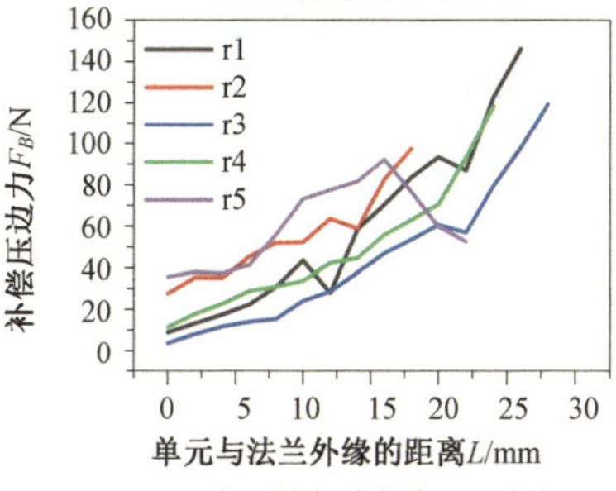

c）圆角区域各皱脊补偿压边力

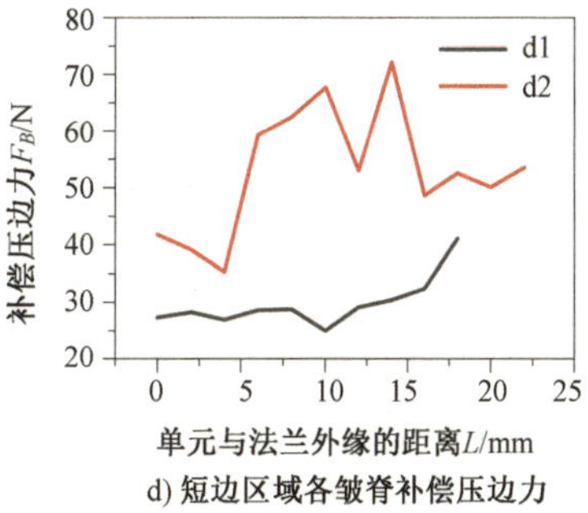

d）短边区域各皱脊补偿压边力

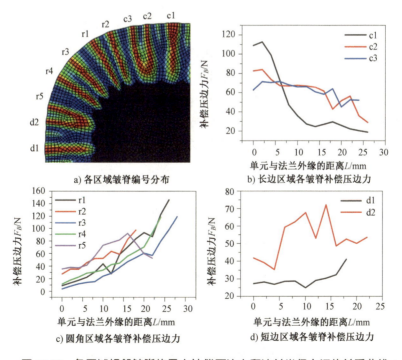

图 10-33　各区域相邻皱脊的最大补偿压边力和法兰半径之间的关系曲线

为了研究相邻区域皱脊上补偿压边力的变化趋势，将各个皱脊上所有单元补偿压边力求和，并绘制如图 10-34 所示的各个皱脊总的补偿压边力对比图。结合图 10-33 的三组曲线图发现：长边区和短边区上的皱脊数量较少，在该工况下的长边区，虽然中线附近法兰外缘处单元的补偿压边力较大（112 N），但整个皱脊（c1）需要的补偿压边力却较小（672 N），短边区中线处皱脊（d1）的补偿压边力与相邻皱脊对比同样最小，仅为 297 N，短边区与圆角区连接处的皱脊（d2）则需要 635 N。圆角区上各个皱脊之间补偿压边力数值差异较小，外缘处单元的补偿压边力较小为 50 N 以下，内缘中线处单元的补偿压边力在整个法兰区中最大（146 N），且 r1 整个皱脊的补偿压边力最大为 825 N。在不同区域连接处上的皱脊，长边区与圆角区连接处整个皱脊（c3 皱脊）的补偿压边力为 809 N，而短边区与圆角区连接处整个皱脊的补偿压边力为 635 N，因此不同区域连接处上的皱脊补偿压边力存在一定的差异。

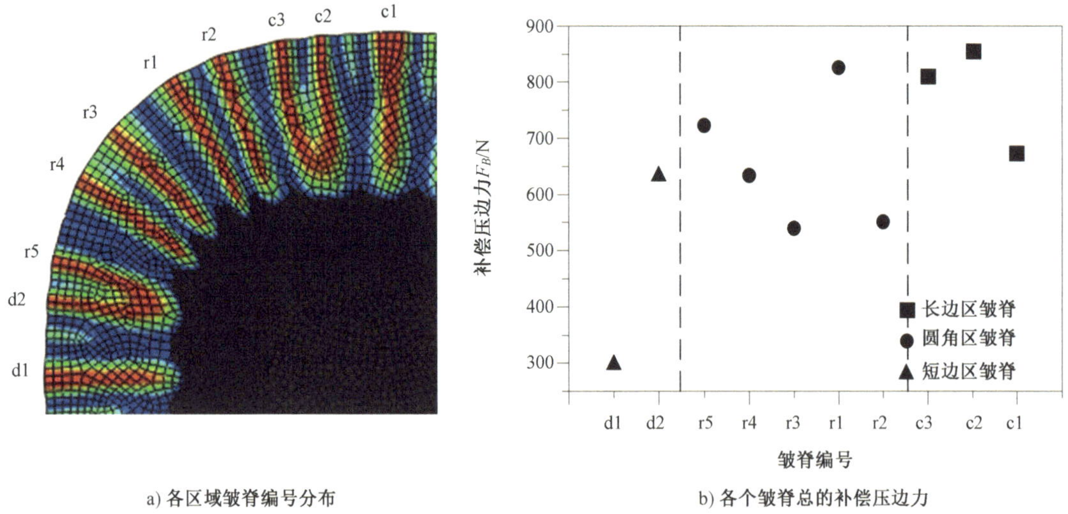

图 10-34　各个皱脊总的补偿压边力对比分析

10.6.4　各个区域之间补偿压边力的发展规律

在相同区域中，相邻皱脊之间的补偿压边力的发展规律基本一致，因此可以分别对长边区、短边区、圆角区进行分区压边。对各个区域皱脊的压边力进行求和，得到如图 10-35 所示的各个区域的补偿压边力 F_B 与拉深高度 h 的关系曲线。

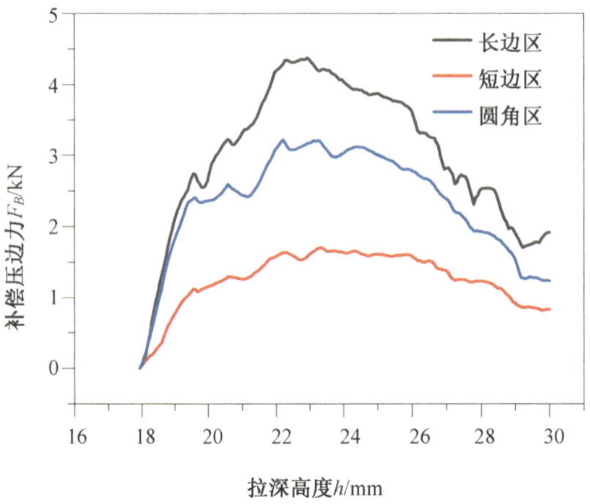

图 10-35　各个区域补偿压边力与拉深高度关系曲线

由图 10-35 可知，各个区域补偿压边力发展趋势基本一致。长边区各个皱脊的补偿压边力较大，使整个长边区的补偿压边力最大，即在拉深高度为 22.92 mm 时，补偿压边力值达到最大值 4 371 N。短边区在拉深高度为 23.34 mm 时，补偿压边力达到 1 700 N，圆角区由于皱脊数量最多，在拉深高度达到 22.2 mm 时，补偿压边力达到 3 216 N。三个区域的补偿压边力达到最大值时，所处的拉深高度基本一致，但由于各个区域的特点，最大补偿压边力有较大区别。

为了计算整个法兰区的补偿压边力，需要将法兰的四个圆角区、两个长边区、两个短边区的补偿压边力求和，得到如图 10-36 所示的整个法兰区补偿压边力与拉深高度的关系曲线。由图可知，整个法兰区的最大补偿压边力为 26 kN。根据弹簧施加在板料上的压边力为 5 kN，得到当压边力 $F=31$ kN 时，板料厚度 $t=0.5$ mm，板料直径 $D=185$ mm 的试件，在拉深过程中法兰上产生的皱脊将不会影响成形质量。

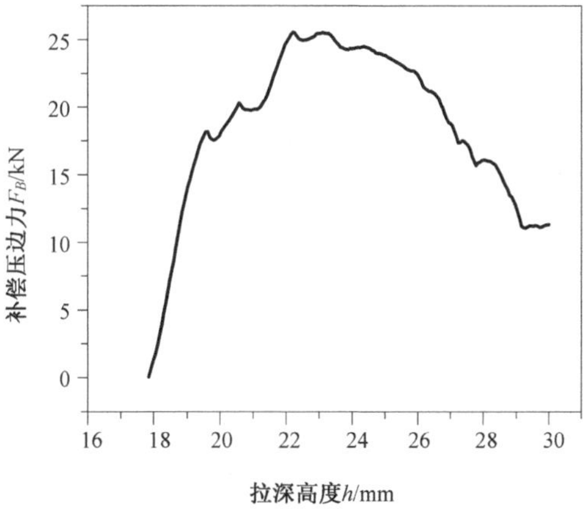

图 10-36　整个法兰区补偿压边力与拉深高度的关系曲线

10.6.5　皱脊中间位置处单元的特点

在上述的研究中，为了确定法兰的补偿压边力，需要提取的皱脊单元较多，为了能够减少计算量，提高处理数据的效率，本书根据图 10-28、图 10-30、图 10-32，在长边区的单元的补偿压边力与到外缘的距离成反比的特点，即离外缘越近的单元，补偿压边力依次增大。圆角区与长边区相反，单元与外缘距离越小，补偿压边力依次减小，短边区的皱脊虽然存在一定的不确定性，但是皱脊上各个单元之间同样存在规律性变化。根据此规律，提取皱脊上中间位置的单元上的数据，并以此为基础估算该皱脊的补偿压边力。以法兰上三个不同区域中线上的皱脊 c1、d1、r1 为例，绘制如图 10-37 所示的各个单元最大补偿压边力与外缘距离的关系曲线。

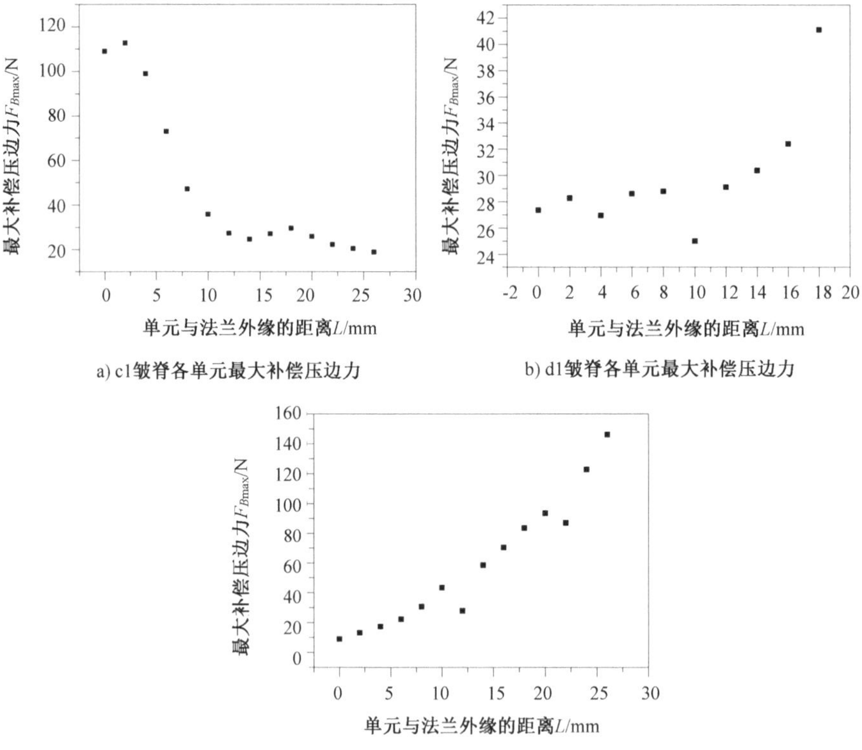

a) c1皱脊各单元最大补偿压边力

b) d1皱脊各单元最大补偿压边力

c) r1皱脊各单元最大补偿压边力

图 10-37　最大补偿压边力与单元所在皱脊上位置关系

由图可知最大补偿压边力与单元所在皱脊位置存在线性关系，c1 皱脊的最大补偿压边力的平均值为 48 N，与处于皱脊中间位置的单元相近，为了能够估算出一个保险的压边力，因此在长边区可以选择一个中间位置靠近外缘的单元 c1-6 的 47. 19 N 作为该皱脊最大补偿压边力的平均值。在 d1 皱脊上，平均最大补偿压边力(29. 7 N)同样与皱脊中间位置处的单元 d1-5(28. 79 N)比较接近，因此短边也可以提取中间位置单元的补偿压应力作为 d1 皱脊的平均值。在 r1 皱脊上，同样符合上述规律，皱脊的平均最大补偿压边力为 58. 9 N，但由于圆角区内缘处的补偿压边力更大，因此圆角区可以选择皱脊中间靠内缘的单元 c5-8(58. 47 N)作为平均值进行计算。

在盒形件法兰上的皱脊，存在一种树杈状的皱脊形貌，如图 10-38 所示。对于这种皱脊，直接选用中间位置的皱脊不合适。因此本研究将该皱脊分为三段 A、B、C，提取各单元最大补偿压边力如表 10-2 所示，求得该树杈皱脊所需要的补偿压边力为 1 483. 753 N，取 A、B、C 三段皱脊的中间位置，即 A-4、B-4、C-5 作为平均值计算该树杈状皱脊的补偿压边力，数值为 1 601 N。两种方法计算出的补偿压边力接近，因此本研究将以该方法估算树杈状皱脊的最大补偿压边力。

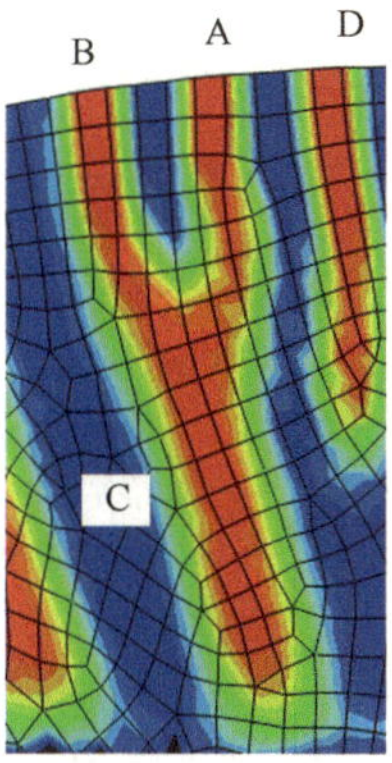

图 10-38　树杈状皱脊形貌

上述皱脊基本为从法兰外缘延伸到法兰内缘,为了探究是否法兰中间位置处适用于所有皱脊,本研究对短小皱脊 D 进行分析,如图 10-38,绘制皱脊上各个单元的最大补偿压边力分布如图 10-39 所示。该皱脊的最大补偿压边力为 1 056 N,若选择皱脊的中间位置作为平均值,即根据皱脊中间位置单元 D-5 求得的最大补偿压边力为 1 147 N,若选取法兰中间位置的单元 D-10 的最大补偿压边力作为平均值计算,得到的则是 690 N,因此对于短小的皱依然适用于选取皱脊中间位置处的单元作为平均值计算该皱脊总的补偿压边力。

表 10-2　圆形件与上圆下方件主应力角度

编号	补偿压边力/N	编号	补偿压边力/N	编号	补偿压边力/N
A-1	130.239	B-1	113.876 2	C-1	40.085 27
A-2	127.880 4	B-2	110.553 5	C-2	36.530 64
A-3	99.585 44	B-3	107.590 8	C-3	39.531 58
A-4	69.790 51	B-4	109.707 9	C-4	41.947 05
A-5	48.726 27	B-5	62.595 26	C-5	38.385 1
A-6	53.600 96	B-6	48.900 35	C-6	30.830 71
A-7	35.1369 9	B-7	43.263 86	C-7	31.811 26
—	—	—	—	C-8	29.314 09
—	—	—	—	C-9	33.869 33
总和	564.959 6	总和	596.487 9	总和	322.305

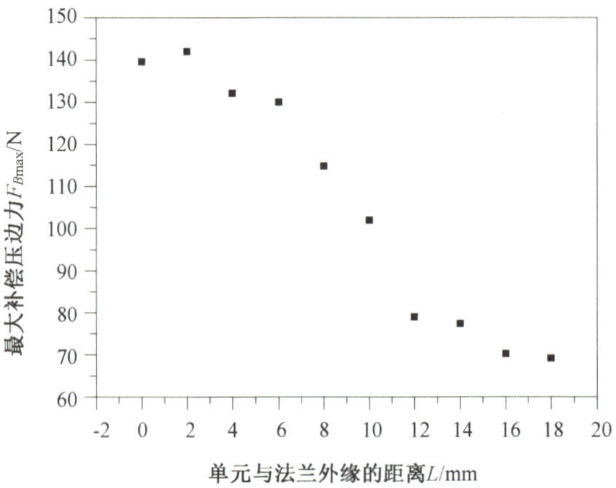

图 10-39 长度较小的皱脊各个单元的最大补偿压边力

根据上述提取方法，计算板料厚度 $t=0.5$ mm，板料直径 $D=185$ mm，压边力 $F=5$ kN 的拉深工况，在一个长边区的补偿压边力为 4 931 N，一个短边区的最大补偿压边力为 2 076 N，一个圆角区的补偿压边力为 3 125 N，最终整个法兰的最大补偿压边力为 26 518 N，与皱脊所有单元相加得到的 26 639 N 相差较小。对于分区压边方式，这种取皱脊中间位置作为皱脊平均值的方法可能误差较大。但该方法对于整个法兰上施加压边力的方式具有一定的指导意义。因此在后续的研究中，将皱脊中间位置单元作为整个皱脊的平均值的方法计算整个法兰的补偿压边力。

为了验证上述补偿压边力计算方法的有效性，将施加在板料上的压边力调整为 10 kN。由模拟结果的厚向位移云图可以直观地看出皱脊高度减小到 0.045 mm，如图 10-40 所示。

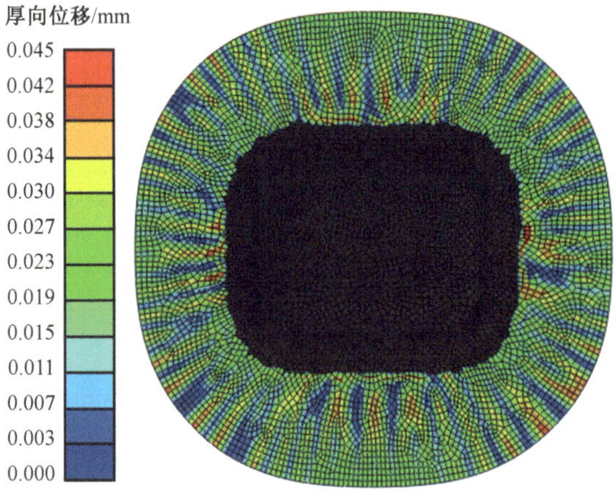

图 10-40 $t=0.5$ mm，$F_Q=10$ kN，$D=185$ mm 厚向位移云图

起皱失稳程度得到改善，同时由于压边力的增大，延长了皱脊衍生阶段的时间，皱脊数量增长到 54 个，提取这些皱脊中间位置处单元厚向积分点 2 和 4 的应力应变，得到应力加载路径和应变路径曲线，如图 10-41a）和 10-41b）所示。

由图可知，两个应变路径件的距离较小，分叉点出现时刻较晚。提取相应单元积分点 3 的周向应力和周向应变，绘制整个法兰的补偿压边力与拉深高度的关系曲线，如图 10-41c）所示。由图可知，所有皱脊的补偿压边力综合为 20 994 N，计算得到板料需要的压边力是

30 994 N，与施加在板料上的压边力为 5 kN 时的预测结果相近。

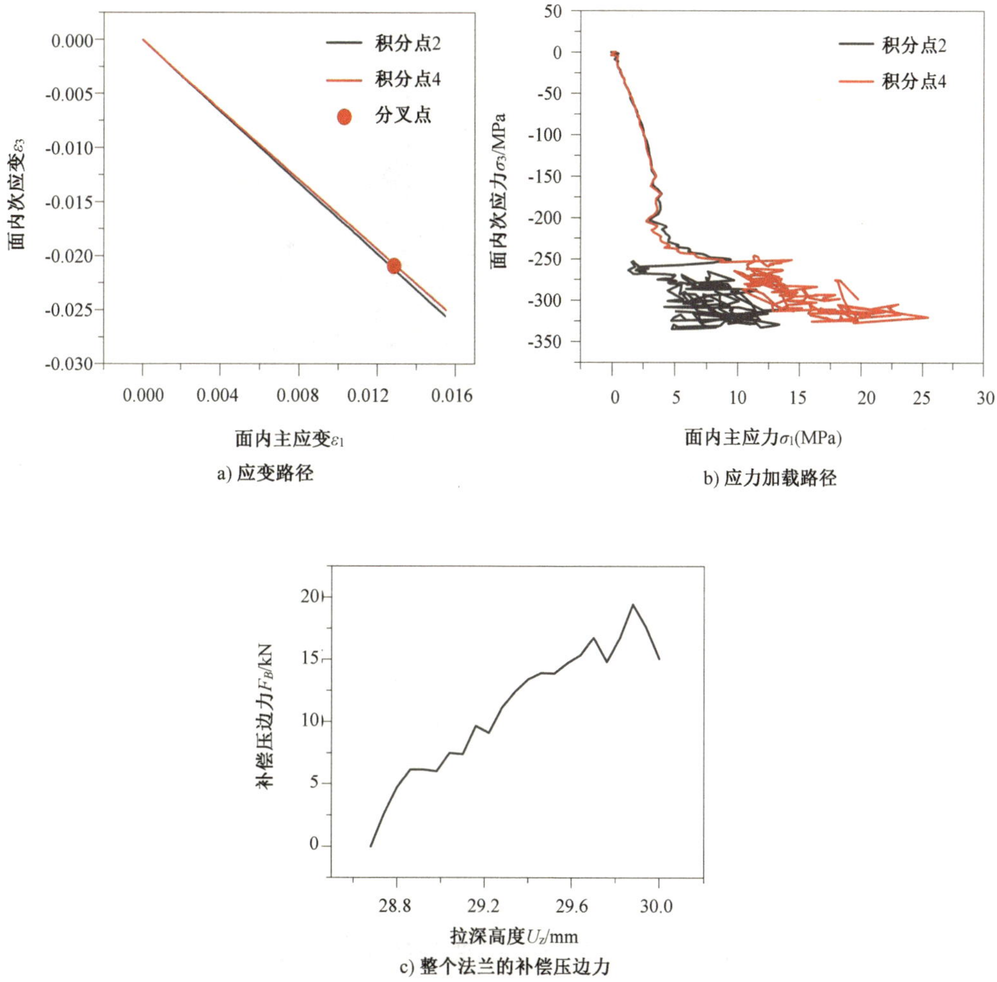

a) 应变路径　b) 应力加载路径　c) 整个法兰的补偿压边力

图 10-41　10 kN 压边力下的数值模拟运算结果

将施加在板料上的补偿压边力调整为 31 kN，得到的模拟结果如图 10-42a）所示，此时皱脊高度为 0.034 mm，通过皱脊上单元的应变路径和应力加载路径，如图 10-42b）和图 10-42c）所示，两曲线之间没有分叉，因此认为在 31 kN 压边力下，板料没有发生起皱，补偿压边力为 0 N。

通过对比上述模拟结果，说明通过将数值模拟和能量法相结合，以临界起皱时刻的周向压应力产生的能量作为压边力提供抵抗起皱所需的能量，并以皱脊中间单位作为平均值计算整个皱脊的补偿压边力的方法对预测板料压边力的方法具有一定的可靠性。

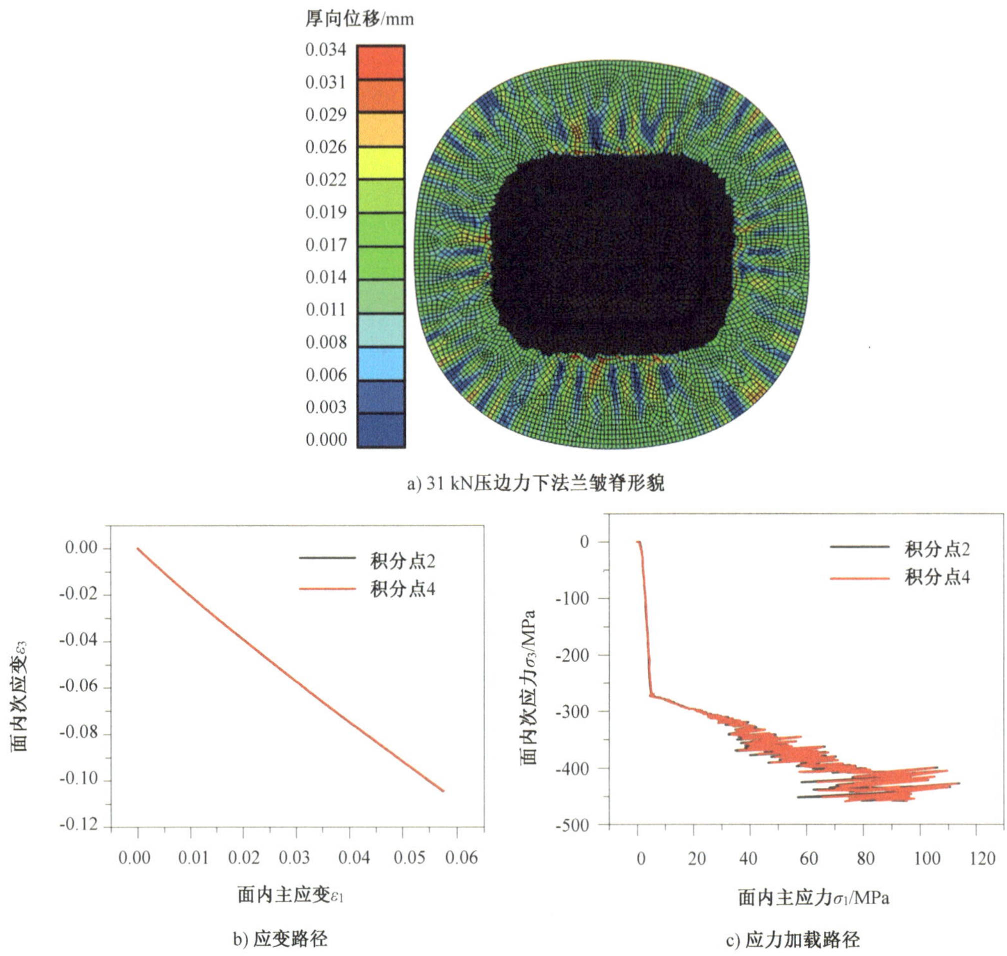

a) 31 kN压边力下法兰皱脊形貌

b) 应变路径

c) 应力加载路径

图 10-42　31 kN 压边力下应变路径和应力加载路径

10.7　成形参数对补偿压边力的影响

10.7.1　板料厚度对补偿压边力的影响

板料厚度对拉深过程中法兰的起皱失稳也有一定的影响，为了研究板料厚度对起皱失稳的影响，本研究根据试验分析了厚度 $t=0.4$ mm、0.5 mm、0.7 mm，板料直径 $D=185$ mm，压边力 $F=5$ kN 的拉深工况下的成形结果。按照上述三种板料厚度进行有限元数值模拟，得到如图 10-43 所示的不同板料厚度对应的皱脊形貌。从厚向位移云图中可以看出，板料厚度为 0.4 mm 时，皱脊数量最多，但皱脊高度较小。而通过图 10-43b) 和 10-43c) 可知，板料厚度为 0.5 mm 和 0.7 mm 时，皱脊数量基本相同，但板厚 0.7 mm 的试件皱脊高度较小。

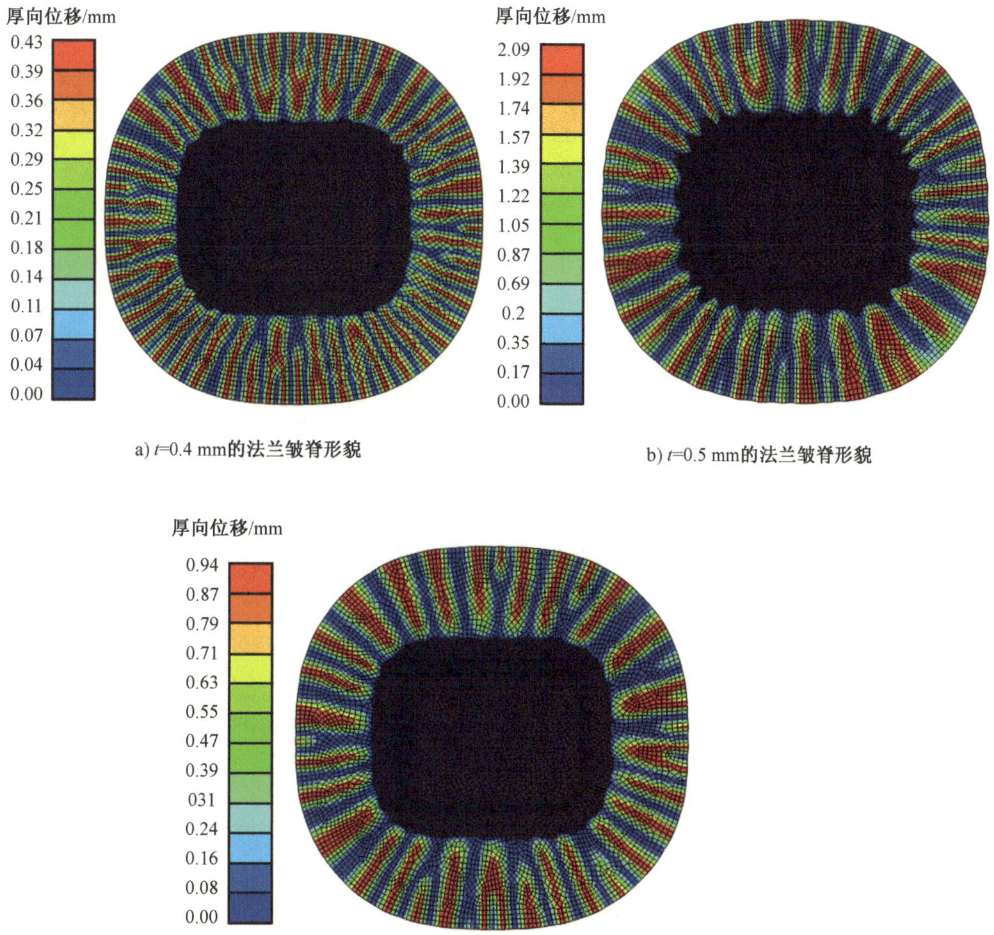

a) t=0.4 mm的法兰皱脊形貌

b) t=0.5 mm的法兰皱脊形貌

c) t=0.7 mm的法兰皱脊形貌

图 10-43　不同板料厚度下的法兰区皱脊形貌

分别提取不同工况下相同位置处皱脊的主次应力和主次应变,绘制应力加载路径和应变路径,如图 10-44 所示。由图可知,板料厚度 $t=0.5$ mm 时,板料的分叉程度明显,且分叉时间早,而板料厚度 $t=0.4$ mm 的分叉点出现时间较晚,说明法兰区皱脊衍生阶段的时间较长,皱脊增高阶段时间较短。板料厚度 $t=0.7$ mm 时,临界起皱时刻比 0.5 mm 板厚出现时间晚,但比 0.4 mm 板厚出现时间早。

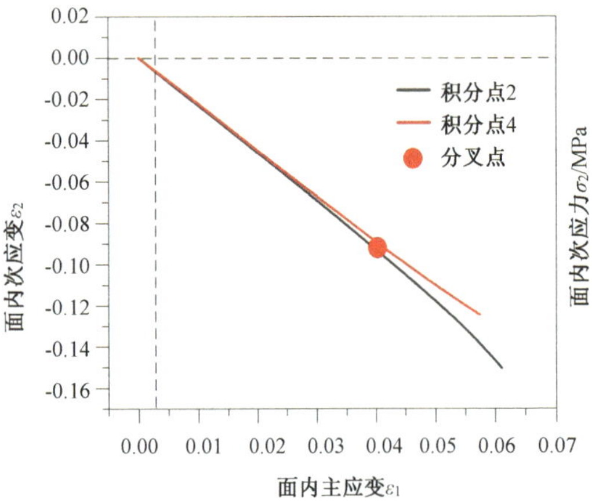

a) 板厚0.4 mm的应变路径

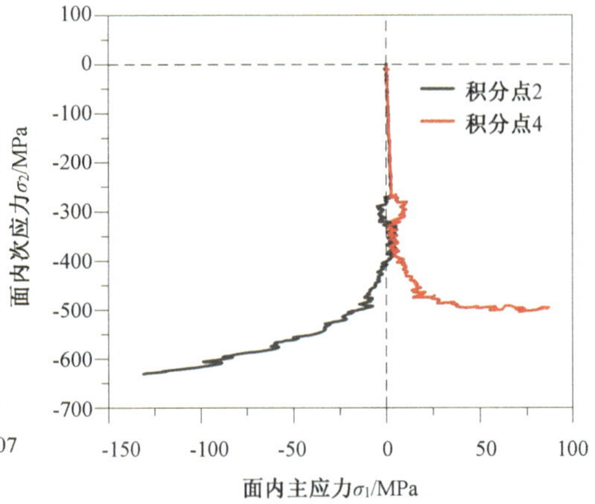

b) 板厚0.4 mm的应力加载路径

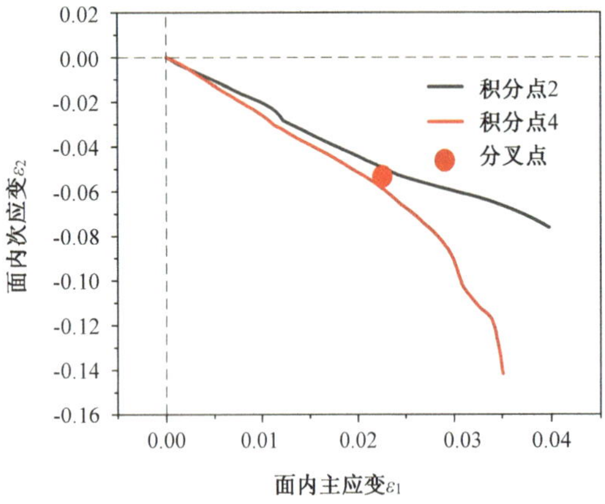

c) 板厚0.5 mm的应变路径

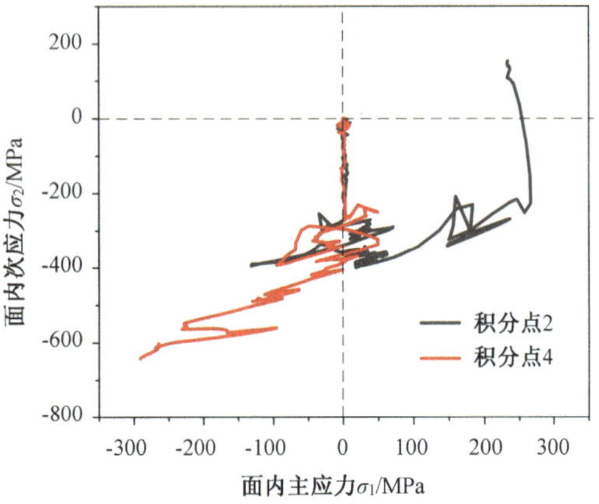

d) 板厚0.5 mm的应力加载路径

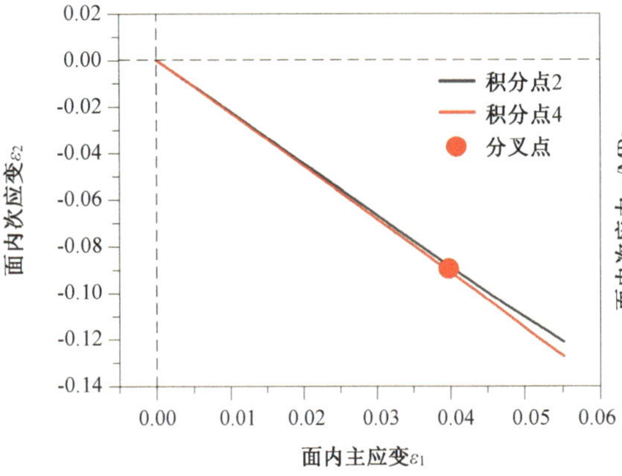

e) 板厚0.7 mm的应变路径

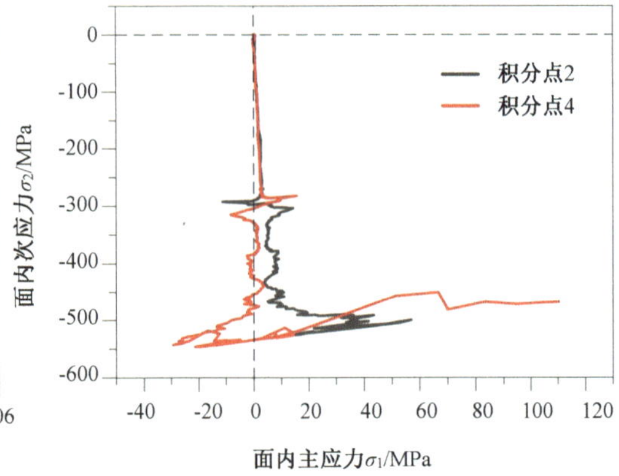

f) 板厚0.7 mm的应力加载路径

图 10-44　不同板料厚度下的应力加载路径和应变路径

提取各个皱脊中间位置处的单元，对不同板料厚度下的补偿压边力进行分析，得到如图10-45 所示的法兰区总的补偿压边力与拉深高度的关系曲线。

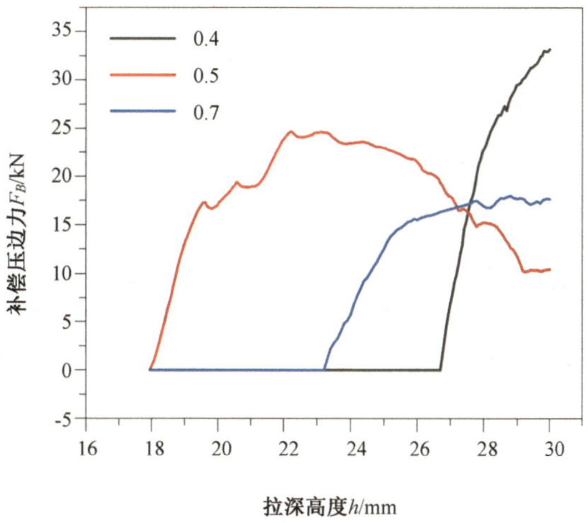

图 10-45　不同厚度下补偿压边力与拉深高度的关系曲线

由图可知，板料厚度 $t=0.4$ mm 时，补偿压边力最大(33 kN)。板料厚度 $t=0.5$ mm 时，补偿压边力次之(26 kN)，板料厚度 $t=0.7$ mm 时补偿压边力最小(18 kN)。

根据不同板料板厚度下，皱脊高度，临界起皱时刻，以及补偿压边力之间的对比，发现板料厚度对盒形件拉深过程中法兰的起皱失稳程度影响较大。板料厚度较小时，法兰上皱脊的衍生时间较长，皱脊数量较多，所需要的补偿压边力较大。随着板料厚度，皱脊的衍生时间减少，皱脊数量减少，补偿压边力随之减小。综上所述，板料厚度增加，板料的补偿压边力减小。

10.7.2　板料尺寸对补偿压边力的影响

通过上述研究的对比，皱脊的长度对补偿压边力也有一定的影响，而板料的大小影响皱脊的长度，为了探究板料尺寸对拉深过程中起皱失稳的影响，本研究设置板料直径 $D=185$ mm、195 mm、205 mm，板料厚度 $t=0.4$ mm，压边力 $F=0.5$ T 的成形工况。皱脊形貌如图 10-46 所示，由图可知板料直径 $D=185$ mm 时，皱脊高度为 2.09 mm，皱脊数量为 34 个。在板料直径 $D=195$ mm 时，皱脊高度减小为 0.6 mm，皱脊数量增加为 45 个，在板料直径 $D=205$ mm 时，皱脊高度为 0.89 mm，皱脊数量为 42 个。

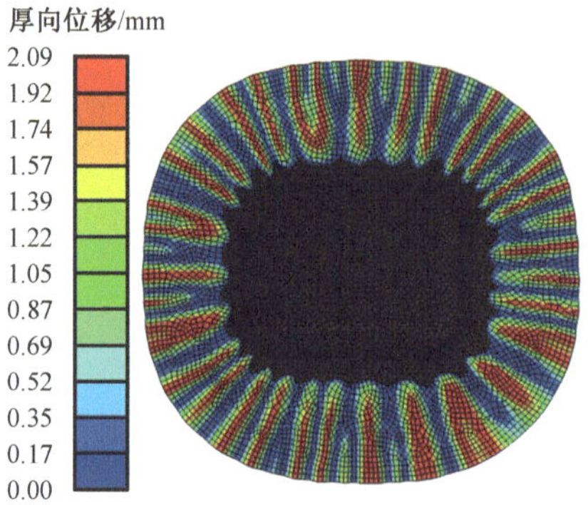

a) D=185 mm的法兰皱脊形貌

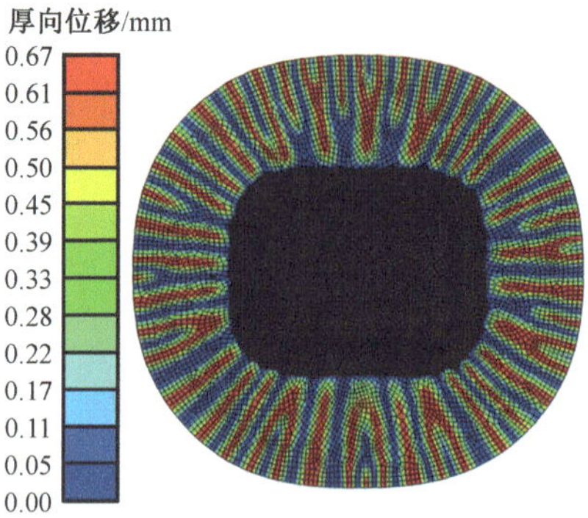

b) D=195 mm的法兰皱脊形貌

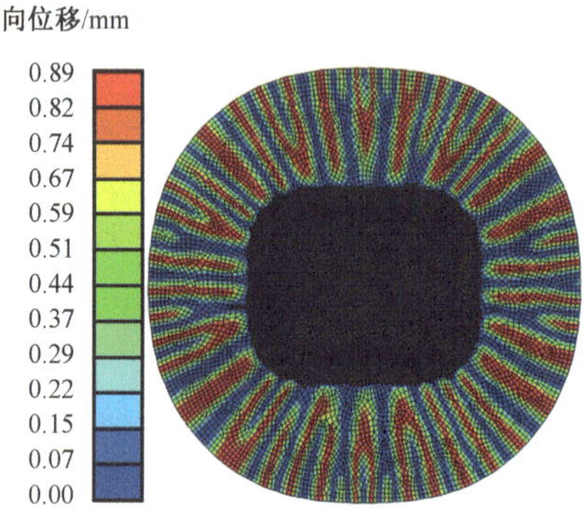

c) D=205 mm的法兰皱脊形貌

图 10-46　不同板料直径下的皱脊形貌

同样定位各法兰区域中线附近的皱脊，并提取皱脊中间位置处单元的主次应力和主次应变，对比不同板料直径下，应力加载路径和应变路径曲线，如图 10-47 所示。

由图 10-47a) 可知，当板料直径为 185 mm 时，临界时刻较早，但在分叉之后两曲线间距离变化较小，因此将图中两曲线间距离开始大幅增大时定为分叉点。当板料的直径增大时，皱脊的长度随之增加，皱脊需要吸收更多能量才能达到起皱失稳状态，因此板料的临界起皱时刻推迟。从而使皱脊在高度增长阶段中能够吸收的能量减少，导致皱脊高度减小。

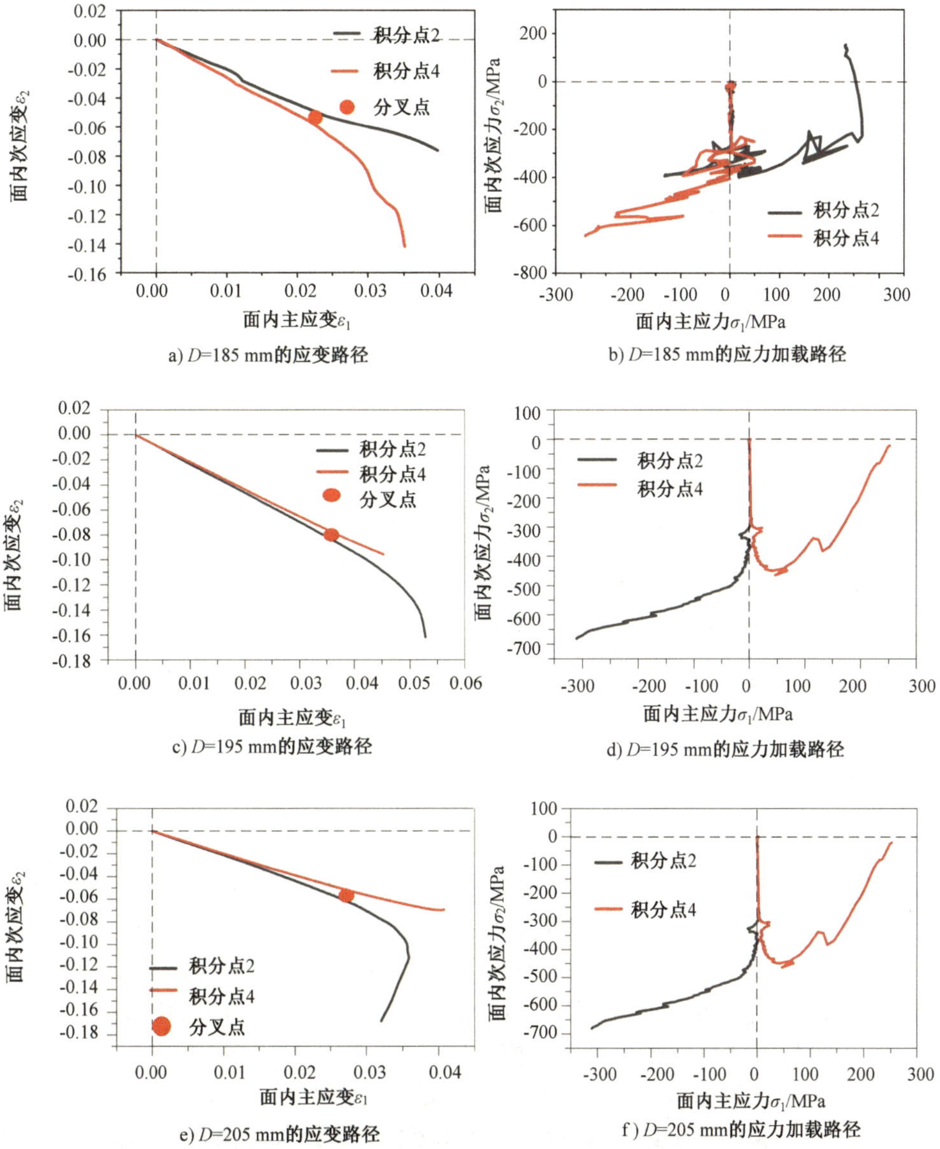

图 10-47　不同板料直径下的应力加载路径和应变路径

提取各个皱脊中间位置单元的积分点 3 的压应力和应变比，绘制如图 10-48 所示的不同板料直径下，补偿压边力与拉深高度的关系曲线。

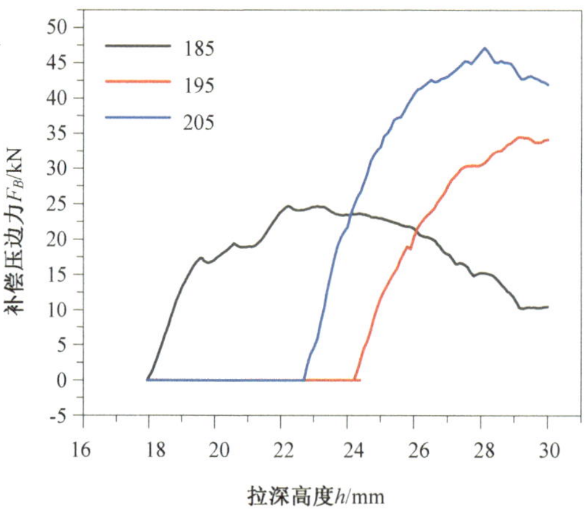

图 10-48　不同板料直径下的补偿压边力与拉深高度关系曲线

由图可知，板料直径 $D=185$ mm 时，补偿压边力较小，为 26 kN，而随着板料直径增大，补偿压边力随之增大，在板料直径 $D=195$ mm，补偿压边力为 34 kN，板料直径为 $D=205$ mm 时，补偿压边力增大到 47 kN。

综上所述，板料尺寸影响法兰区皱脊的补偿压边力，板料尺寸增大，皱脊的长度增加，皱脊数量增多。随着板料直径的增加，迫使压边力提供的抵抗起皱所需的能量增加，补偿压边力不断增大。

10.8　本章小结

本章以矩形盒形件薄板单道次拉深试验中法兰出现的起皱失稳为研究对象，利用 ABAQUS 有限元模拟软件建立模拟模型，结合能量法理论，对法兰区补偿压边力的求解问题进行研究，并以此为基础，分析了成形参数对补偿压边力的影响，取得如下结论：

(1) 在 ABAQUS 有限元软件中建模时分别以实体单元和壳体单元建立板料模型，以此来探究在厚度方向上产生压应力的情况下，不同的单元类型对模拟结果的影响：壳体单元通过 Buckle-Dynamic 模拟算法可以得到可靠的模拟结果，而实体单元使用 Buckle-Dynamic 和仅使用 Dynamic 算法模拟结果基本一致。另外通过对比不同厚向积分点数量的模拟结果发现实体单元的单层网格的模拟结果更具有可靠性，壳体单元的模拟结果受积分点数量的影响较小。

(2) 根据板料厚向位移以及应变路径曲线，确定板料的临界起皱时刻，并发现盒形件在拉深过程中，法兰的起皱规律：在板料进入塑性阶段之后，法兰区板料的起皱失稳过程主要有两个阶段，皱纹衍生阶段和皱脊高度快速增长阶段。在皱纹衍生阶段，长边区和短边区从外缘向内缘，圆角区从内缘向外缘逐渐形成曲率较大的皱脊，随后长边区和短边区中线处的金属从外缘向内缘衍生出新的皱脊，而圆角区则是皱脊中线处的内缘向外缘逐渐衍生出新的皱脊。并随着拉深的进行，以相同的方式衍生出新的皱脊。在衍生阶段皱脊高度普遍较小。当皱脊数量基本稳定后，法兰上皱脊的高度开始快速增长。

(3) 利用补偿压边力计算方法求解了法兰区不同位置皱脊的补偿压边力得到了盒形件法兰区在临界起皱时刻之后的补偿压边力变化曲线，研究表明一个皱脊上各个单元的最大补偿压边力基本呈线性分布。根据该特点，一个皱脊仅通过较少的单元数据即可计算出整个皱脊的最大补偿压边力，减少了补偿压边力计算的工作量，并通过具体案例验证了上述方法的可靠性。

（4）对比分析不同成形参数对补偿压边力的影响得出结论：随着板厚增加，补偿压边力减小；随着板料尺寸增大，补偿压边力增大。

参考文献

[1] 彭成允，胡敬佩．不锈钢薄板拉深时出现的问题及对策[J]．重庆工学院学报，2002，16(5)：25-26，40.

[2] Chen Y Z, Liu W, Zhang Z C, et al. Analysis of wrinkling during sheet hydroforming of curved surface shell considering reverse bulging effect[J]. International Journal of Mechanical Sciences, 2017, 120(120): 70-80.

[3] Neto D M, Oliveira M C, Santos A D, et al. Influence of boundary conditions on the prediction ofspringback and wrinkling in sheet metal forming[J]. International Journal of Mechanical Sciences, 2017, 122: 244-254.

[4] 王银芝．方盒形体拉深成形中起皱与破裂问题的机理研究[J]．现代机械，2011(3)：38-39.

[5] 郎利辉，王永铭，谢亚苏，等．铝合金盒形件充液成形法兰变形特性及其失稳影响分析[J]．材料科学与工艺，2013，21(4)：37-43.

[6] Banu M, Takamura M, Hama T, et al. Simulation of springback and wrinkling in stamping of a dual phase steel rail-shaped part[J]. Journal of Materials Processing Tech, 2006, 173(2): 178-184.

[7] 邓运来，张劲，张新明．连续矩形盒壁板的冲压成形试验与模拟研究[J]．锻压技术，2010，35(5)：6.

第五篇

二次开发篇

第 11 章

统一起皱判定线自动化高效建立

11.1 引言

前文讲述了 304 不锈钢统一起皱判定线的建立流程。但基于上述流程建立特定板料的起皱判定线的过程烦琐,因为一方面需要大量人工操作的参与——需要模拟四种形状试件的应力应变结果,并提取数据,再对数据进行分析判定,才能绘制出统一起皱判定线。另一方面,多个案例的数值模拟运算也会耗费时间,导致起皱判定线建立效率低下,不利于工程上的实际应用和推广。因此,搭建用于高效建立统一起皱判定线的二次开发系统尤为必要。

ABAQUS 二次开发包括前处理和后处理两个过程,用户可通过该技术实现自定义模型的导入。本章基于 ABAQUS 软件平台,开发参数化板料剪切起皱模拟试验前后处理模块,完成针对试件材料参数(密度、泊松比、杨氏模量等)的参数化自动前处理建模工作以及后处理过程中统一起皱判定线输出工作。用户可在 ABAQUS 专用模块 GUI 界面中,输入所需试件的材料参数,实现限元模拟自动化前处理建模并提交分析,从而节约人工设置软件时间、避免人为操作失误、提高统一起皱判据绘制效率。

11.2 二次开发图形用户界面建立

11.2.1 ABAQUS 二次开发实现原理

ABAQUS 软件为用户提供了脚本接口,被传输的脚本可对程序内核脚本直接访问,从而实现自动化前处理和后处理。用户只需在脚本程序中设置、修改相关参数并执行,即可快速、准确地完成前、后处理中的各种原本需要从软件 GUI 中手动设置各项参数的建模操作。ABAQUS 内核执行程序基于 Python 语言,其脚本接口涉及约 500 个对象,这些对象可分为视图数据库 Session、模型数据库 Mdb 和结果数据库 Odb[1]三个类型。其中,视图数据库的功能是定义视图,用户定义的视图等。模型数据库功能是计算模型对象和作业对象。结果数据库的功能是计算模型对象以及结果数据。每一类对象下面又包括各类子对象,如图 11-1 所示。这些对象对于内核脚本高效运行至关重要[2]。

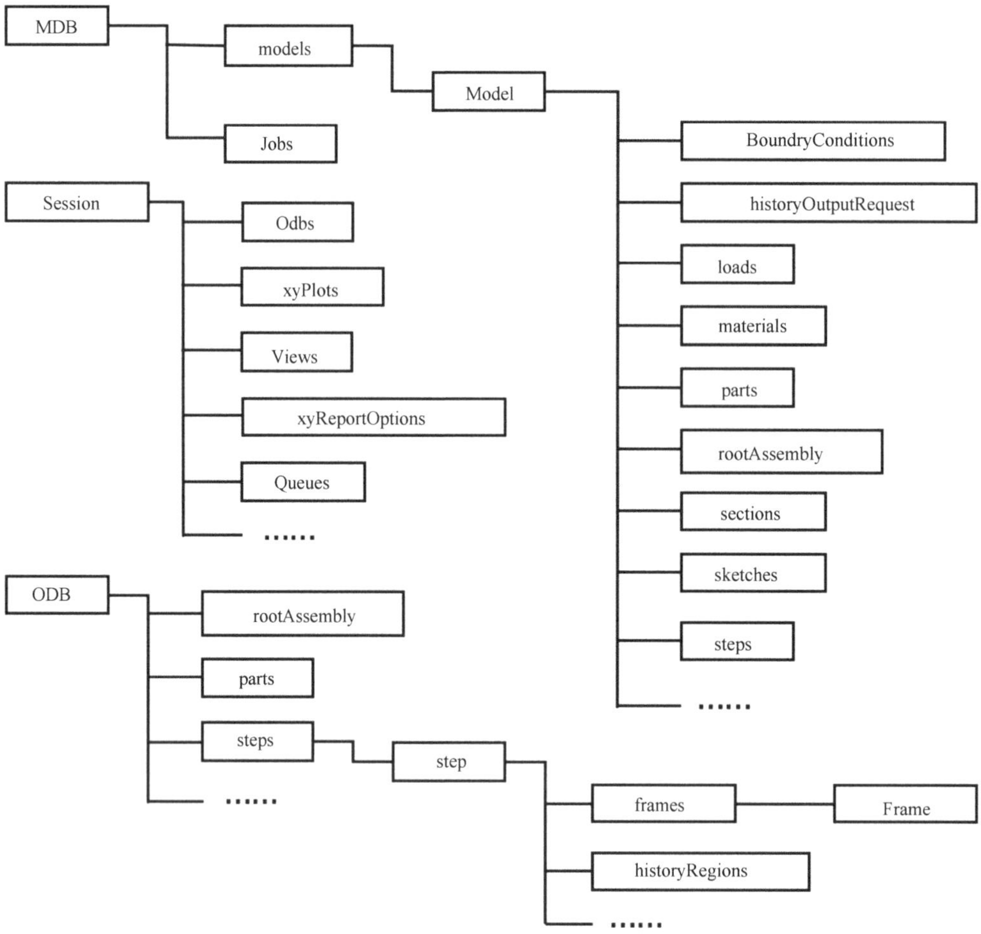

图 11-1 ABAQUS 对象模型

11.2.2 图形用户界面建立过程

图形用户界面创建进程主要包括两个部分：内核进程创建和图形用户界面进程创建。ABAQUS 通过这两个部分之间的数据交互来实现人机交互，如图 11-2 所示。为了创建便捷性的材料参数输入界面，可借助于 ABAQUS 二次开发中的插件功能，常见的创建方法包括使用 RSG 对话框创建和使用 AbaqusGUI 工具包创建[3-4]。

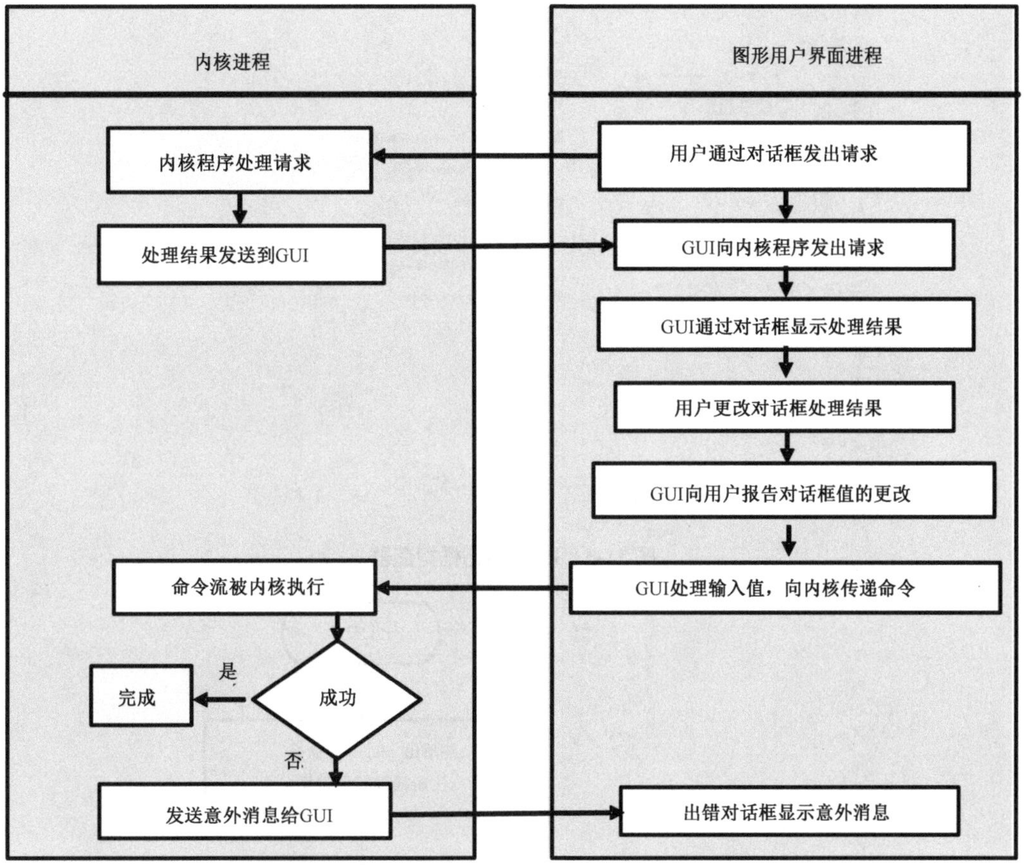

图 11-2　ABAQUS GUI 与内核交互作用流程

RSG 全称为 RSG Dialog Builder，即指对话框构造器，它是 Abaqus/CAE 内嵌的 GUI 插件开发辅助工具，其开发构造器如图 11-3 所示。RSG 构造的对话框使用方便，创建对话框的过程也直观明了。本书中，用于建立统一起皱判定线的试件无须改变每种形状板件的尺寸参数即可建立，所以只需对材料参数进行参数化，以通过二次开发便捷地获取不同材料的统一起皱判定线。因此，本书选用 RSG 对话框创建材料参数输入插件。在该界面中，用户可以创建新的对话框，选择并编辑控件，查看对话框的视图效果，关联插件执行的内核文件等。插件保存后会生成对应的 3 个文件，分别为注册文件 xxx_pugin. py、图形界面文件 xxx_DB. py、内核执行程序文件 xx. py。其中，内核脚本 xx. py 是插件的核心，用于驱动 ABAQUS/CAE 执行内部命令并实现 CAE 建模和数据处理；插件程序 GUI 脚本 xxDB. py 涵盖了各个控件和布局管理器的构建程序代码，使用户在 RSG 对话框生成器中制作出的对话框以脚本的形式自动生成；插件注册脚本（xx_plugin. py）用于注册各种控制关键字，检查数据的合法性，并将插件工具注册到 ABAQUS/CAE 的 Plug-ins（插件程序）菜单中，它也是用户点击 RSG 对话框界面中确认键后自动生成的。完成对话框创建后，三个文件的运行流程如图 11-4 所示。

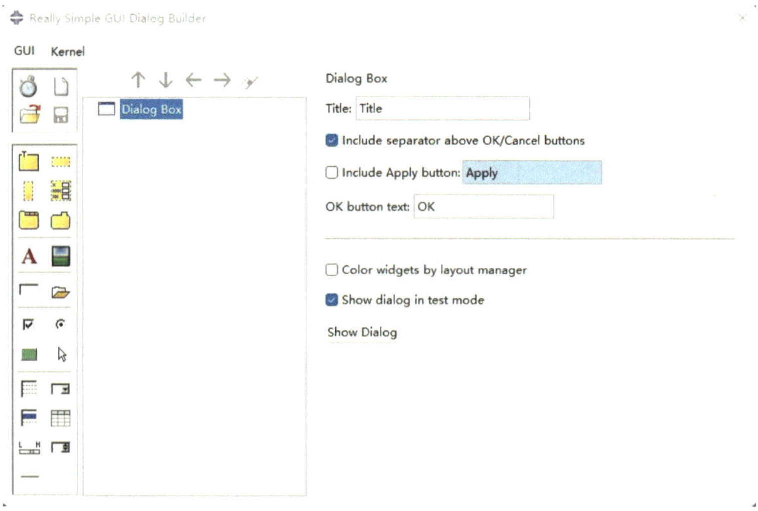

图 11-3　RSG 对话框构造器

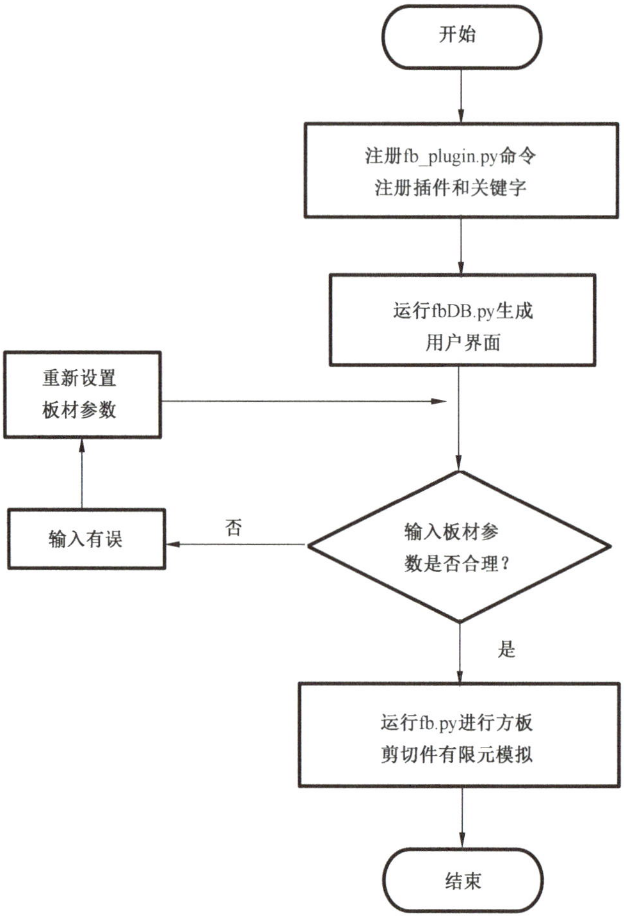

图 11-4　平台运行流程图

11.3　前处理程序编写过程

ABAQUS 为用户提供了脚本接口,被传输的脚本可直接访问程序的内核脚本,从而实现建模前处理和数据后处理。用户只需在脚本程序中设置、修改相关参数并执行,即可自动快速、准确地执行原本需要人工来操作的前、后处理中的各种命令。ABAQUS 内核执行程序基于 Python 语言,因此在前处理阶段利用 Python 对自定义子程序脚本进行编译,具体按照下列步骤编辑和修改代码。

11.3.1　前处理程序框架搭建

首先将完整的建模过程操作一遍,步骤包括几何模型的建立、设置材料属性参数、设定分析步、施加载荷及设置边界条件、划分网格以及最后提交分析等,等待提交作业并分析完成后,将结果予以保存。完成上述操作,打开之前建立方板模型设置的工作目录所在文件夹,里面会有一系列模型分析完成后生成的文件。找到 jnl 格式的文件,它通过 Python 语言对前处理过程中所有的操作命令进行了记录,用户可以用 notepad++编辑器对该文件的程序语句进行修改。

(1) 几何模型建立

在交互界面输入模型尺寸参数后,开始薄壁剪切件的建模、材料属性、装配等整个流程。然后,用户将得到整个剪切件的模型相关 Python 代码,部分关键代码如下:

```
mdb.models['Model-1'].Part(dimensionality= THREE_D,name='Part-1', type=
    DEFORMABLE_BODY)
                                                        #创建三维实体
mdb.models['Model-1'].parts['Part-1'].
    SectionAssignment(offset=0.0,offsetField='',offsetType=MIDDLE_SURFACE,
    region=Region(faces=mdb.models['Model1'].parts['Part1'].faces.getSequenceFromMask
    (mask='[#1f]',),)),sectionName='Section1',thicKNessAssignment=FROM_SECTION)
                                                        #分配属性
```

(2) 引入初始缺陷

本研究以薄壁方板剪切件作为研究对象,以线性特征值分析(Buckle)计算输出的第一阶屈曲模态作为初始形状缺陷引入 Explicit 分析步中的理想网格模型中,通过该算法建立了剪切起皱数值失稳起皱模型。部分关键代码如下:

```
mdb.models['buckle '].keywordBlock.
    insert(53, '\n *NODEFILE,GLOBAL=YES,LAST MODE=1\nU')
                                                        #修改关键字
mdb.models['Explicit '].keywordBlock.
    insert(35,'\n *IMPERFECTION,FILE=bc,STEP=1\n1,0.009')
```

(3) 提交作业并计算

完成上述建模过程程序编写后,进入提交作业计算环节。该部分对线性特征值分析(Buckle)建立了与之对应的名为 buckle 的作业提交任务,对模态显示(Explicit)建立了与之对应的名为 Explicit 的作业提交任务。由于需要将 buckle 的计算结果传递到 Explicit 的计算计算结果中,所以在原 jnl 文件中的 mdb.jobs['buckle'].submit(consistencyChecking=OFF)语句位置后面添上功能语句 mdb. jobs[´ buckle ´]. waitForCompletion( )来暂停脚本语句的运行，等待 buckle 计算完成后再继续运行下一段脚本程序。部分关键代码如下：

```
mdb. job( …model = ´Model-1´, …, name = ´buckle´, …)
                                                    #提交计算任务
mdb. jobs[ ´buckle´]. submit( consistencyChecking = OFF)
mdb. jobs[´ buckle ´]. waitForCompletion( )
                                                    #暂停脚本语句
mdb. job( …model = ´Model-2´, …, name = ´Explicit´, …)
                                                    #提交计算任务
mdb. jobs[ ´Explicit´]. submit( consistencyChecking = OFF)
```

(4) 通过 def ( )函数定义材料的 4 个关键参数，在 jnl 文件的主体程序开头添加如下代码：

```
Def NewJuxingFunction (de, ex, ey, layuptable):
```

其中 de、ex、ey 分别代表材料密度、泊松比、杨氏模量；layuptable 中的 X、Y 代表材料的塑性流动应力、应变数据。因为 Python 中无法使用特殊字符，因此这里不使用规范的物理代号，读者可以根据情况自己设定对应的代号。其值全部都是浮点型。

(5) 修改脚本定义材料部分的数据参数(密度、杨氏模量、泊松比和材料应力应变数据)，将材料参数常量逐一替换为变量，要与之前步骤中定义的关键字一一对应，部分代码如下：

```
mdb. models[´... ´]. materials[´... ´]. Density( table = ( ( de, ), ) )
                                                    #定义材料密度
mdb. models[´... ´]. materials[´... ´]. Elastic( table = ( ( ex, ey), ) )
                                                    #定义材料杨氏模量和泊松比
mdb. models[´... ´]. materials[´... ´]. Plastic( table = layuptable1)
                                                    #定义材料应力应变数据
```

11.3.2 程序与图形用户界面关联

完成上述步骤并借助 RSG 对话框构造器定义材料参数输入界面。增加 text、field 以及 table 组框，修改标签，关键字，字符类型，默认值，设置对话框如图 11-5 所示。

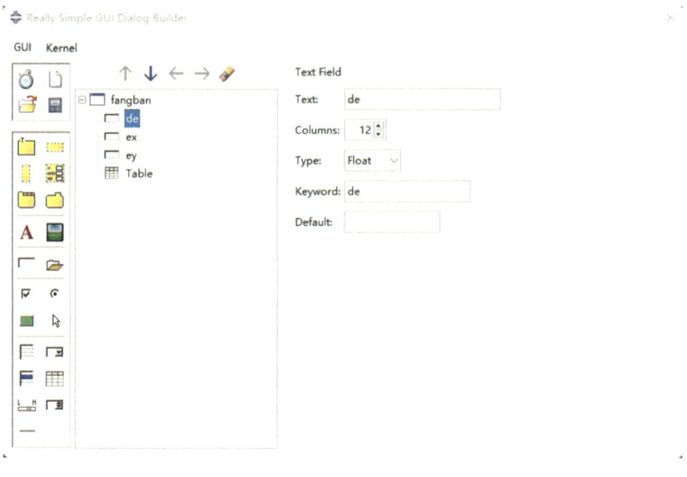

图 11-5 RSG 对话框设置效果示意

切换至 Kernel 标签页用以导入脚本文件，选择保存好的脚本文件，在下拉列表中选择 NewJuxingFunction 函数，调用已经定义过的四个参数，如图 11-6 所示。重新切换到 GUI 标签页，保存对话框。

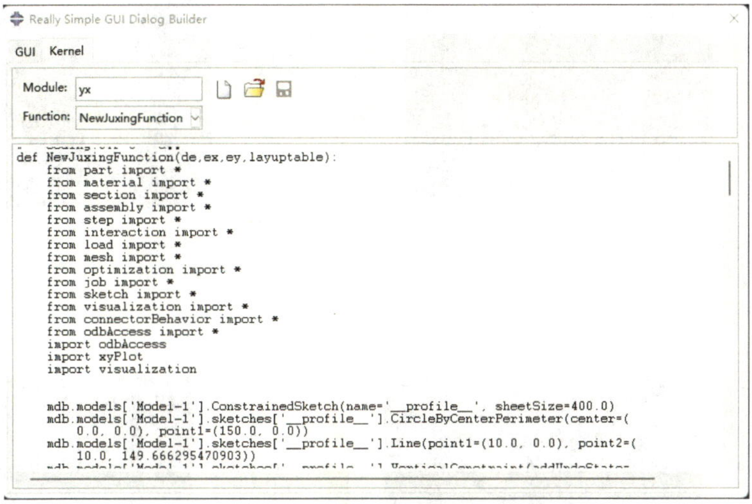

图 11-6　内核模块绑定效果示意

完成上述步骤需要重新启动 ABAQUS，软件主界面 Plug_ins 菜单下将出现如图 11-7 所示的 GUI 模块，该模块能够实现对材料属性的快速定义。在该菜单栏中依次填入材料密度，泊松比，杨氏模量，以及材料的应力应变数据，即可开始建模过程。运行效果如图 11-8 所示。

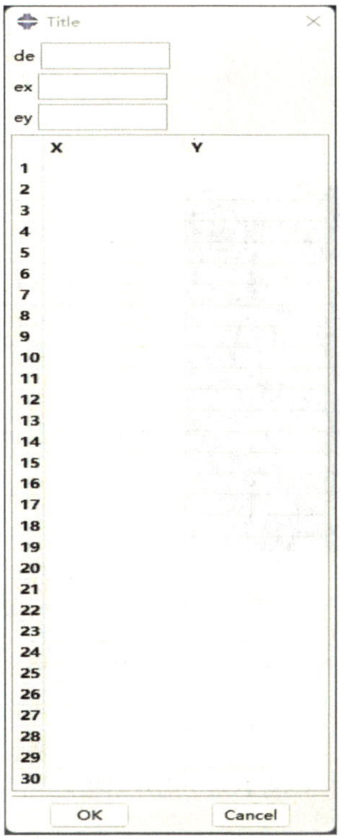

图 11-7　材料属性定义界面

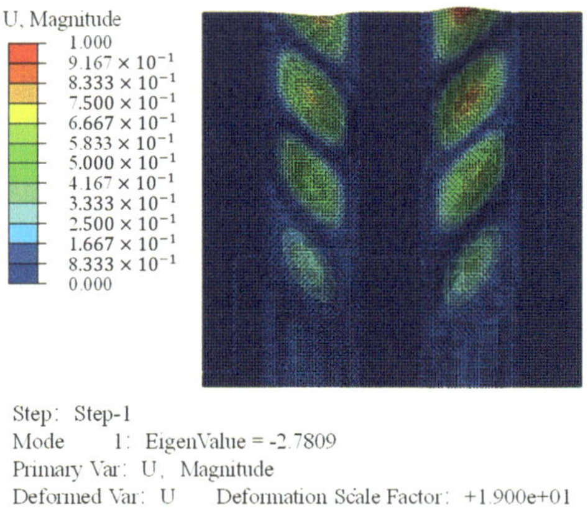

a) 一阶模态

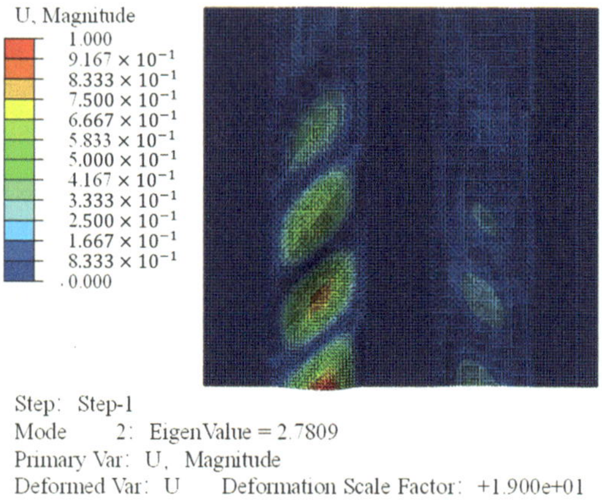

b) 二阶模态

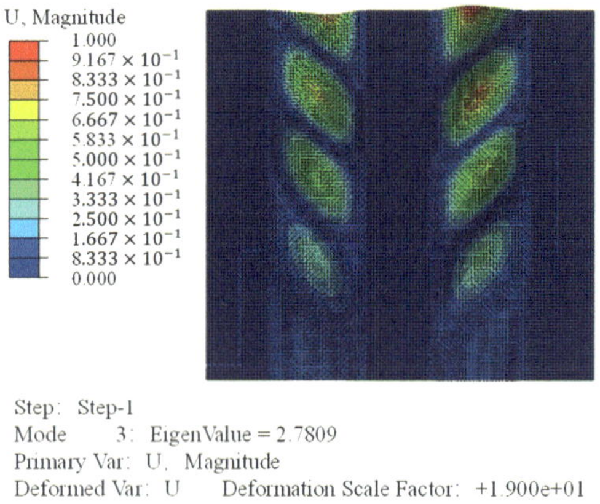

c) 三阶模态

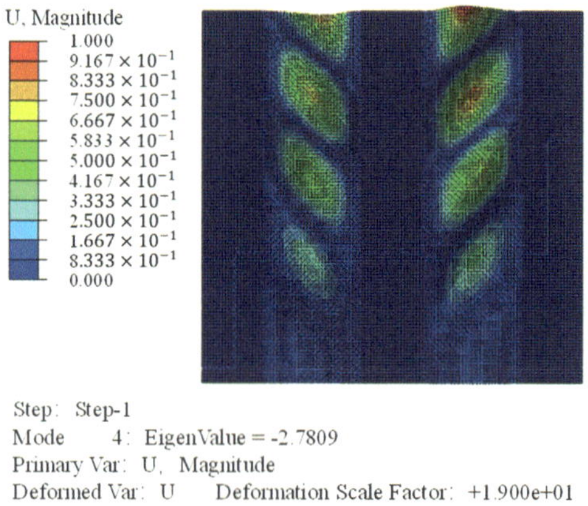

d) 四阶模态

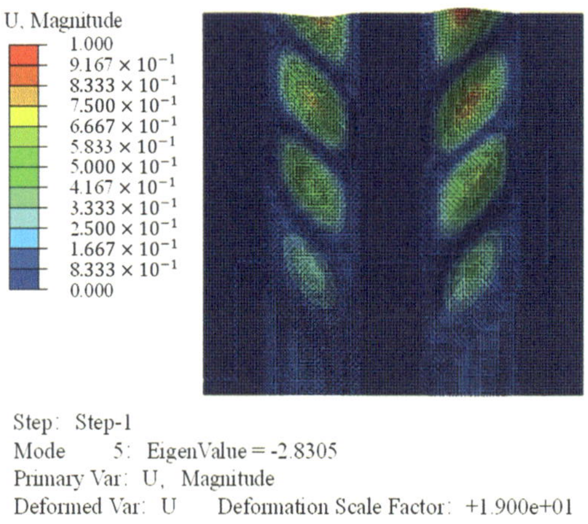

e) 五阶模态

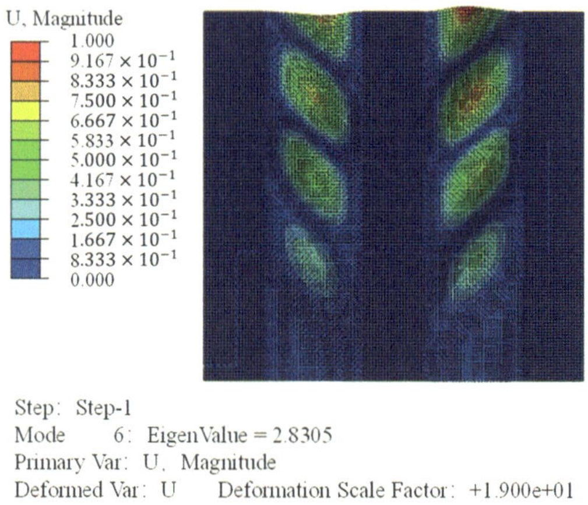

f) 六阶模态

图 11-8　前六阶模态

11.4　后处理程序编写过程

在本次实例的方板剪切件数值模拟后处理中,首先通过 currentViewportName 语句进入当前可视化窗口。为调用方便,分别对场输出数据库(fieldOutputs)中的分析步(step)、分析步中最后一帧(frame)设置变量。其次通过 session. xyDataListFromField 语句选择模拟结果起皱区上下表层积分点,通过 RsgPickButton 语句在后处理插件中创建选择按钮功能,以便于在窗口试件模拟结果的起皱区域手动点选 5 至 10 处节点位置作为屈曲节点,提取这些位置对应的应力应变数据,并将其从 ABAQUS 软件中导出到 Excel 工作簿中,以便于后续分析数据使用。部分关键代码如下:

```
vp=session. viewports[ session. currentViewportName]
odb=vp. displayedObject
                                                    #进入当前可视化窗口界面
step1=odb. steps[ 'Step-1']
                                                    #创建变量表示第 1 个分析步
lastFrame=step1. frames[ -1]
                                          # 创建变量表示第 1 个分析步的最后一帧
Val  =lastFrame. fieldOutputs[ 'U'] . values
                                                    #val 表示场输出的结果
session. xyDataListFromField( odb=odb,outputPosition= NODAL,
        variable=(('PE',INTEGRATION_POINT,((INVARIANT,'Max. InPlanePrincipal'),
(INVARIANT,'Min. In-PlanePrincipal'),)),),elementLabels
        =(('PART-1-1', ('xxx', )), ))
                                               #提取应变数据,xxx 表示节点编号
session. xyDataListFromField( odb=odb,outputPosition= NODAL,
        variable=(('S',INTEGRATION_POINT,((INVARIANT,'Max. InPlanePrincipal')
        ,(INVARIANT,'Min. In-PlanePrincipal'),)),),elementLabels
        =(('PART-1-1', ('xxx', )), ))
                                               #提取应力数据,xxx 表示节点编号
RsgPickButton( p='DialogBox', text='pick nodes', keyword='nodes', prompt='Pick an entity',
entitiesToPick='ODB_ALL|NODES', numberToPick='ONE')
                                   #创建选择按钮功能便于手动选择模拟屈曲节点
    importabq_ExcelUtilities. excelUtilities
    abq_ExcelUtilities. excelUtilities. XYtoExcel( xyDataNames='xxx', trueName='')
                                               #应力应变数据集导出到 Excel 工作簿
```

将完成的脚本文件保存,将脚本导入 RSG 对话框,建立如图 11-9 所示的后处理插件,点击图中的鼠标图标即可在窗口试件模拟结果的起皱区域节点位置进行选择,界面内容 None 表示未选中目标,选中节点位置后界面内容显示为 Done。

图 11-9　后处理插件

通过按钮点击数值模拟结果中的起皱节点位置，单击 OK 后即可完成对应的应力应变数据的自动化提取，并形成 Excel 文件。

上文提取到的应力发展路径的分叉点对应的增量步即为方板试件的临界起皱时刻。如图 11-10 所示。该点在临界起皱时刻的主应力和主应变分别为临界起皱应力和临界起皱应变。

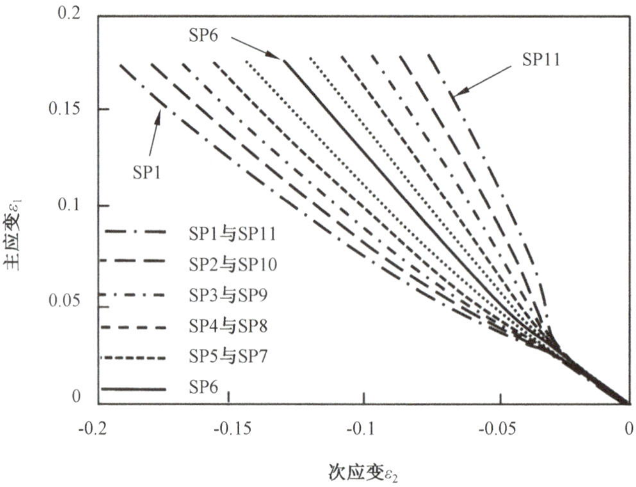

图 11-10　试件起皱节点不同积分点的应变分叉轨迹

下面根据从 ABAQUS 中导出到 Excel 工作簿中的应力应变数据集进行分析，旨在设计一套可识别应力应变路径产生分叉点数据[5]并将其自动提取的程序。编写 Python 脚本，利用 pycharm 软件处理上文中后处理得到的 Excel 文件中的应力应变数据。由 SP4 与 SP8 积分点路径绘制出的应变曲线，在失稳前路径基本重合，越靠近皱脊失稳最高点，轨迹分叉越明显。因此，分别对两条曲线上的点设定变量，并利用两点间距离公式以及 for 循环语句，依次计算曲线轨迹对应点之间的距离，最终通过给定的经验阈值，自动判定临界应变分叉点，并进一步自动存储分叉点对应的坐标。部分关键代码如下：

```
                                        #设定变量 i,循环读取数据前 200 行
for i in range(200,1,-1):
sp4_x=ws.cell(row=i,column=1).value
sp4_y=ws.cell(row=i,column=2).value
                          #设定变量 sp4_x 和 sp4_y,表示 SP4 积分点路径中的坐标值
sp8_x=ws.cell(row=i,column=3).value
sp8_y=ws.cell(row=i,column=4).value
```

```
#设定变量 sp8_x 和 sp8_y,表示 SP8 积分点路径中的坐标值
length = math.sqrt(
math.pow(sp4_y - sp8_y , 2) + math.pow(sp4_y - sp8_y , 2))
#设定变量 length 计算曲线轨迹对应点之间的距离
if  length < xxx:
#设置经验阈值 xxx
w.append(i)
#对符合条件的数值进行存储
```

11.5　本章小结

本章运用 Python 语言实现了 ABAQUS 金属薄板剪切起皱参数化建模以及自动化建立统一起皱判定线的二次开发过程。在此过程中,提出了开发思路和具体方法,扩展了软件的应用范围,获得了以下成果:

在板料材料属性参数化表达的基础上,使用 Python 语言编写脚本,建立可输入模型材料参数的 GUI 界面,并自动实现全部建模前处理过程。同时,在后处理中,利用程序建立后处理插件,实现可视化拾取皱波波峰波谷位置处的节点为屈曲节点,提取该点处各积分点的应力应变轨迹分叉时刻的对应应力、应变数据,并自动传入 Excel 工作簿,用于绘制统一起皱判据。

自主编写 Python 脚本,利用 pycharm 软件处理 ABAQUS 后处理中得到的应力、应变数据。该脚本可自动寻找不同试件下的每组数据中临界起皱应力分叉点和临界起皱应变分叉点对应点的坐标,并计算临界起皱应力比和临界起皱应变比。

最终,以四种不同形状试件拉伸起皱时皱屈单元的临界起皱应变比、应力比为横、纵坐标,即可实现统一临界起皱判定线的自动化快速绘制。

第 12 章

GA-BP 神经网络的起皱判定线预测模型

12.1 引言

前文介绍了基于 ABAQUS 二次开发建立不同工况下统一临界起皱判定线的流程,但是该二次开发模型仅能省去人工操作时间,用于建立判定线的数十个模型的计算时间仍然存在。因此,本章旨在通过探究板材材料性能参数与临界统一起皱判定线二次方程的各项系数之间的内在联系,并通过神经网络对统一起皱判定线加以预测。BP 神经网络具有的自学习能力和非线性映射能力,通过对数据的处理并加以反复地训练,可以快速地获得期望的输出。因此,本章节利用二次开发模型构建神经网络训练数据集,再利用神经网络预测统一起皱判定线,以达到快速预测并输出统一临界起皱判定线的目的。

12.2 神经网络基本理论

12.2.1 BP 神经网络

BP 神经网络(Back-Propagation Network)凭借简单的网络结构以及强大的非线性映射能力成为应用最为广泛的网络模型之一,其算法特点是按误差逆向传播算法进行训练。该网络模型学习过程包含两个部分:信号的正向传播与误差的反向传播[6]。在信息正向传播过程中,输入层的每个神经元节点负责参与网络系统的信息输入,并以权值连接的方式将信息传递给隐藏层中的每个神经元节点。隐藏层的主要功能是对输入层信息进行非线性处理以及转换操作,根据神经网络分析问题的复杂程度,可决定隐藏层层数(可选择单层或多层隐含层),网络不同层之间的数据信息是通过各层的神经元节点进行传递,由输出层对信息进一步整理,从而完成信息正向传播过程,最后通过输出层将神经网络的训练结果进行输出[7-8]。而当输出结果与真实结果之间存在误差时,神经网络系统则会进入误差反向传播过程。神经网络系统将误差结果记为 E,并通过误差梯度下降法从输出层到输入层反向逐层调整权重值和阈值[9,10]。

BP 神经网络模型训练过程包括:(1)设计网络结构(初始化参数、激活函数选取等);(2)输入网络数据样本;(3)计算损失函数;(4)对损失函数的权值求偏导,进行反向过程优化;(5)重复(2)~(4)步直至达到停止条件。

BP 神经网络流程图如图 12-1 所示。

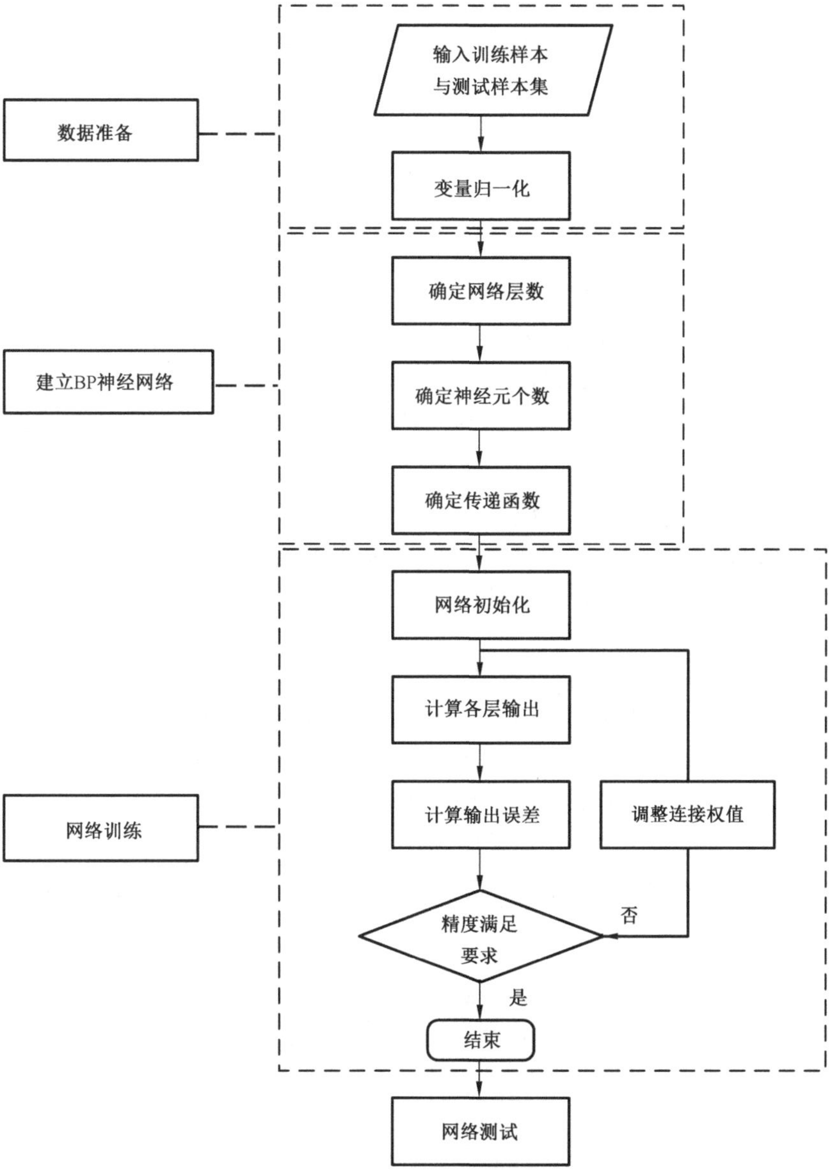

图 12-1　BP 神经网络流程图

12.2.2　BP 神经网络设计过程

对 BP 神经网络相关参数的设定十分重要,网络参数中的隐含层层数、节点数、学习率和最大学习次数、传递函数和激活函数任何一个设置出现偏差都会影响神经网络的训练效果。但是相关的大多数网络参数的具体数值只能基于经验公式的推出或通过反复训练比较来确定,此外没有明确的参数设定。

(1) 确定网络层数

BP 神经网络主要包括输入层、隐含层和输出层,其中如何确定隐含层的层数是一个至关重要的问题。隐含层负责数据运算,对于较为简单的训练数据集,需要 1～2 层的隐含层。虽然理论上随着隐含层层数增加,拟合函数的能力也随之增加,但是过多的层数也会导致过拟合,以至于增加训练难度[11]。因此,本章针对研究的问题复杂程度,确定单隐含层即可满足训练需要,故建立的预测模型结构为单隐含层的三层网络结构。

(2) 确定网络隐含层节点数

由于金属板材剪切起皱失稳影响较大的是两个参数,即强度系数 B 和硬化指数 n,所以 BP 神经网络的输入层节点数为 2,而最终的预测结果(统一起皱判定线拟合方程)的方程各项系数数量为 3,所以输出层节点数为 3。

同时,建立 BP 神经网络应当明确隐含层节点数。隐含层节点数过少会造成神经网络预测结果的误差较大,这是由于网络对应的隐含层节点数无法满足建立复杂的映射关系的条件。但是隐含层节点数并非数量上越多,网络性能越强,过多的节点数会增加网络学习时间,甚至出现过拟合现象。目前的研究没有理想的解析式可以用来精确计算网络各层神经元节点的个数,通常采取的方法是利用经验公式给出经验区间[12],通过不断训练比对效果确定神经元节点个数。

$$num = \sqrt{m+n} + a \qquad 0 \leqslant a \leqslant 10 \tag{12-1}$$

其中,num 代表隐含层神经元个数;m 为输入层节点个数;n 为输出层节点个数;a 为常数,可以通过代入训练选取效果较好对应的值。

(3) 输入输出数据集的标准化

对神经网络样本数据的归一化处理可以避免输入变量因为数量级上的不统一而引起的数值问题,从而导致预测结果不精准。归一化处理的意义有两点:第一,网络输入数据往往具有不同的物理含义和不同的量纲,归一化处理[13]通过函数公式转换处理将网络的输入、输出数据值限定在[0,1]或者[-1,1]区间内,从而使得各个输入分量在网络训练之初就处于相同的度量尺度;第二,BP 神经网络的各层均采用 Sigmoid 变换函数,处理后可防止因净输入的绝对值数值过大,超过激活函数的线性部分,造成结果不准确。归一化可按式(12-2)和式(12-3)进行。

$$x_n = \frac{x_i - \dfrac{x_{\max} + x_{\min}}{2}}{\dfrac{x_{\max} - x_{\min}}{2}} \tag{12-2}$$

$$y_n = \frac{y_i - y_{\min}}{y_{\max} - y_{\min}} \tag{12-3}$$

其中,x_i 表示原始输入数据;x_n 表示归一化后的数据;$x_{\max}$ 和 $x_{\min}$ 分别是输入数据中的最大、最小值;y_i 表示原始输出数据;y_n 表示反归一化后的数据(标准化值);$y_{\max}$ 和 $y_{\min}$ 分别是输出数据中的最大、最小值。

(4) 激活函数和学习率的确定

激活函数的作用是增加网络的学习能力,将神经元接收的输入信息转变为输出信息,所以本章构建的网络模型输入层选用 Log-Sigmoid 函数作传递函数,隐含层选用 Tan-Sigmoid 函数作传递函数,输出层选用线性函数(Purelin)作为传递函数。各传递函数表达式如下

Log-Sigmoid 函数其取值范围在(0,1)之间,表达式为

$$f(x) = \frac{1}{1 + \mathrm{e}^{-x}} \tag{12-4}$$

Tan-Sigmoid 函数其取值范围在(-1,1)之间,表达式为

$$f(x)=\frac{e^{x}-e^{-x}}{e^{x}+e^{-x}} \tag{12-5}$$

线性函数 Purelin 的表达式为　　　　$f(x)=x$

学习率决定着目标函数是否能收敛到局部最小值以及何时收敛到最小值。学习率过大和过小都会对网络训练效果和训练速度造成一定影响。设置过大的学习率参数,会导致更新时的权值变化量增大,进而导致网络模型陷入局部最优解。而学习率过小时,过慢收敛速度会增加训练时间。所以为了使网络模型的训练处于合理的收敛速度,学习速率参数设置为 0.001(学习速率一般在 0~1 之间取值)。

12.2.3　BP 神经网络信息传递过程

网络的构建过程中,激活函数的选择也十分关键,激活函数可以为神经网络引入非线性因素,便于网络学习更加复杂的数据,从而表示输入层与输出层之间非线性的复杂的任意函数映射。

本研究用于训练数据的神经网络拓扑结构如图 12-2 所示,输入层、隐含层、输出层[14]的节点个数分别为 2,5,3 个。其中,输入层节点的输出值为 $a_i(i=1,2)$,隐藏层节点的输出值为 $a_j(j=1,2,3,4,5)$,输出层节点的输出值为 $a_k(k=1,2,3)$。

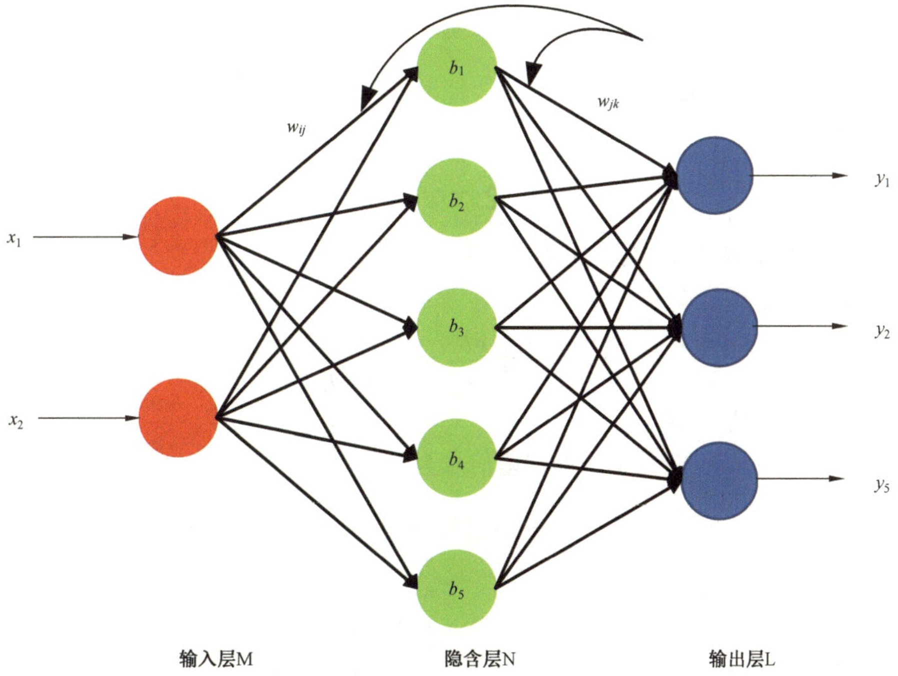

图 12-2　BP 神经网络结构示意图

(1) 神经网络正向传播过程

设置神经网络的激活函数为 Sigmoid 函数,表达式为

$$f(x)=\frac{1}{1+e^{-x}} \tag{12-6}$$

隐含层第 j 个节点的输入层神经元节点的加权输入和 net_j 为

$$net_j = \sum_{j=1}^{5} w_{ij}a_i + \theta_j \tag{12-7}$$

其中,N 为网络隐含层的总个数;w_{ij} 为输入层第 i 个节点与隐含层第 j 个节点间的权值;Q_j 为隐含层第 j 个节点的阈值。

隐含层第 j 个节点的输出 a_j 为

$$a_j = f(net_j) = \frac{1}{1 + e^{-net_j}} \tag{12-8}$$

输出层第 k 个节点的隐含层神经元节点的加权输入和 net_k 为

$$net_k = \sum_{k=1}^{L} w_{jk}a_j + \theta_k \tag{12-9}$$

其中,L 为网络输出层的总个数,其他未知量含义参考式(12-7)。

输出层第 k 个节点的输出 a_k 为

$$a_k = f^t(net_k) = \frac{1}{1 + e^{-net_k}} \tag{12-10}$$

式(12-10)中 f^t 是网络输出层 Sigmoid 激活函数,可根据网络模型的特性选取相应的 Sigmoid 函数:

$$f^t = \mathrm{than}(x) = \frac{1 - e^x}{1 + e^x} \tag{12-11}$$

(2) 误差的反向传播过程

误差计算公式为

$$E = \frac{1}{2}\sum_{k=1}^{L}(y_{pk} - a_{pk})^2 \tag{12-12}$$

其中,p 代表样本容量;y_{pk} 为真实值;a_{pk} 为网络预测值。

输出层的权值修正公式为

$$\Delta w_{jk} = -\eta\frac{\partial E}{\partial w_{jk}} = -\eta\frac{\partial E}{\partial net_k}a_j \tag{12-13}$$

其中,η 为设定的学习率。

对式(12-9)进行求导,最终输出的误差信号为

$$\delta_k = -\frac{\partial E}{\partial net_k} = a_k(1 - a_k)(y_{pk} - a_k) \tag{12-14}$$

输出权值调整结果为

$$w_{jk}(n + 1) = w_{jk}(n) + \eta\delta_k a_j \tag{12-15}$$

隐藏层权重值的修正公式为

$$\Delta w_{ij} = -\eta\frac{\partial E}{\partial w_{ij}} = -\eta\frac{\partial E}{\partial net_j}a_i \tag{12-16}$$

对式(12-8)进行求导,并通过链式法则计算隐藏层的误差信号为

$$\delta_j = -\frac{\partial E}{\partial net_j} = a_j(1 - a_j)\sum_{k=1}^{L}\delta_k w_{jk} \tag{12-17}$$

隐藏层权重值的调整结果为

$$w_{ij}(n+1)=w_{ij}(n)+\eta\delta_j a_i \tag{12-18}$$

12.2.4　BP 神经网络数据样本与数据训练

神经网络模型的训练数据均由有限元数值模拟仿真提供和收集。分别将强度系数 B 等间距划分为 20 组数据，系数间距为 25。将硬化指数 n 按照范围分为 4 类，分别是 0.1，0.15，0.2，0.25。采用单一变量法，对所有参数组合进行了有限元模拟，每一组模拟包含矩形件、圆形件、上圆下方件、打孔矩形件四种不同工况，即共进行了 20×4×4＝320 组有限元模拟。

通过 ABAQUS 模拟计算并提取 4 种工况下拟合的临界统一起皱判定线，神经网络输出结果为判定线二次方程的各项系数（a，b，c），如表 12-1 所示。在神经网络的应用中，需要对于有限元模拟结果数据集按一定比例进行划分，训练、验证、测试数据集的比例分别为 70%、20%、10%。

表 12-1　输入参数及其数值

输入参数名称	个数	参数数值
B	20	450~900（间距 25）
N	4	0.1，0.15，0.2，0.25

12.2.5　BP 神经网络预测结果

本节通过试件的材料性能参数强度系数（B）和硬化指数（n）来预测该板材的统一起皱判定线的二次方程各项系数，本研究神经网络拓扑结构如图 12-3 所示。

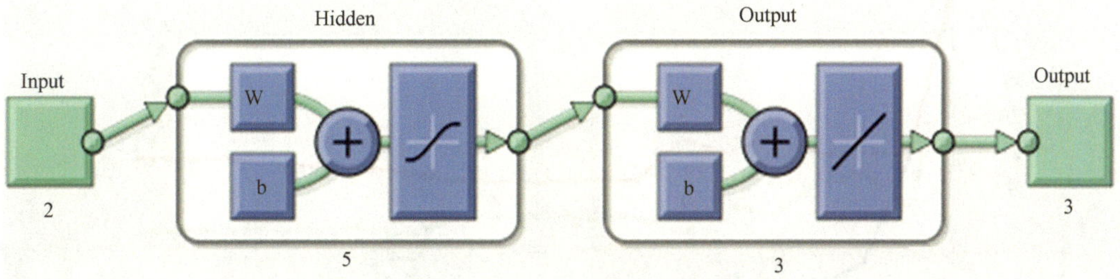

图 12-3　神经网络拓扑结构

基于对起皱失稳造成影响的几何参数、工艺参数等因素，创建人工神经网络起皱失稳预测模型，通过数据样本不断训练网络，最终使用均方误差 MSE（Mean Square Error）来衡量神经网络预测效果。然后通过使用验证数据集评估误差函数来比较网络的性能，选择验证数据集误差最小的网络结构作为预测网络的拓扑结构。

不同拓扑结构的神经网络训练的最佳结果，对比表 12-2 中不同网络拓扑结构下的预测结果可知：选择用层中激活函数为 logsig-tansig-tansig 的拓扑结构 2-5-3 为最佳神经网络模型。神经网络在验证数据上产生的均方误差 MSE ＝ 0.006 77。

在 BP 神经网络的学习过程中，随着迭代次数的变化，每次迭代过程中的训练数据集、测试数据集和验证数据集上的误差也随之变化。该训练过程只有当神经网络在训练集上的误差不再减少，对于训练集的训练过程才会停止。一般通过对最大迭代次数进行设定来避免网络训练过程无休止的迭代，或者也可以通过对训练集在网络上的预测准确率设定阈值参数来达到停止训练的目的。如图 12-4 所示，可以观察到神经网络在训练时，网络训练数据上的误差不断减少。当第 12 次 epoch 之后(一个完整数据集通过神经网络一次正向、反向传播的过程),验证集上的误差开始增加,所以该网络停止训练。

表 12-2　不同拓扑结构的神经网络训练的最佳结果

NN structure	Activation function	Validation*MSE*	ValidationR^2	TrainingR^2	TestingR^2
2-3-3	logsig-tansig-purelin	0. 007 56	0. 794 36	0. 808 64	0. 852 45
2-4-3	tansig-logsig-tansig	0. 008 89	0. 774 56	0. 904 56	0. 854 36
2-5-3	logsig-tansig-tansig	0. 006 77	0. 877 37	0. 891 37	0. 903 06
2-7-3	tansig-tansig-purelin	0. 008 52	0. 825 95	0. 851 24	0. 883 24
2-8-3	logsig-tansig-tansig	0. 016 41	0. 815 33	0. 634 54	0. 733 89
2-9-3	tansig-logsig-tansig	0. 009 21	0. 845 61	0. 862 19	0. 898 82
2-11-3	logsig-tansig-purelin	0. 008 92	0. 870 22	0. 696 13	0. 784 99
2-12-3	tansig-tansig-tansig	0. 009 51	0. 571 95	0. 774 19	0. 799 63

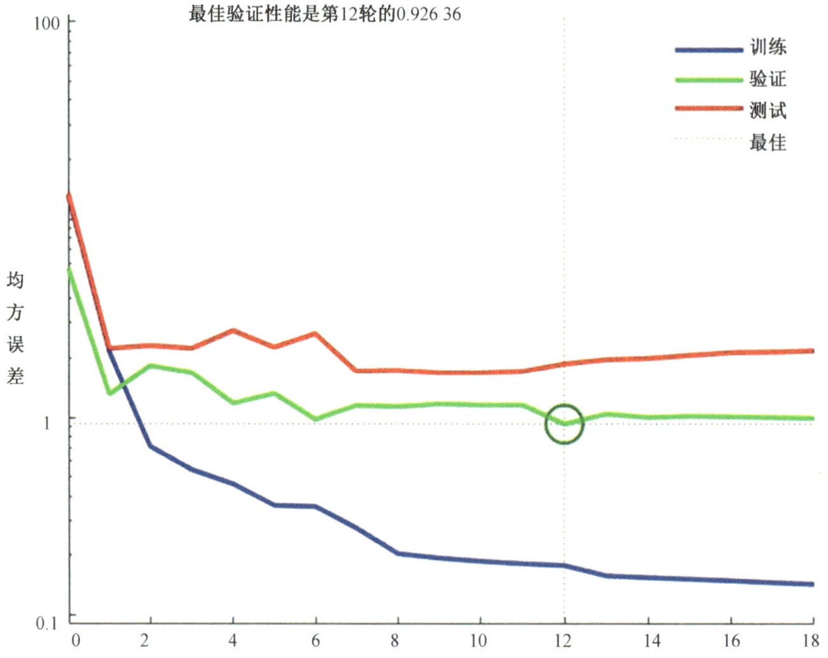

图 12-4　人工神经网络训练过程

观察该神经网络拟合效果图如 12-5 所示,发现所有数据对应的拟合 R 值仅为 0. 888 68(R 值越接近 1 表示拟合程度越高),说明该 BP 神经网络的预测效果欠佳,预测值和真实值之间存在一定误差。

为了进一步优化预测效果,本章采用遗传算法对 BP 神经网络进行优化[15-16]。为了克服 BP 神经网络容易陷入局部最优解的问题,通过引入 GA 遗传算法提高全局寻优能力,减少初始权值和阈值的随机性,以此提高网络模型的泛化能力和收敛性和预测精度[17]。

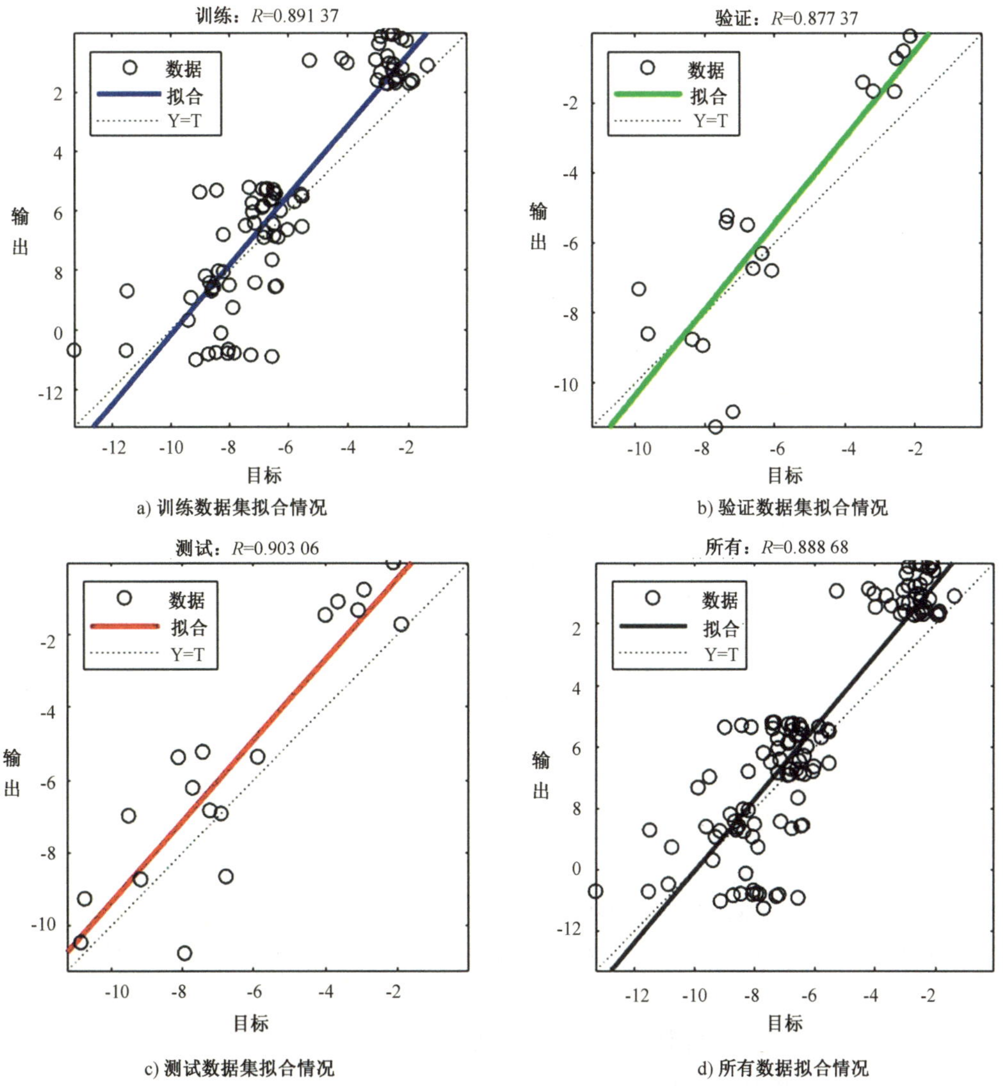

a) 训练数据集拟合情况 b) 验证数据集拟合情况

c) 测试数据集拟合情况 d) 所有数据拟合情况

图 12-5 BP 神经网络各项数据拟合情况

12.3 GA 遗传算法理论及优化原理

12.3.1 遗传算法原理

遗传算法是受自然进化理论启发的一系列搜索算法，其优越性在于可对进化规律和遗传机制原理进行学习并形成随机搜索的优化方法[18-19]。BP 神经网络借助遗传算法的全局寻优能力获取初始权值和阈值，将寻优算法获得的结果（最优初始权值和阈值）作为 BP 神经网络的初始权值和阈值，然后进行训练就可以解决陷入局部最小值的缺陷问题。遗传算法研究对象是一定规模的种群，经过遗传算法的选择、交叉、变异运算过程反复迭代最后得到最优个体[20]。

GA 遗传算法流程图如图 12-6 所示。其具体过程主要包含编码过程、生成初始种群、适应度评价、选择操作、交叉操作、变异操作。

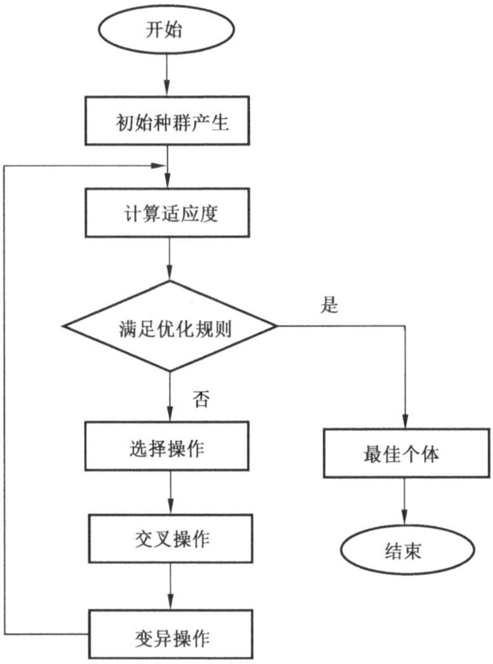

图 12-6　GA 遗传算法流程图

基本的计算步骤为：

(1) 编码过程：常用的方法有二进制编码和实数编码等。编码过程也称为转换过程，因为遗传算法对于问题空间的参数不能直接处理，所以借助编码将其表示为遗传空间的个体。

(2) 种群初始化：随机生成一组可能是问题解的数据作为候选解，该步骤对于遗传算法求解问题的收敛性和稳定性有着重要影响。

(3) 选择操作：该步骤主要作用是对优化后的个体进行配对交叉，再将得到的新的个体遗传到下一代。

(4) 交叉操作：交叉操作可对父代个体部分通过重组替换的方式形成新的个体，从而可大大提高搜索能力，该部分操作是遗传算法的核心。

(5) 变异操作：变异操作包括实值变异和二进制变异两种方法，不仅可以提高算法的局部随机搜索能力还可以维持群体多样性。

12.3.2　遗传算法实现

本研究使用 Matlab 软件对人工神经网络起皱失稳预测模型进行搭建，首先通过遗传算法对网络初始权值和阈值进行寻优，在遗传算法计算出全局最优解后，将权值和阈值赋值给 BP 神经网络，BP 神经网络基于优化后的权值和阈值进行训练和预测，GA-BP 神经网络模型的基本流程如图 12-7 所示。

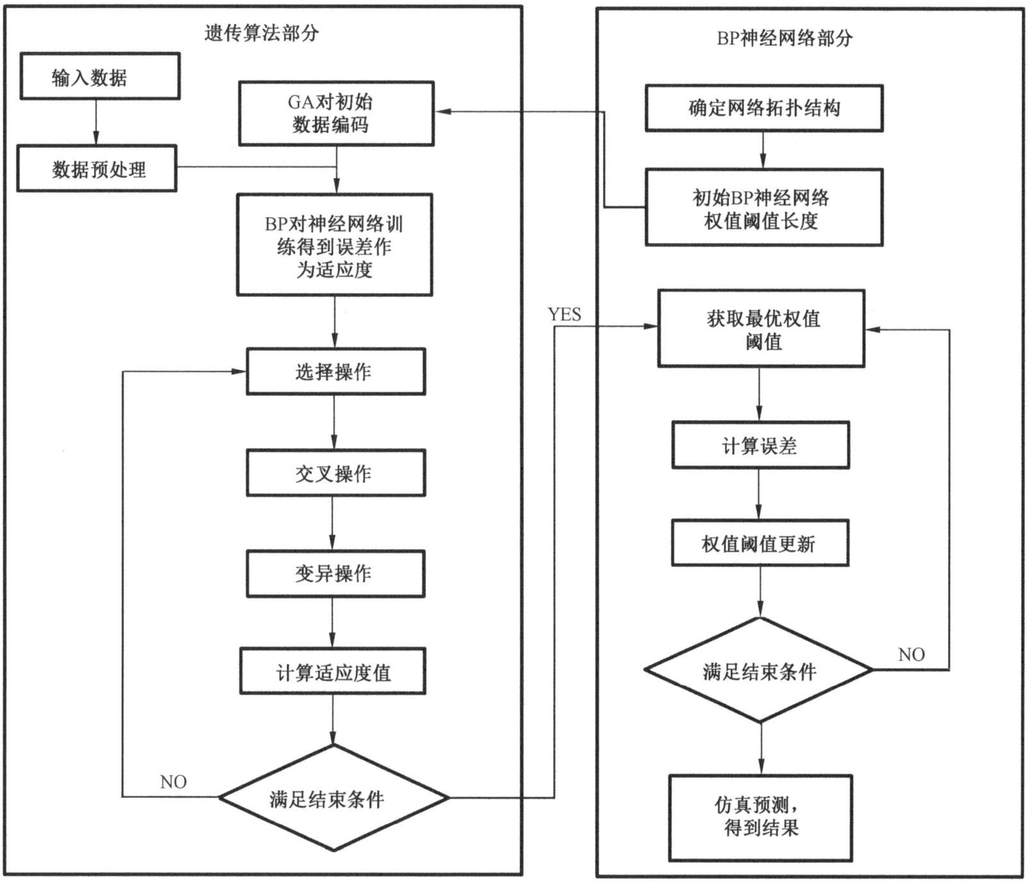

图 12-7 GA-BP 神经网络流程图

GA-BP 神经网络优化方法的基本执行过程如下：

(1) 输入训练数据，对 BP 神经网络进行初始化，确定学习方法及网络结构。

(2) 确定遗传算法中迭代次数、种群规模、变异概率、交叉概率[21-22]等相关参数，同时也要选取恰当的适应度函数。

(3) 编码操作，根据随机生成原始种群对其中个体、网络的权重和阈值信息进行实数编码。

(4) 计算个体适应度。主要是对群体中个体的适应性进行评估。将优秀的个体筛选出来，遗传到下一代群体中，再进行交叉和变异操作步骤。经过多次迭代才能输出最优个体。

(5) 解码操作，解码最优个体，将遗传算法搜索到的最优的初始权值和阈值传输到 BP 神经网络中，优化网络进行训练和预测结果。

(6) 计算误差，如果误差满足条件则中止迭代过程，直接输出网络结果，否则循环上述操作过程。

12.4 GA-BP 神经网络预测模型建立

通过使用 Matlab 中自带的神经网络工具箱利用遗传算法函数 GA 对 BP 神经网络进行优化[23]，并设置相应的算法参数如表 12-3 所示[24]。设定好相关参数后，开始优化过程，适应度的变化状态如图 12-8 所示。

表 12-3　遗传算法参数设置

参数名称	参数设置
初始种群规模	60
最大进化代数	50
交叉概率	0.8
变异概率	0.2

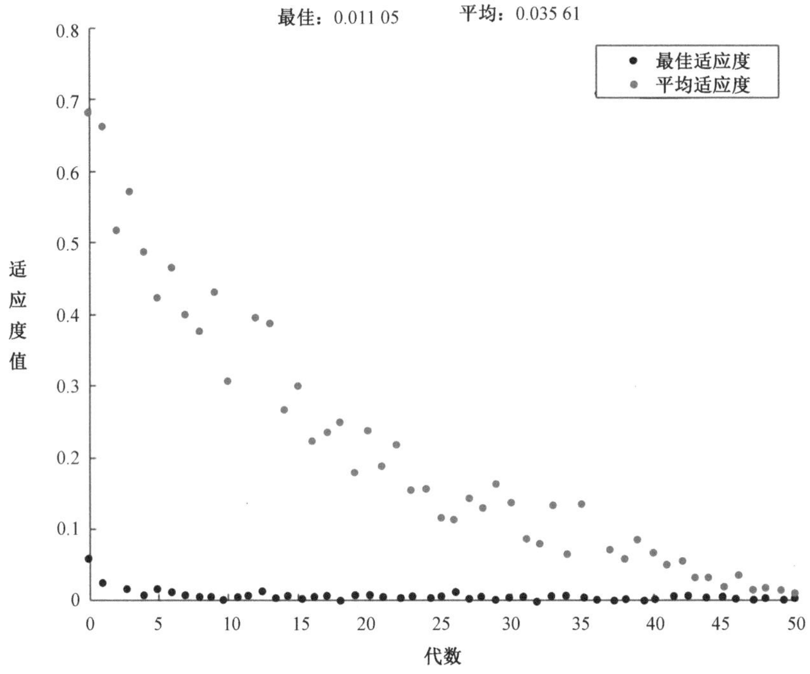

图 12-8　最佳适应度与平均适应度变化

观察图 12-8 可知，优化过程再经过 50 次的迭代后，遗传算法已能达到良好的收敛效果。平均适应度与最佳适应度的数值分别为 0.035 61 和 0.011 05，优化后的神经网络拟合效果如图 12-9 所示，所有数据对应的拟合 R 值为 0.972 61，此外测试、训练、验证数据集拟合 R 值也均接近 1，这表明 GA-BP 神经网络模型的拟合效果良好。

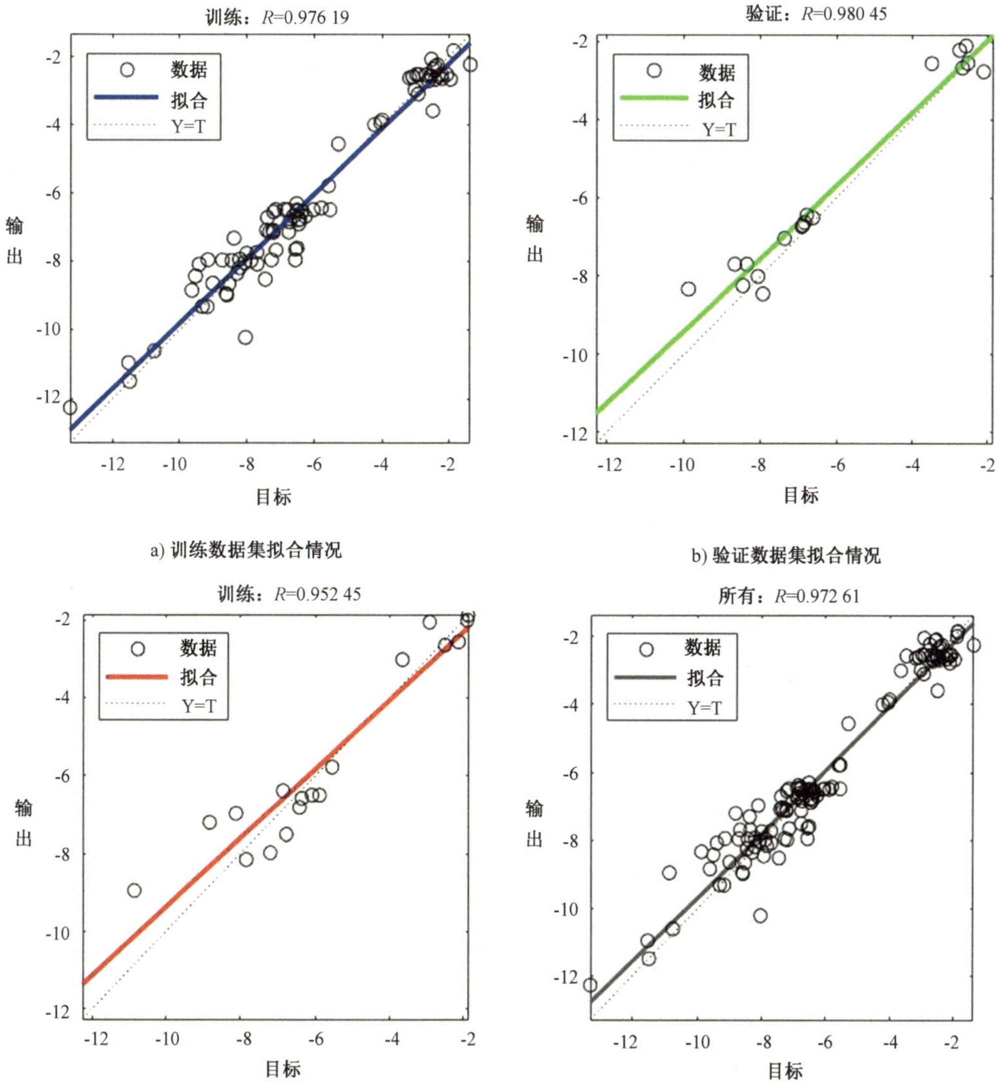

a) 训练数据集拟合情况

b) 验证数据集拟合情况

c) 测试数据集拟合情况

d) 所有数据拟合情况

图 12-9　GA-BP 神经网络优化后各项数据拟合情况

为了更加客观地衡量 GA-BP 神经模型的预测效果，本章采用均方误差 MSE（Mean Squared Error）和平均绝对误差 MAE（Mean Absolute Error）两个模型评价指标对神经网络模型总体预测效果进行评价。均方误差衡量的是样本数据与真实数据（输出数据）之间的偏离程度，常被用于评价数据的变化程度，预测数据的精确度。均方误差值越小，说明预测值精度越高，模型预测效果越好。平均绝对误差是模型的另一种评价指标，指模型预测值与样本真实值之间距离的平均值，平均绝对误差越小，说明总体上模型的预测值与真实值的差值越小，预测误差越小；反之说明预测误差越高。均方误差和平均绝对误差的具体计算公式如式（12-19）和式（12-20）所示。

$$MSE = \frac{1}{n}\sum_{i=1}^{n}\left[f(x_i) - y_i\right]^2 \tag{12-19}$$

$$MAE = \frac{1}{n}\sum_{i=1}^{n} | f(x_i) - y_i | \tag{12-20}$$

其中,$f(x)$表示样本预测值;y 表示样本真实值;n 为样本数。

表 12-4 中的数据信息为 BP 神经网络模型的测试集预测效果和 GA-BP 神经网络模型测试集预测结果通过平均绝对误差和均方误差两个衡量标准进行对比,可以观察到经过遗传算法优化的 BP 神经网络的平均绝对误差和均方误差分别为 0.023 0 和 0.083 8,远远低于传统 BP 神经网络对应的平均绝对误差和均方误差值。所以可以得出结论,GA-BP 网络模型预测效果误差更小,精度更高。

表 12-4　遗传算法参数设置

预测模型	均方误差 MSE	平均绝对误差 MAE
BP 神经网络	4.824 3	0.075 9
GA-BP 神经网络	0.083 8	0.023 0

12.5　神经网络预测效率比较

构建神经网络的目的是提高预测效率,达到针对不同材料也能够快速输出统一起皱判定线。为此随机挑选五种材料用来对比建立的 BP 神经网络与传统数值模拟预测方法的预测效率差异。五种材料 B,n 值如表 12-5 所示。

表 12-5　试验材料参数

名称	B	n
08F	491	0.16
35	901	0.17
6063	544	0.19
1050	168	0.21
1080	154	0.29

分别运用搭建的 BP 神经网络和数值模拟方法建立上述五种材料的统一起皱判定线,并对比所需时间,结果如表 12-6 所示。

表 12-6　不同预测方式耗费时间

材料名称	预测方式	
	数值模拟方式	BP 神经网络
08F	46 984 s	12.3 s
35	58 912 s	10.9 s
6063	40 356 s	10.7 s
1050	75 458 s	13.4 s
1080	54 821 s	12.3 s

通过对比发现,传统数值模拟方式建立一种材料的统一起皱判定线需要数个小时,即便是基于 Python 语言对 ABAQUS 进行二次开发完成参数化建模,软件依旧需要大量的时间进行数值模拟。而搭建的 BP 神经网络系统在对大量模拟数据进行训练后,通过给定的材料参数能够在 10 s 内快速输出不同材料的统一起皱判定线,相较于传统数值模拟方式更加高效便捷。

12.6　起皱失稳模型预测结果验证

前文通过建立 BP 神经网络对训练数据进行训练并植入遗传算法对网络模型进行优化,成功建立了预测和拟合效果精准的起皱失稳预测神经网络模型。本章以楔形试件拉伸起皱试验为例,建立植入初始缺陷的壳单元动力显式数值分析模型,通过多种方式验证通过神经网络预测得到的统一起皱判定线的准确性。

12.6.1　统一临界起皱判定线的验证

以 304 不锈钢作为预测材料,将 304 不锈钢的强度系数和硬化指数作为输入端输入神经网络,通过神经网络求解系统进行计算,最终得到了 304 不锈钢的统一临界起皱判定线系数,分别为-3.207 6,-3.108 7,-0.570 6。得到对应的统一起皱判定线方程为 $y=-3.2076x^2-3.0183x-0.5706$。为了验证该判定线的准确性,随机提取图 12-10 模拟结果中楔形试件皱屈区域在已进入显著后屈曲阶段的起皱应力值和应变值,以及此时未皱屈区域的应力值和应变值,分别求得其应变比与应力比并在坐标系中描点,且将临界起皱判定线画入坐标系中,以验证该统一起皱判定图对该楔形件起皱区域与非起皱区域的预测情况。

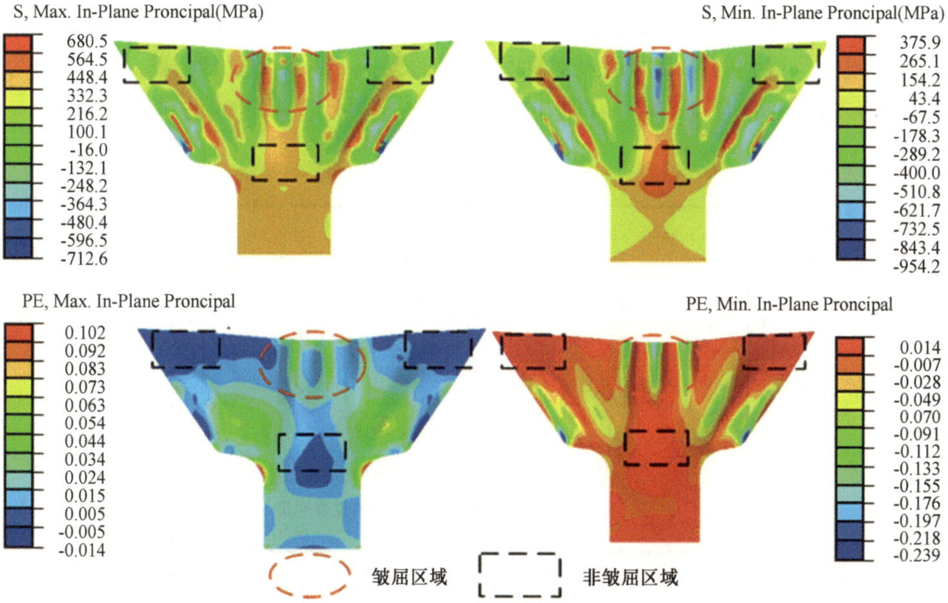

图 12-10　楔形件模拟结果云图的皱屈区域与未皱屈区域划分

观察图 12-11 可知,落在临界起皱判定线上方的是未皱屈单元节点,而落在临界起皱判定线下方的是皱屈区单元节点,临界起皱判定线则将皱屈单元节点和未皱屈单元节点分隔开来。这说明,由神经网络起皱失稳预测模型预测的结果具有一定的可靠性和准确性。在判定薄壁试件起皱问题时,可以提取起皱区域积分点的应力比应变比路径与统一判定线进行对比,若提取的应力应变比坐标位置位于判定线下方,那么即可认为此位置为起皱区,反之,则为非起皱区。

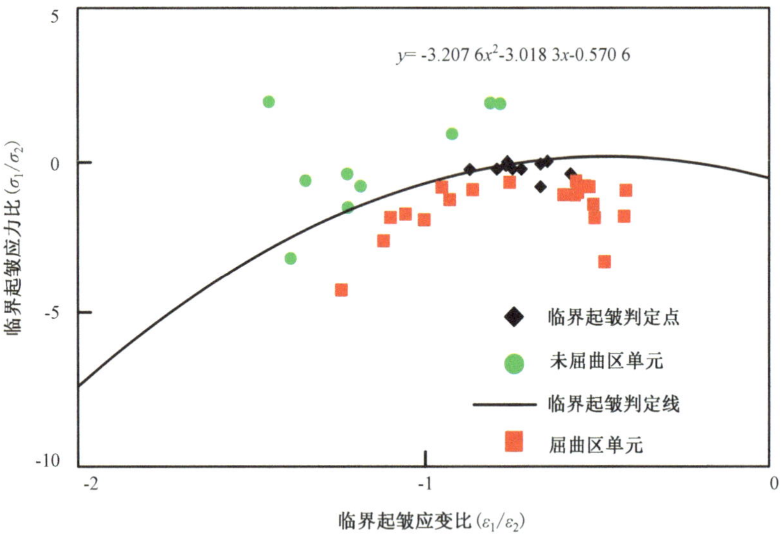

图 12-11 统一临界起皱判定线

12.6.2 拟合结果对比

在 ABAQUS 中对 304 不锈钢薄壁板件进行有限元模拟仿真,针对有限元模拟仿真的结果,图 12-12 对比展示了两种不同预测方法的预测结果,图中黑色线为神经网络预测结果,红色线是通过数值模拟得到的结果。通过对两种方式的预测结果对比发现,两条曲线均为一元二次方程,且相差较小、重合度较高,两种方法关于统一临界起皱判定线的预测结果基本一致,符合预期结果。

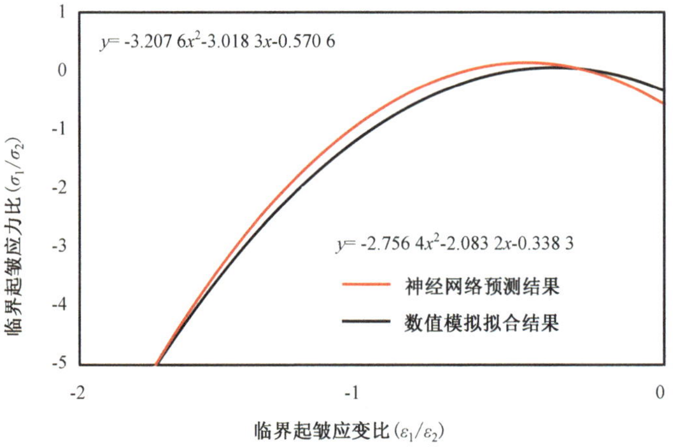

图 12-12 神经网络预测结果与数值模拟拟合结果对比

12.6.3 反向着色验证

为了体现统一起皱判定线对于起皱失稳预测的意义,同时进一步验证神经网络起皱失稳预测模块对临界起皱判定线方程预测的准确性,本节提出一种新的验证方法,利用神经网络预测模预测的统一起皱判定线作为判定依据,将楔形件在 ABAQUS 中的有限元模拟结果中每一个单元节点位置厚度上积分点的应力应变数据提取出来,计算应力比应变比坐标点。选取模拟结果中明显起皱的时刻,运用 Python 程序通过 Pycharm 软件自动计算该起皱时刻的应力比和应变比分别作为横坐标和纵坐标,然后逐个将该坐标与坐标系中的临界统一起皱判定线作位置比较。根据前文中研究出的统一起皱判定线对于金属板材起皱预测的结论:若提取的应力应变比坐标位置位于判定线下方,那么即可认为此位置为起皱区,反之,则为非起皱区。下一步将楔形件的二维图形绘制在坐标系中,并依据上述理论进行着色,效果如图 12-13 所示。

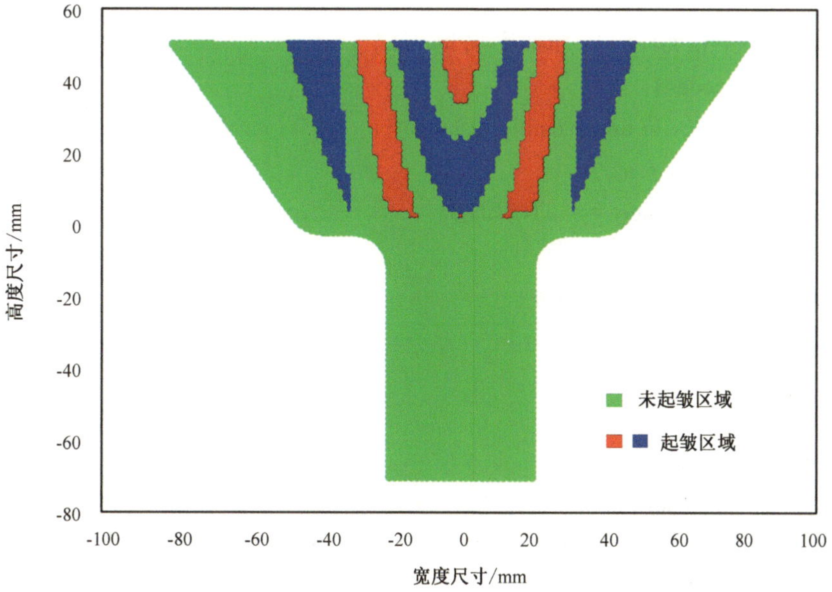

图 12-13　起皱区域与未起皱区域着色

关键部分程序如下:

(1) 提取全部节点处的应力应变数据

```
    vp = session. viewports[ session. currentViewportName]          #进入后处理界面
    odb = vp. displayedObject
    assembly  = odb. rootAssembly
Val  = lastFrame. fieldOutputs[ 'U'] . values
                                                            #val 表示场输出的结果
session. xyDataListFromField( odb = odb, outputPosition =  NODAL,
          variable = ( ( 'PE', INTEGRATION_POINT, ( ( INVARIANT, 'Max. InPlanePrincipal') ,
          ( INVARIANT, 'Min. In-PlanePrincipal') , ) ) , ) , elementLabels
          = ( ( 'PART-1-1', ( 'xxx', ) ), ) )
                                                   #提取应变数据,xxx 表示节点编号
session. xyDataListFromField( odb = odb, outputPosition =  NODAL,
          variable = ( ( 'S', INTEGRATION_POINT, ( ( INVARIANT, 'Max. InPlanePrincipal')
          , ( INVARIANT, 'Min. In-PlanePrincipal') , ) ) , ) , elementLabels
```

```
=((´PART-1-1´, (´xxx´, )), ))
```

#提取应力数据,xxx 表示节点编号

```
RsgPickButton(p=´DialogBox´, text=´pick nodes´, keyword=´nodes´, prompt=´Pick an entity´, entitiesToPick=´ODB_ALL|NODES´, numberToPick=´ONE´)
```

#创建选择按钮功能便于手动选择模拟屈曲节点

```
importabq_ExcelUtilities. excelUtilities
abq_ExcelUtilities. excelUtilities. XYtoExcel(xyDataNames=´xxx´, trueName=´´)
```

#应力应变数据集导出到 excel 工作簿

(2) 绘制楔形件的二维图像

```
for name,instance in assembly. instances. items():
n=len(instance. nodes)
print´Number of nodes in an assembly instance%s:%d´%(name,n)
numNodes=numNodes + n
if instance. embeddedSpace == THREE_D:
    print´X Y Z´
    for node in instance. nodes:
        printnode. coordinates
else:
print´X Y´
for node ininstance. nodes:
        printnode. coordinates
```

#从 ABAQUS 输出所有节点的坐标信息

(3) 计算应力比和应变比

```
i=xxx
```

#xxx 表示应力应变数据中某起皱时刻表示的行数

```
strain_x1=ws. cell(row= i,column=1). value
strain_y1=ws. cell(row= i,column=2). value
strain_x2=ws. cell(row= i,column=3). value
strain_y2=ws. cell(row= i,column=4). value
strain_k=(strain_x1+strain_x2)/(strain_y1+strain_y2)
```

#计算应变比

```
stress_x3=ws. cell(row= i,column=5). value
stress_y3=ws. cell(row= i,column=6). value
stress_x4=ws. cell(row= i,column=7). value
stress_y4=ws. cell(row= i,column=8). value
stress_k=(stress_x3+stress_x4) / (stress_y3+stress_y4)
```

#计算应力比

(4) 将应力应变比的坐标与预测判定线进行位置比对

```
a =[ ]
```

```
b =[ ]
                                        #分别建立集合存储筛选出的应力比应变比坐标
strain_k=(strain_x1+strain_x2) / (strain_y1+strain_y2)
stress_k=(stress_x3+stress_x4) / (stress_y3+stress_y4)
y =strain_k
x =stress_k
if y < -3.2076 * x * x - 2.0832 * x -0.5706:
                                        #对应力应变比逐一与判定线作位置比对
    a.append(stress_k)
else:
    b.append(stress_k)
```

通过观察 12-13 和图 12-14 可以发现楔形件厚向位移云图和着色效果图中表示起皱的区域分布虽然存在些许差异,但大体上一致。这表明基于神经网络起皱失稳预测模型预测的统一起皱判定线结果,对于金属板材起皱预测的方法是可行的。存在差异则表明需要对第 11 章中程序自动化寻找临界起皱应力、应变分叉点阈值选取,以及神经网络优化程序中的参数设置进行进一步优化。

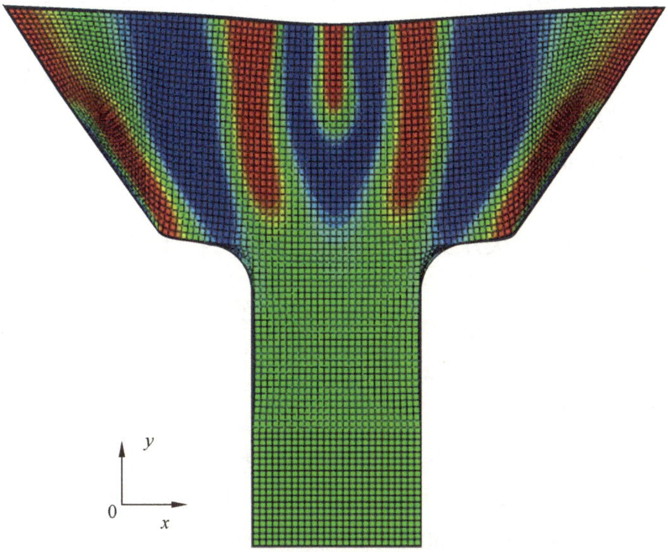

厚向位移云图(U_3/mm)

图 12-14 楔形件厚向位移云图

12.7 本章小结

本章通过对二次开发工作获取的大量数据样本进行科学划分,采用 BP 神经网络,实现了网络搭建以及训练过程。根据训练的结果偏差与预期做出分析,针对 BP 神经网络随机生成初始权值阈值而导致易陷入局部最优等问题,选择用遗传算法对其优化,成功建立了 GA-BP 神经网络起皱失稳预测模型。实现了仅通过材料的强度系数和硬化指数即可高效预测统一起皱判定线的目的。经优化后的神经网络在效率上也得到了显著提高。与传统数值模拟方式建立一种材料的统一起皱判定线需要数个小时的方式相比,神经网络对于判定线结果的预测在数秒内即可完成。

此外还通过不同的方法对神经网络预测结果进行验证。首先,运用临界起皱判定线理论进行验证,提取试件皱屈单元和未皱屈单元的厚度上的积分点的应力比应变比坐标点与预测的临界起皱判定线进行位置比对。其次,将第 8 章中基于四种不同形状薄板试件得到的有限元模拟拟合的统一起皱判定线与神经网络预测的判定线结果进行对比,相差较小,符合预期结果。最后,创新验证方法,自行编写 Python 程序脚本,以预测的起皱判定线作为判断依据,以楔形件作为验证试件,将楔形件有限元模拟结果中的每一个单元节点位置厚度上积分点的应力比应变比坐标点进行提取,然后同预测判定线进行位置比对,然后分别进行着色,与有限元模拟的云图结果进行比对,同样符合预期结果。

参考文献

[1] 邓运来, 张劲, 张新明. 连续矩形盒壁板的冲压成形试验与模拟研究[J]. 锻压技术, 2010, 35(5): 6.

[2] 冯颖, 杨合, 陈德正, 等. 基于 ABAQUS/Python 的数控弯管专用后处理模块的拓展[J]. 塑性工程学报, 2011, 18(2): 7-12.

[3] 吴向东, 刘志刚, 万敏,等. 基于 Python 的 ABAQUS 二次开发及在板料快速冲压成形模拟中的应用[J]. 塑性工程学报, 2009, 16(4): 68-72.

[4] 马川. 基于 Abaqus 二次开发的框架结构设计平台研究[D]. 西安: 西安建筑科技大学, 2018: 51-62.

[5] 黄霖. Abaqus/CAE 二次开发功能与应用实例[J]. 计算机辅助工程, 2011, 20(4): 96-100.

[6] Kim J B, Yoon J W, Yang D Y. Wrinkling initiation and growth in modified yoshida buckling test: finite element analysis and experiment[J]. International Journal ofMechnical Sciences, 2000(42): 1683-1741.

[7] Xu Q F, Kong W J. Research on forecast model based on BP neural network algorithm[J]. Journal of Physics: Conference Series, 2021, 1982(1): 796-801.

[8] Palanikumar K, Latha B, Senthilkumar V S, et al. Application of aritificial neural network for the prediction of surface roughness in drilling GFRP composites[J]. Materials Sciense Forum, 2013(766): 21-36.

[9] 陈菁瑶, 苗鸿宾, 刘兴芳, 等. 基于混沌神经网络的钻削力预测研究[J]. 组合机床与自动化加工技术, 2018(3): 110-114.

[10] 王春晖, 孙志辉, 赵加清, 等. 基于 BP 神经网络的 BSTMUF601 高温合金蠕变本构模型[J]. 稀有金属材料与工程, 2020, 49(6): 1885-1893.

[11] 王祎, 贾文雅, 尹雪婷, 等. 人工神经网络的发展及展望[J]. 智能城市, 2021, 7(8): 12-13.

[12] 苏宇逍. GABP 神经网络在多目标优化中的应用[J]. 电子科技, 2015(6): 51-

53,56.

［13］王嵘冰，徐红艳，李波，等. BP 神经网络隐含层节点数确定方法研究［J］. 计算机技术与发展，2018，28(4)：31-35.

［14］徐鹏涛，曹健，陈玮乾，等. 基于离群值去除的卷积神经网络模型训练后量化预处理方法［J］. 北京大学学报(自然科学版)，2022，58(5)：808-812.

［15］Ju G L. Improved neural network algorithm and its application［J］. Computer Science and Applications，2022，12(1)：262-267.

［16］丁凤娟，贾向东，洪腾蛟，等. 基于 GA-BP 和 PSO-BP 神经网络的 6061 铝合金板材流变应力预测模型(英文)［J］. 稀有金属材料与工程，2020，49(6)：1840-1853.

［17］张国民. 遗传算法的综述［J］. 科技视界，2013(9)：36,37.

［18］陈红梅，朱若寒. 遗传算法研究现状与应用［J］. 科技信息，2011(18)：260-260.

［19］段玉倩，贺家李. 遗传算法及其改进［J］. 电力系统及其自动化学报，1998(1)：43-56.

［20］张琳娜. 改进遗传算法在计算机数学建模中的应用研究［J］. 电子设计工程，2021，29(19)：31-34.

［21］汪雅婷，黎俊良，袁楷峰，等. 基于 GA 改进 BP 神经网络预测热变形流变应力模型的建立［J］. 材料工程，2022，50(6)：170-177.

［22］蔡良伟，李霞. 遗传算法交叉操作的改进［J］. 系统工程与电子技术，2006(6)：925-928.

［23］雷英杰. MATLAB 遗传算法工具箱及应用［M］. 西安:西安电子科技大学出版社，2005：70-93.

［24］郁磊，史峰. MATLAB 智能算法 30 个案例分析［M］. 北京：北京航空航天大学出版社，2011：7-9.